新能源汽车概论

主　编　赵彦文　扈　伟

副主编　焦红星　李小静　王艳芳

西北工業大學出版社

西　安

【内容简介】 本书共分为6个项目，分别是认识新能源汽车、纯电动汽车、混合动力电动汽车、燃料电池电动汽车、新能源汽车充电系统和其他新能源汽车。

本书内容新颖、翔实，条理清晰，图文并茂，通俗易懂，实用性强，可作为职业院校汽车类专业教材，也可作为汽车培训企业的参考书。

图书在版编目(CIP)数据

新能源汽车概论 / 赵彦文，扈伟主编. -- 西安 ：西北工业大学出版社，2024.8. -- ISBN 978-7-5612-9409-3

Ⅰ. U469.7

中国国家版本馆 CIP 数据核字第 2024HG7585 号

XINNENGYUAN QICHE GAILUN

新 能 源 汽 车 概 论

赵彦文 扈伟 主编

责任编辑：隋秀娟 马 丹 **策划编辑**：孙显章

责任校对：高茸茸 **装帧设计**：高永斌 董晓伟

出版发行：西北工业大学出版社

通信地址：西安市友谊西路127号 邮编：710072

电 话：(029)88493844，88491757

网 址：www.nwpup.com

印 刷 者：西安五星印刷有限公司

开 本：787 mm×1 092 mm 1/16

印 张：18

字 数：384千字

版 次：2024年8月第1版 2024年8月第1次印刷

书 号：ISBN 978-7-5612-9409-3

定 价：58.00元

前　言

汽车工业是一个技术高度密集的产业，涉及众多高科技领域，是国家技术进步的体现。汽车工业的发展可以提升国家的全球竞争力，使国家在全球市场中占据更加重要的地位。新能源汽车产业是战略性新兴产业，是全球汽车产业转型升级的重要方向之一，发展新能源汽车是我国从汽车大国迈向汽车强国的必由之路，是应对气候变化、推动绿色发展的战略举措。

近年来，我国新能源汽车产业发展取得了很大成就，成为世界汽车产业转型发展的重要力量之一。我国新能源汽车发展以“三纵三横”为技术路线，以纯电动汽车、插电式混合动力（含增程式）汽车、燃料电池汽车为“三纵”，布局整车技术创新链；以动力电池和电池组管理系统、驱动电机与电力电子、网联化与智能化技术为“三横”，构建关键零部件技术供给体系。此外，开展先进模块化动力电池与燃料电池系统技术攻关，探索新一代车用电机驱动系统解决方案，加强智能网联汽车关键零部件及系统开发，突破计算和控制基础平台等技术瓶颈，提升基础关键技术、先进基础工艺、基础核心零部件、关键基础材料等产业基础能力。

本书依据《职业院校教材管理办法》和《普通高等学校教材管理办法》指导思想及党的二十大相关精神，融入课程思政、岗课赛证和校企合作理念，融汇新材料、新技术、新工艺、新设备，结合行业应用和企业工作岗位需求，介绍了新能源汽车相关基本知识、最新研究技术和发展趋势。

本书分为认识新能源汽车、纯电动汽车、混合动力电动汽车、燃料电池电动汽车、新能源汽车充电系统、其他新能源汽车6个项目，共有27个学习任务。全书介绍了新能源汽车的发展背景与现状、定义与分类、常见标识、基本参数、关键技术等，并通过典型车型分析了纯电动汽车、混合动力电动汽车、燃料电池电动汽车以及其他新能源汽车的基本概念、结构和原理等。除此之外，本书对电动汽车的储能装置及能量管理系统、电机驱动系统和充电技术也做了较为系统的阐述。

本书由郑州职业技术学院赵彦文、扈伟、焦红星、李小静、王艳芳共同编写。项目1和项目6由赵彦文编写，项目2由焦红星编写，项目3由扈伟编写，项目4由李小静编写，项目5由王艳芳编写。全书由赵彦文、扈伟担任主编并统稿，由焦红星、李小静、王艳芳担任副主编，由郑州职业技术学院沈胜利担任主审。

在编写本书的过程中，笔者查阅了大量书籍、文献和资料，广泛参考借鉴了国内外新能源汽车方面的研究成果，也得到了有关新能源汽车生产技术人员的支持。在此，对这些成果的研究人员表示衷心的感谢。

由于笔者水平有限，书中难免有疏漏之处，敬请广大读者批评指正。

编　者

2024年4月

目　录

项目 1　认识新能源汽车

项目导读

在当前全球环境污染的背景下，新能源汽车的研发与推广是交通运输绿色、低碳发展的重要解决方案。发展新能源汽车、推进新能源汽车产业化，对解决传统燃油汽车高污染、高耗能、高排放等问题具有重要的现实意义。

本项目主要介绍新能源汽车的基本概念及其技术的相关知识。

能力目标

【知识目标】

(1)能清晰阐述新能源汽车的发展背景与现状，熟知新能源汽车的定义与分类。

(2)掌握新能源汽车的技术路线及关键技术。

【技能目标】

(1)熟练认知新能源汽车的常见标识。

(2)准确表述新能源汽车的基本参数及含义。

【素质目标】

(1)具有良好的工作作风和精益求精的工匠精神。

(2)养成团结协作、认真负责的职业素养。

任务 1.1　新能源汽车的发展背景与现状

▶任务驱动

随着新能源汽车的发展，丰田普锐斯、特斯拉、比亚迪、问界、蔚来等新能源汽车逐渐走进人们的生活。作为新能源汽车专业的学生，你了解新能源汽车的发展历史与背景吗？电动汽车的产业发展如何？现今世界各国新能源汽车的发展情况怎么样？

本任务要求学生掌握新能源汽车的发展背景与现状。知识与技能要求如表 1-1-1 所示。

表 1-1-1　知识与技能要求

<table>
<tr><td rowspan="2">任务内容</td><td rowspan="2">新能源汽车的发展背景与现状</td><td colspan="3">学习程度</td></tr>
<tr><td>识记</td><td>理解</td><td>应用</td></tr>
<tr><td rowspan="4">学习任务</td><td>新能源汽车的发展背景</td><td>●</td><td></td><td></td></tr>
<tr><td>新能源汽车整车发展情况</td><td>●</td><td></td><td></td></tr>
<tr><td>新能源汽车的产业政策、市场发展、产业发展现状</td><td></td><td>●</td><td></td></tr>
<tr><td>新能源汽车关键零部件的发展</td><td></td><td>●</td><td></td></tr>
<tr><td>实训任务</td><td>分析新能源汽车的发展背景与现状</td><td></td><td></td><td>●</td></tr>
<tr><td>自我勉励</td><td colspan="4"></td></tr>
</table>

任务工单　阐述新能源汽车的发展背景与现状

一、任务描述

收集新能源汽车相关资料，对资料内容进行学习和讨论，分析新能源汽车的发展背景及现状，将分析结果制作成 PPT，并提交给指导教师。

二、学生分组

全班学生以 5～7 人为一组，各组选出组长并进行任务分工，将小组成员及分工情况填入表 1-1-2 中。

表 1-1-2　小组成员及分工情况

班级：________　　组号：________　　指导教师：________

<table>
<tr><td>小组成员</td><td>姓　名</td><td>学　号</td><td>任务分工</td></tr>
<tr><td>组　长</td><td></td><td></td><td></td></tr>
<tr><td rowspan="5">组　员</td><td></td><td></td><td></td></tr>
<tr><td></td><td></td><td></td></tr>
<tr><td></td><td></td><td></td></tr>
<tr><td></td><td></td><td></td></tr>
<tr><td></td><td></td><td></td></tr>
</table>

三、准备工作

1. 资料获取

请各组组长组织组员收集相关资料，并回答以下问题。

引导问题 1：你了解新能源汽车的发展背景吗？

引导问题 2：新能源汽车整车发展情况如何？

引导问题 3：新能源汽车的产业政策、市场发展、产业发展现状怎么样？

引导问题 4：新能源汽车关键零部件的发展现状如何？

2. 制订计划

(1)根据任务内容制订工作计划，将其填入表 1-1-3 中。

表 1-1-3 **工作计划**

序 号	工作内容	负责人

(2)列出完成工作计划所需要的器材,将其填入表 1-1-4 中。

表 1-1-4　器材清单

序　号	名　称	型号与规格	单　位	数　量	备　注

3. 进行决策

(1)小组成员针对各自的工作计划展开讨论,并选出最佳的工作计划。

(2)指导教师根据小组的工作计划给出评价。

(3)各小组成员根据指导教师的评价对工作计划进行调整。

(4)调整合格后的工作计划即为最终实施方案。

四、工作实施

根据最终实施方案展开活动。按实际操作过程,将操作内容、遇到的问题及解决办法等填入表 1-1-5 中。

表 1-1-5　工作实施过程记录表

序　号	操作内容	遇到的问题及解决办法

五、考核评价

指导教师根据各小组表现情况完成考核评价记录表(见表 1-1-6)。

表 1-1-6 考核评价记录表

项目名称	评价内容	分值	评价分数		
			自评	互评	师评
职业素养考核项目	无迟到、无早退、无旷课	8分			
	仪容仪表符合规范要求	8分			
	具备良好的安全意识与责任意识	10分			
	具备良好的团队合作与交流能力	8分			
	具备较强的纪律执行能力	8分			
	保持良好的作业现场卫生	8分			
专业能力考核项目	积极参加教学活动，按时完成任务工单	16分			
	操作规范，符合作业规程	16分			
	操作熟练，工作效率高	18分			
合计		100分			
总评	自评(20%)+互评(20%)+师评(60%)=________	综合等级：________	指导教师(签名)：________		

▶参考知识

1.1.1 新能源汽车的发展背景

在世界汽车工业发展进程中，作为新能源汽车范畴的电动汽车曾在历史上几经浮沉，由于能源转化利用技术及社会经济等诸多因素制约，电动汽车始终无法与以化石能源为燃料的燃油汽车相提并论。随着化石能源短缺、环境污染、生态环境恶化等情况的出现，新能源汽车又迎来了新的发展机遇。

1. 能源危机

能源是人类生存与经济发展的物质基础，世界经济的迅猛发展，得益于化石能源(如煤炭、天然气、石油、煤层气)的广泛应用，传统汽车工业主要以石油为燃料，对化石能源有巨大的依赖性。然而，随着世界经济持续高速的发展，能源短缺、环境污染、生态恶化等问题逐渐凸显，能源供需矛盾日益突出。

我国是世界能源资源大国，同时又是能源消费大国。我国虽拥有丰富的化石能源资源，但由于人口众多，人均资源相对匮乏，石油、天然气人均资源拥有量仅为世界平均水平的1/15左右。我国能源资源一个重要的特点是“多煤、缺油、少气”。我国是世界上唯一以煤为主的能源消费大国，石油资源短缺，严重依赖进口，是第一大石油进口国，图 1-1-1 所示为 2016—2022 年中国原油进口量及增长情况。根据国际能源署的统计，我国在交通领域的石油消费逐年增长，2019 年，主要运输燃料消费为 752.3 万桶/天，占全部消费油品的 55.29%。2022 年全球各领域资源消耗与排放情况如图 1-1-2 所示。随着经济的迅速发展，石油资源需求剧增，能源的过度消耗带来的资源枯竭和环境问题日益突出，能源问题已成为制约我国经济增长和社会发展的重要因素，给能源安全、经济发展带来了巨大隐患，因此，改善能源结构迫在眉睫。我国的水电、风电、光电、核电产业蓬勃发展，电力资源可谓相当丰富，因此发展新能源汽车产业可以有效降低我国对石油进口的依赖，同时还可以充分利用现有资源，对我国能源结构的改善具有促进作用。

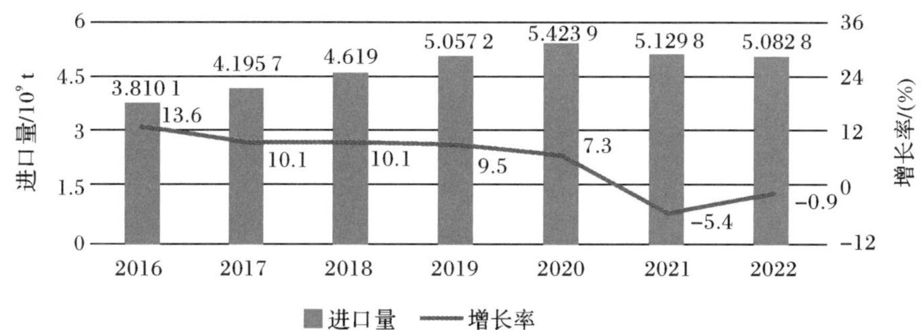

图 1-1-1　2016—2022 年中国原油进口量及增长情况

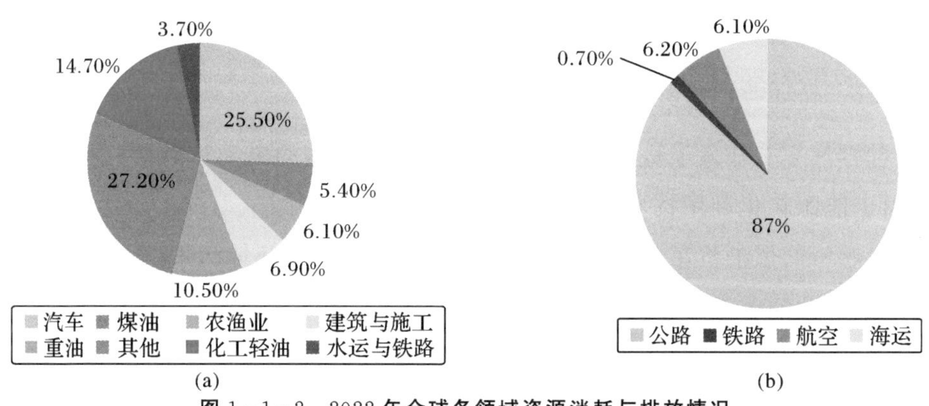

图 1-1-2　2022 年全球各领域资源消耗与排放情况

(a)各领域石油使用占比；(b)交通领域碳排放占比

2. 环境污染

汽车保有量的持续攀升，不仅给能源带来了危机，同时也给自然环境中的空气、水、土地、海洋等资源及人类的生存和健康带来了许多不利影响。汽车的污染物排放源主要来自尾气排放、燃油蒸发排放和油箱通风，其中后两部分的排放中 CO、NO_X 为总排放量的 1%～2%，碳氢化合物为 20%左右，因此传统汽车的尾气排放为主要排放源。

汽车尾气已经成为空气污染的重要原因，开发新能源汽车、减少环境污染是汽车技术发展的必然趋势，也是我国未来社会与经济发展的必然需求。由于新能源汽车的发展，碳排放量快速增长的趋势得到了一定的控制，《BP世界能源统计年鉴2023》显示，2021年能源使用造成的碳排放量增长了0.9%，达到3.44×10^{10} t二氧化碳，接近2019年的水平，低于过去10年平均每年1.1%的增速。新能源汽车，特别是纯电动汽车和燃料电池电动汽车，本质上是一种零排放汽车，一般在行驶过程中无直接污染物排放，其可能造成的污染主要产生于非可再生能源的发电与制氢过程中，这种污染可以采取集中治理的方法加以控制。

总体而言，新能源汽车代表了世界汽车产业的发展方向，是未来世界汽车产业的制高点，是世界各主要国家和汽车制造厂商的共同战略选择。发展新能源汽车、推进新能源汽车产业化对解决传统燃油汽车高污染、高耗能、高排放等问题具有重要意义。目前，我国仍处于工业化进程中，资源能源消耗总量和碳排放总量仍处高位，绿色低碳的工业生产结构尚未有效形成，迫切需要对能源结构、产业结构进行改造，而新能源汽车作为低碳环保的重要产品，对于我国汽车产业的转型升级、实现高质量发展具有重要的指导意义和推动作用。从国家战略来看，大力发展新能源汽车是新一轮经济增长点的突破口和实现交通能源转型的根本途径，我国汽车工业正在积极参与到这场全球性的新能源汽车的竞争当中，以实现我国汽车工业的健康、快速发展。

3. 弯道超车，汽车产业转型升级

我国汽车工业的发展始于20世纪50年代，比西方发达国家晚了近50年，受制于当时的国情及落后的工业状况，我国汽车工业发展一直落后于西方发达国家，未能掌握关键的核心技术。20世纪80年代中期，为发展汽车工业，在以市场换技术的思路下，开启了合资车企的时代。然而经过多年发展，我国汽车保有量远超美国，成为汽车保有量世界第一大国，但依旧未能突破传统燃油汽车发动机、变速器等核心零部件的技术壁垒。

我国正处于“后工业时代”的大发展阶段，大多数产业都在向着节能减排的方向迈进，对材料和能源产业的发展提出了更高的要求。汽车产业作为中国国民经济支柱产业之一，是调整和优化产业结构的主战场。促使汽车工业向电气化的方向转型升级，优化能源消耗结构，是有效降低碳排放、减少化石燃料依赖度、逐步实现碳中和及碳达峰的重要举措。新能源汽车产业作为中国七大战略性新兴产业之一，已成为汽车工业转型升级的重要推动者，是中国汽车产业发展的重要动力。

新能源汽车是一个全新的领域，而且各国的起点都差不多，技术积累差距不大，尚未形成技术壁垒。相对日本、韩国，以及西方发达国家，我国在电动汽车产业链上

的资源要丰富得多。电动汽车的核心技术是“三电”，即电池、电机、电控，而生产电池和电机所需的两种关键性资源，我国储量都十分丰富。目前，电动汽车的主要动力电池大多为锂电池，而我国是世界锂资源储量第三大国。目前电动汽车普遍使用永磁同步电机，它需要利用稀土永磁材料来做电机的转子，而我国的稀土资源储量居世界首位，占了世界总储量的一半。在目前稀土产品市场中，我国的产量占了世界市场的90%以上。因此，从资源上来说，我国有发展新能源汽车的天然优势，发展新能源汽车产业将有助于我国实现汽车产业优化升级，实现“弯道超车”甚至“换道超车”，这是我国从“汽车大国”发展成为“汽车强国”的必然途径。

1.1.2 新能源汽车的发展现状

1.新能源汽车整车发展

(1)全球综述。早在1830年左右，苏格兰商人罗伯特·安德森就制造出了世界上第一台电动汽车。1834年，美国人托马斯·达文波特制造出了第一辆直流电机驱动的电动汽车，但真正被正式认可的第一辆电动汽车诞生于1881年，发明人为法国工程师古斯塔夫·特鲁夫，这是一辆用铅酸电池作为动力的三轮车。1890年，在美国艾奥瓦州诞生了美国第一辆蓄电池汽车，速度达到23 km/h，是当时汽车速度的世界最高纪录。1899年，比利时发明家卡米尔·杰纳茨制造的一辆电动汽车速度达到了105 km/h。1900年，电动汽车销量首次超过了汽油车和蒸汽机车。1902年，辉腾创立了芝加哥伍兹汽车公司，其生产的电动汽车续驶里程为28.97 km，最高速度达22.53 km/h。1916年，伍兹汽车公司发明了内燃发动机和电动机的混合动力汽车。1920年，美国新泽西州的发明家在早期混合动力汽车设计基础上发明了第一辆充电式电动汽车，该车电动机直接安装在后轴上，同时车辆滑行时发电机能直接为蓄电池充电。此外，安装在车前的四缸汽油发动机也可以在行驶途中为汽车充电。

19世纪末期，随着美国德州石油的开发和内燃机技术的提高，内燃机汽车逐渐在商业上取得了领先地位，电动汽车渐渐失去了优势。20世纪30年代末，早期电动汽车的商业生产也进入了尾声，被动力性能较好的内燃机汽车完全取代而退出历史舞台。

20世纪70—80年代，石油危机爆发，在巨大的市场前景下，世界各大汽车公司(包括通用、奔驰、大众、宝马、丰田、本田、福特、克莱斯勒、日产等)开始大范围寻找替代能源和方式，纷纷制定新能源汽车开发计划。各国政府根据本国情况，制定了大量的政策和措施，旨在推动新能源汽车的开发和消费，其中包括1997年丰田的普锐斯混合动力轿车和世界上第一辆使用锂离子电池的电动汽车——日产 Prairie Joy EV。在1990年的洛杉矶车展上，车企巨头通用汽车展示了 GM Impact EV 概念车，并宣布将会制造电动汽车卖给消费者，由此拉开了电动汽车复兴序幕。随后，克莱斯勒、福特、丰田、雷诺相继宣布电动汽车计划并推出了相关车型。欧盟委员会于2007年公布了"新欧洲能源政策",目标是在2020年将温室效应气体排放降低20%,将可再生能源的比例提高到20%。

(2)美国。美国政府早在1993年就发起了名为"新一代汽车合作伙伴"(The Partnership for a New Generation of Vehicles,PNGV)的计划,联合国内主要的三家汽车制造厂商以及大学、实验室等,目标为到2003年,成功开发80 MPG(2.94 L/100 km)的超级节油汽车,由此引起了混合动力汽车(Hybrid Electric Vehicle,HEV)的开发热潮。2001年,该计划被"自由车辆技术"(The Freedom CAR and Vehicle Technologies,FCVT)项目所取代。FCVT项目重点推动燃料电池技术及插电式混合动力汽车(Plug-in Hybrid Electric Vehicle,PHEV)技术措施,包括对消费者购买混合动力汽车的税收减免及对汽车制造厂商的财政支持等。2008年,美国通过了《能源独立与安全法》,其中的30D条款专门针对新能源汽车出台了专项税收抵扣。另外,进入21世纪,埃隆·马斯克的特斯拉开始登上电动汽车的舞台。新时代的电机,配合最新的高密度锂离子电池,特斯拉带来的产业冲击,开辟了前所未见的高端电动汽车市场,也促进了传统车企的进入。自此,电动汽车产业重新崛起。此时距离那个曾经辉煌的年代,已经过去了100多年。

(3)德国。宝马作为氢动力发动机车型研究的先行者,早在2004年就成功研发出H2R赛车并创造了9项世界纪录。2007年,宝马向外界推出了基于宝马760i的6.0 L V12发动机改进而来的7系氢动力车型,按照双模式驱动要求,在汽油模式下通过直接喷射供应,同时在发动机进气系统中集成了氢供应管路。2009年,德国发布了《国家电动汽车发展计划》,确定了汽车产业电动化转型战略,提出了到2020年可再生能源要占全部能源消耗的47%,到2020年实现100万辆纯电动及混合动力汽车保有量的发展目标。2009年初,德国政府通过的《500亿欧元的经济刺激计划》中,有很大一部分用于电动汽车研发、"汽车充电站"网络建设和可再生能源开发。

(4)日本。日本政府于2010年发布了《下一代汽车战略2010》,将下一代汽车定义为非插电式混合动力汽车、纯电动汽车(Battery Electric Vehicle,BEV)、插电式混合动力汽车、燃料电池汽车(Fuel Cell Vehicle,FCEV)、清洁能源汽车(Clean Energy Vehicle,CEV)、清洁柴油汽车(Clean Diesel Vehicle,CDV)、压缩天然气汽车(Compressed Natural Gas Vehicle,CNGV)等节能与新能源汽车,并首次明确了包括新能源汽车在内的下一代汽车未来的普及目标:到2020年,下一代汽车将在新车销量占比中力争达到20%~50%。

(5)中国。中国有计划地开展新能源汽车的研究已经有30余年的时间。"八五"期间实施了国家电动汽车关键技术攻关项目。"九五"期间进行了示范运营尝试,并启动了国家清洁汽车行动项目，重点开展燃油汽车清洁化和燃气汽车关键技术攻关及产业化，并确定了 12 个清洁汽车示范城市。在此期间，全国已有燃气汽车 22 万辆，加气站 700 余座，年替代燃油 150 万 t。“十五”期间，科技部组织实施了“电动汽车重大科技专项”，电动汽车开发被列入“863 计划”，国家投入 88 亿元，是当时最大的科技专项之一。全国 200 余家单位、2 000 多名骨干科技人员直接参与实施，初步形成了官、产、学、研合作机制。“十一五”期间，电动汽车与清洁燃料汽车合并列入“863 计划”，基本形成了完整的新能源汽车研发、示范布局，基本建立了以纯电动汽车、插电式混合动力(含增程式)汽车、燃料电池汽车为“三纵”，以动力电池与管理系统、驱动电机与电力电子、网联化与智能化技术为“三横”的“三纵三横”和以标准测试、能源供给、集成示范“三大平台”构成的矩阵式的技术创新体系。

1)纯电动汽车方面。我国已基本掌握了纯电动汽车的整车控制、动力系统匹配和集成设计等关键技术，部分企业开始进入产业化阶段。纯电动轿车方面，主要整车企业均将电动汽车纳入企业产品规划，投入也在逐渐加大。比亚迪、江淮、东风、长安、奇瑞、吉利等主要汽车生产企业均研制了纯电动轿车，部分车型技术已有显著提高。

2)插电式混合动力汽车方面。我国插电式混合动力技术主要应用于乘用车，比亚迪插电式混合动力已发展到第三代，技术明显提升，最高车速和加速性能均有较大提高。上汽荣威 D7 插电式混合动力汽车续驶可达 1 400 km，零跑 C11 智能超享电动运动型多功能汽车(Sport Utility Vehicle，SUV)续驶可达 650 km、百公里加速 3.94 s，插电式混合动力汽车问界 AITO M9 综合续驶达到 1 402 km[中国轻型汽车行驶工况(China Light Vehicle Test Cycle，CLTC)]、百公里加速 4 s。此外，蔚来、小鹏、理想等车型均有不俗表现。

3)燃料电池汽车方面。近年来，我国燃料电池汽车技术取得了重要进展，初步掌握了整车、动力系统与关键零部件的核心技术，建立了具有自主知识产权的燃料电池汽车动力系统技术平台，形成了燃料电池发动机、动力电池、直流-直流(DC/DC)变换器、驱动电机、储氢与供氢系统等关键零部件配套研发体系，具有百千瓦量级燃料电池汽车动力系统平台与整车生产能力。

在政府补贴与政策扶持的驱动下，我国新能源汽车销量连年增长，连续 7 年保持世界销量第一。新能源汽车的产量也从 2013 年的 1.8 万辆跃升至 2023 年的近 958.7 万辆，如图 1-1-3 所示。目前，中国新能源汽车产业主要围绕着“三纵三横”政策发展，以动力电池与管理系统、驱动电机与电力电子、网联化与智能化技术为关键研究技术，提高中国汽车产业创新能力，不断完善中国新能源汽车产业结构。新能源汽车整体产业结构和一般的汽车产业结构相比要更加复杂，拥有数百个相关产业，其主要是在传统汽车行业的基础上扩展延伸出来的，从而诞生了一种新的庞大产业链，如图

1－1－4 所示。新能源汽车上游产业链包括关键原材料(各类矿石、稀土)、新能源汽车的核心零部件加工(包括电控系统、电机系统以及动力电池)、车身及其附件、底盘、汽车电子,中游产业链为各类新能源整车制造,下游产业链包括充电服务和汽车后市场服务等。

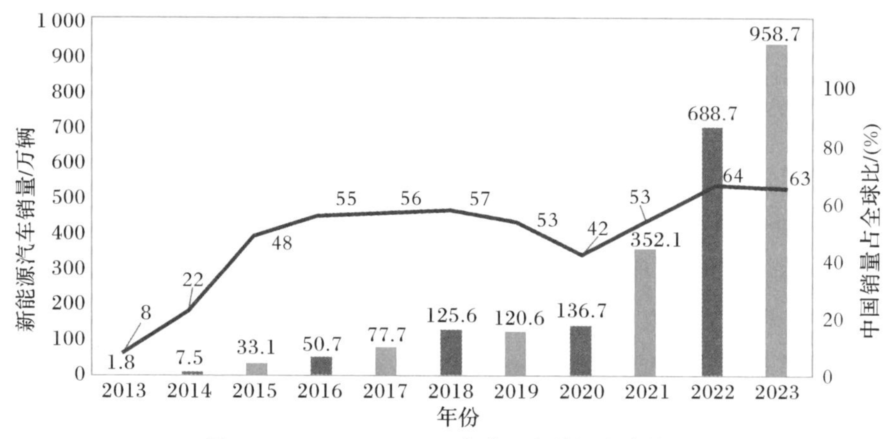

图 1－1－3 2013—2023 年中国新能源汽车销量

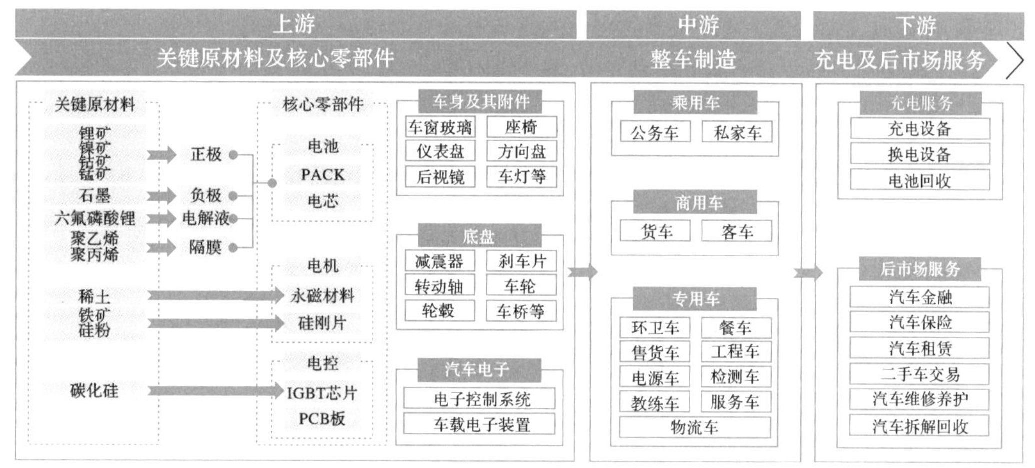

图 1－1－4 新能源汽车产业链

2. 关键零部件国际产业发展

(1)动力电池与电池管理系统。中国、日本、韩国、美国、德国等是目前锂离子电池研发、产业化及国际标准化的主要参与者和推动者。总体来看:美国在原始创新方面优势明显;日本在技术研发方面领先,拥有世界上先进的锂离子电池基础材料和装配制造及产业化技术;韩国在产值方面最大,在锂离子电池基础研发、原材料、生产装备及电池产业化技术等方面投入巨大,进展迅速,建立了相对完整的锂离子电池产业链;中国在世界电池市场中占据主流地位,单是宁德时代就占据了全球动力电池55.6%的市场份额。目前中国市场上主要为锂电池与燃料电池动力系统,其中锂电池占据主要地位。锂电池具备高能量密度、高安全性等特点，发展起步较早，产业已经较为成熟，已经形成了规范化、规模化的产业集群。锂电池主要包括钴酸锂、锰酸锂、三元锂以及磷酸铁锂等种类，其中三元锂和磷酸铁锂分别凭借能量密度高、正极材料稳定性好、循环寿命高等特点占据了主要市场，并广泛应用于比亚迪、蔚来等车企的多款车型。经过长时间发展，中国动力电池产业水平明显提升，电池成本逐渐下降，电池能量密度明显提升。目前，中国三元锂电池主流产品能量密度已经达到 250 W・h/kg，远超行业要求的 210 W・h/kg，但磷酸铁锂电池目前大多数产品集中在 160 W・h/kg，距离行业标准 180 W・h/kg 仍有一段距离。

基于新材料、新结构的高比能动力电池技术已经成为国际竞争的焦点。在美国、日本、德国、韩国及欧盟其他成员国等国家的科技规划以及重点企业战略规划中，高性能电池材料、高性能锂离子动力电池、高性能电池包、电池管理系统、热管理技术、电池标准体系、下一代锂离子动力电池、电池梯级利用及回收技术、电池生产制造技术及装备技术等都是被关注的内容。国外电池生产企业采用高效、全自动、人员非接触式生产，行业合作模式也发生了变化，电极片制造、单体电池和模块制造逐步形成更加明确的分工。

动力电池技术日新月异，在动力电池续驶里程、寿命以及电池安全方面，国内外都取得了一定的突破。在续驶里程方面，东风公司自主研发的新款电池具有超长续驶的能力，该电池的能量密度突破了 230 W・h/kg，续驶里程突破 1 000 km。2022 年举办的国轩高科第 11 届科技大会指出，中国将能够量产 360 W・h/kg 能量密度的三元半固态电池。在电池寿命方面，Aiken 实验团队发现将双氟磺酰亚胺锂（LiFSI）作为电解质盐的电芯，可以有效减缓电池在极端工况下的容量衰减问题。该团队还指出，在特定使用工况下，新型电池的使用寿命高达 100 年之久。

目前，国内动力电池技术发展较快的企业有蜂巢能源股份有限公司和比亚迪股份有限公司等。为提升电池能量密度及安全性能，蜂巢能源短刀电池采用叠片工艺，通过极片热复合与多片叠加融合技术在效率方面实现了极大的突破。对比传统叠片路线，每吉瓦时（GW・h）投资成本节省 30%，单位占地节省 40%以上。同时，叠片法相比卷绕法在循环使用后膨胀力预计低 40%以上，电池寿命提升 10%。比亚迪的代表产品短刀电池是将电芯做成“刀片”状的细长形状，长度可以根据电池包的尺寸进行定制。刀片电池在装配时可以直接跳过“模组”这一层级，直接装配成电池包。该设计可以在空间利用率上提升 50%，刀片电池能量密度可达到 180 W・h/kg，比有模电池组提升大约 9%。

虽然中国新能源汽车的动力电池发展已经逐步完善，但是由于电池爆炸而造成电池热失控和火灾事故的问题依然存在，因此如何进一步提高动力电池的安全性显得尤为重要。电池管理系统(Battery Management System,BMS)对于维持动力电池的健康状态和安全性起着至关重要的作用。在大多数情况下,控制器可以执行各种控制,例如过充、过流和短路保护。由于每个电池组都具有不同的特性,因此还需要使用一系列不同类型的技术来支持特定车型的电池管理系统。在电池控制系统中,荷电状态(State of Charge,SOC)的估计是电池管理系统状态估计模块的核心。除了BMS技术的发展,新能源汽车的能量管理系统控制优化精度问题也逐步得到了改善。能量管理系统具有从电动汽车各子系统采集运行数据、控制完成电池的充电、显示蓄电池的SOC、预测剩余行驶里程、监控电池的状态、调节车内温度、调节车灯亮度以及回收再生制动能量为蓄电池充电等功能。

国际上主流动力电池和新能源汽车企业的共同目标是2025年前实现单体电池比能量达到400 W·h/kg。在磷酸铁锂电池和三元锂电池之外,业内正在探索固态电池的研发和产业化应用。预计到2030年,全固态电解质有望实现大规模商业化,比能量达到500 W·h/kg。此外,动力电池回收市场的商业模式也在探索之中,企业普遍面临回收渠道、处理资质以及回收技术等问题。

(2)电机与电机控制器。当前,国际上电动汽车使用的电机依然是永磁和非永磁电机并存。由于永磁电机具有效率高、比功率高、功率因数大等优点,所以越来越多的电动汽车趋向于采用永磁电机驱动系统,但也有不少车型采用感应电机。

大陆集团研制出了用于电动汽车的电励磁同步电机,其峰值功率为70 kW,最高转速为12 000 r/min。美国特斯拉纯电动汽车采用了异步电机。以通用Volt、丰田普锐斯、奥迪e-tron和宝马e系列为代表的国际主流整车企业的产品采用的电机峰值比功率可达3.8 kW/kg,从电机转速来看,目前星驱科技SPEED电机转速最高可达24 000 r/min。

从用于分布驱动的轮毂/轮边电机来看,米其林开发出集成悬浮驱动电机及减速机构的电动轮;英国Protean轮毂电机采用一体化结构,电机输出能力也能达到80 kW/800 N·m;德国Fraunhofer将轮毂电机与电力电子控制器实施一体化集成。但是,至今搭载轮毂电机的量产车为数不多。

从控制器来看,国际先进水平控制器的功率密度为12～16 kW/L。近年来,随着以碳化硅和氮化镓为代表的第三代宽禁带功率半导体技术及产品的发展,国外企业(特别是日本和美国)不断推出碳化硅电力电子集成控制器或充电产品样机,全碳化硅半导体控制器功率密度比硅基半导体控制器提升数倍以上,国外某些碳化硅半导体控制器产品样机已经处于装车试运行状态。

电机电控出货量稍高于电动汽车销量。根据相关数据,中国驱动电机产品主要技术指标达到国际先进水平,性价比在国际上具有一定的优势,形成了若干家产能达到万套级以上的驱动电机，2018 年，电动汽车电机装机量超 1 000 万台，全球电机装机量估算超过 1 400 万台。在电控系统方面，我国初步形成了混合动力系统、纯电驱动系统的小批量生产能力，掌握了部分核心技术，部分企业形成了年产 5 万套以上的生产能力。目前，电动汽车驱动电机主要有永磁同步电机（Permanent Magnet Synchronous Motor，PMSM）和异步感应电机（Induction Motor，IM）两种，永磁同步电机仍然是应用主流，市场占比约为 65%，异步感应电机占比约为 30%，还有约 5%是直流电机。美国已对电机电控技术发展提出挑战性目标：2025 年实现电机比功率达到 50 kW/L，电机控制器比功率达到 100 kW/L。为实现这一目标，未来电机驱动系统将应用扁线电机、油冷电机、碳化硅 IGBT 等创新技术推动电机电控系统朝小型、高速、高效、低成本方向发展。

(3)充电桩建设。新能源汽车充电基础设施包括充电桩、充电站和换电站等，这是推广应用电动汽车的基本保障。据不完全统计，2022 年全球充电桩保有量接近 791 万台，中国充电桩保有量约占 65.9%，充电基础设施呈上升趋势；2023 年充电基础设施增量为 338.6 万台，同比上升 30.6%，桩车增量比为 1∶2.8。但是，大多数充电站建设均在中国中部、北部和沿海等地区，中国西北、西南地区和乡村的充电桩基础设施极不完善，当地新能源基础设施建设发展缓慢，这种情况降低了西北、西南地区以及农村用户购买新能源汽车的欲望，减缓了中国新能源汽车的发展。美国、日本、英国、德国，充电桩主要由政府、车企和专业充电桩运营商共同建设。目前，充电桩一般分直流快充和交流慢充两种，350 kW 以上大功率直流充电桩将成为未来趋势。此外，无线充电技术也有望得到实际应用。

在充电技术方面，国外充电设施网络在构型、新型充电模式、协同控制方式、网络化互联互通应用等方面正处在由分体机向一体机、由单机控制向集群控制、由固定模块向灵活组合动态适配、由孤立向移动物联信息感知和智能化应用的技术演变过程中，充电技术整体上正趋向更安全、便捷、节能高效、高比功率及智能灵活的服务模式。

3.电动汽车产业发展问题

总体来看，电动汽车产业推广并不十分理想，与许多政府设定的目标有些差异。特斯拉的成功是政策、市场与技术共振的结果，但问题仍然存在。

首先是消费习惯。电动汽车产业的发展核心是市场消费需求，要引导消费者从内燃机汽车转向电动汽车，仅靠政策推动和环保情怀是不够的，关键还是要有性价比高的好产品。随着中国电动汽车的日益推广、大众 MEB 平台的投放以及特斯拉的“平民化”，市场消费习惯将逐渐改变。

其次是技术路线。广义的电动汽车包括纯电动汽车、插电式混合动力汽车、燃料电池电动汽车及其他类型。电动汽车的发展好坏仍取决于未来是否能像燃油汽车一样,走出一条被广泛认可的技术路线,也取决于动力电池技术与产品成本是否能够达到令人满意的程度。

最后是政策引导。政府部门需做好奖惩制度的制定与实施以及做好基础建设,如充电桩、充电站的完善,电力能源的分配和供应,电池回收与环境保护,等等。

电动汽车产业虽然历经坎坷和波折,但是产业化的趋势和长期发展的逻辑不会改变。未来电动汽车产业的发展,仍然要依靠技术的革新、产业政策的完善以及产品性价比的不断提升。

任务 1.2　新能源汽车的定义与分类

▶任务驱动

新能源汽车产业正在成为我国制造业向高端化、绿色化、智能化,以及实现经济高质量发展的重要产业。从市场规模来看,我国新能源汽车的保有量已经超过了 2 040 万辆,2023 年市场渗透率为 31.6%,到 2025 年预计将超过 45%。那么你知道新能源汽车的定义、范畴是什么吗?各个时期又有哪些不同?新能源汽车有哪些类型?每种类型有什么特点?它们之间有什么不同?你能说出其他新能源汽车种类吗?……

本任务要求学生掌握新能源汽车的概念,熟悉新能源汽车的分类及其特点,知识与技能要求见表 1-2-1。

表 1-2-1　知识与技能要求

任务内容	新能源汽车的定义与分类	学习程度		
		识记	理解	应用
学习任务	新能源汽车的定义		●	
	新能源汽车的类型	●		
实训任务	各种类型新能源汽车的对比与优、缺点			●
	其他新能源汽车的种类	●		
自我勉励				

任务工单　理解新能源汽车的定义与分类

一、任务描述

收集新能源汽车相关资料，对资料内容进行学习和讨论，分析新能源汽车的定义及分类，将分析结果制作成 PPT，并提交给指导教师。

二、学生分组

全班学生以 5～7 人为一组，各组选出组长并进行任务分工，将小组成员及分工情况填入表 1-2-2 中。

表 1-2-2　小组成员及分工情况

班级：________　　组号：________　　指导教师：________

小组成员	姓　名	学　号	任务分工
组　长			
组　员			

三、准备工作

1. 资料获取

请各组组长组织组员收集相关资料，并回答以下问题。

引导问题 1：什么是新能源汽车？新能源汽车的具体含义是什么？

引导问题 2：新能源汽车的类型有哪些？有什么特点？

引导问题 3:对各类新能源汽车进行比较,并指出其他类型的新能源汽车包含哪些车型。

2. 制订计划

(1)根据任务内容制订工作计划,将其填入表 1-2-3 中。

表 1-2-3 工作计划

序　号	工作内容	负责人

(2)列出完成工作计划所需要的器材,将其填入表 1-2-4 中。

表 1-2-4 器材清单

序　号	名　称	型号与规格	单　位	数　量	备　注

3. 进行决策

(1)小组成员针对各自的工作计划展开讨论,并选出最佳工作计划。

(2)指导教师根据小组的工作计划给出评价。

(3)各小组成员根据指导教师的评价对工作计划进行调整。

(4)调整合格后的工作计划即为最终实施方案。

四、工作实施

根据最终实施方案展开活动。按实际操作过程,将操作内容、遇到的问题及解决办法等填入表 1-2-5 中。

表 1-2-5　工作实施过程记录表

序　号	操作内容	遇到的问题及解决办法

五、考核评价

指导教师根据各小组表现情况完成考核评价记录表(见表 1-2-6)。

表 1-2-6　考核评价记录表

项目名称	评价内容	分　值	评价分数		
			自　评	互　评	师　评
职业素养考核项目	无迟到、无早退、无旷课	8 分			
	仪容仪表符合规范要求	8 分			
	具备良好的安全意识与责任意识	10 分			
	具备良好的团队合作与交流能力	8 分			
	具备较强的纪律执行能力	8 分			
	保持良好的作业现场卫生	8 分			
专业能力考核项目	积极参加教学活动，按时完成任务工单	16 分			
	操作规范，符合作业规程	16 分			
	操作熟练，工作效率高	18 分			
合　计		100 分			
总　评	自评(20%)＋互评(20%)＋师评(60%)=________	综合等级：________	指导教师(签名)：________		

▶参考知识

1.2.1　新能源汽车的定义

石油短缺、环境污染、气候变暖是世界汽车工业面临的重要挑战，新能源汽车已经成为汽车行业的发展趋势。新能源汽车是对英文“New Energy Vehicles”的翻译，其定义在不同的国家有所不同。在美国，新能源汽车通常指“代用燃料汽车”(Alternative Fuel Vehicle，AFV)；在日本，新能源汽车通常称为“低公害汽车”，2001年，日本国土交通省、环境省和经济产业省制订了“低公害车开发普及行动计划”，该计划所指的低公害汽车包括五类，即以天然气为燃料的汽车、混合动力电动汽车、电动汽车、以甲醇为燃料的汽车、对排污和燃效限制标准最严格的清洁汽油汽车。

在我国，新能源汽车的定义经历了不断变化的过程，有关新能源汽车的定义和种类划分的政府文件主要有以下三个。

2009年6月，工业和信息化部发布的《新能源汽车生产企业及产品准入管理规则》中第三条对新能源汽车的表述是：新能源汽车是指采用非常规的车用燃料作为动力来源(或使用常规的车用燃料、采用新型车载动力装置)，综合车辆的动力控制和驱动方面的先进技术，形成的技术原理先进、具有新技术和新结构的汽车。非常规的车用燃料包括天然气(Natural Gas，NG)、液化石油气(Liquefied Petroleum Gas，LPG)、乙醇汽油、甲醇、二甲醚等。新能源汽车包括混合动力汽车、纯电动汽车、燃料电池电动汽车、氢发动机汽车、其他新能源(如高效储能器、二甲醚)汽车等各类别产品。

2012年7月，国务院发布的《节能与新能源汽车产业发展规划(2012—2020年)》沿用新能源汽车名词，对新能源汽车的表述是：新能源汽车是指采用新型动力系统，完全或主要依靠新型能源驱动的汽车，主要包括纯电动汽车、插电式混合动力电动汽车及燃料电池电动汽车。

2017年7月实施的《新能源汽车生产企业及产品准入管理规定》指出：新能源汽车是指采用新型动力系统，完全或主要依靠新型能源驱动的汽车，包括插电式混合动力(含增程式)汽车、纯电动汽车及燃料电池电动汽车等。

1.2.2 新能源汽车的类型

新能源汽车主要包括纯电动汽车、混合动力汽车和燃料电池电动汽车，其中混合动力汽车又分为插电式混合动力汽车和非插电式混合动力汽车。我国把非插电式混合动力汽车划分到节能汽车系列中。

1. 纯电动汽车

广义的电动汽车包含了以蓄电池为辅助动力源的混合动力汽车、插电式混合动力汽车、以蓄电池为动力源的纯电动汽车、增程式电动汽车以及燃料电池电动汽车，电动汽车的广义分类见表1-2-7。狭义的电动汽车包含必须使用电能直接为电池充电的BEV和PHEV。

表 1-2-7　电动汽车的广义分类

中　文	英　文	简　称	典型车型
混合动力汽车	Hybrid Electric Vehicle	HEV	丰田 Prius
插电式混合动力汽车	Plug-in Hybrid Electric Vehicle	PHEV	比亚迪 秦 PLUS DM-i
纯电动汽车	Battery Electric Vehicle	BEV	比亚迪 e5
增程式电动汽车	Range Extended Electric Vehicle	REEV	日产 Note e-Power
燃料电池电动汽车	Fuel Cell Electric Vehicle	FCEV	丰田 Mirai

国家标准《电动汽车术语》(GB/T 19596—2017)规定，纯电动汽车是驱动能量完全由电能提供、由电机驱动的车辆。电机的驱动能源来源于车载可充电储能系统或其他能量存储装置，如图 1-2-1 所示。纯电动汽车虽然不排放废气，但不一定是零污染和零碳排放，在产生电力的过程中，发电方式的不同会产生不同程度的污染和碳排放。利用高效率的石化发电、水力发电、风能发电及太阳能发电可以显著减少纯电动汽车在运行过程中产生的污染。太阳能汽车是依靠太阳能电池将吸收的光能转化为电能来驱动的汽车，也是纯电动汽车的一种。

2.混合动力汽车

国家标准《电动汽车术语》(GB/T 19596—2017)规定，混合动力汽车是能够从以下两类车载储存的能量中获得动力的汽车：可消耗的燃料或可再充电能(能量储存装置)，如图 1-2-2 所示。从广义上来讲，混合动力汽车指的是装备有两种或两种以上具有不同特点驱动装置的车辆。其驱动装置中有一个是车辆的主要动力来源并能够提供稳定的动力输出，满足汽车稳定行驶的动力需求，内燃机在汽车上的成功应用使之成为首选驱动装置；另外的辅助驱动装置要求具有良好的变工况特性，能够进行功率的平衡与协调以及能量的再生与存储。目前所说的混合动力汽车，一般是指油电混合动力汽车，即采用传统的内燃机(柴油机或汽油机)和电动机作为动力源，也有的发动机经过改造使用其他替代燃料，例如压缩天然气、丙烷和乙醇燃料等。

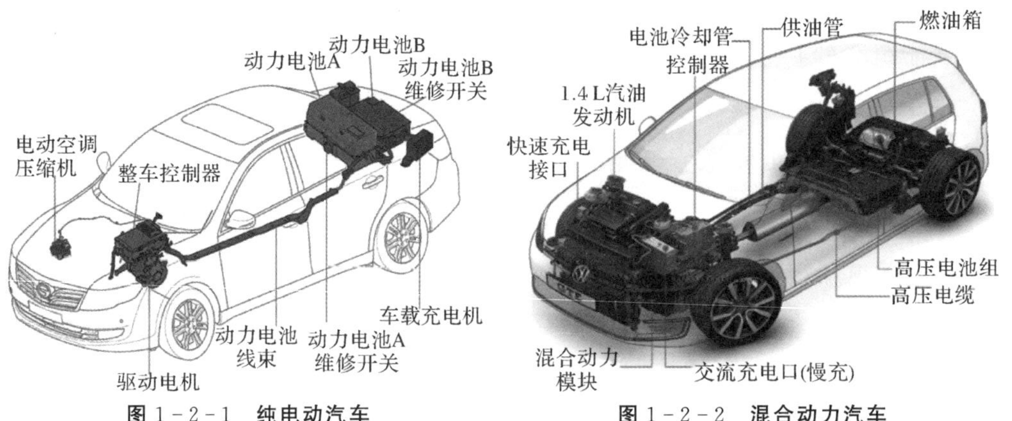

图 1-2-1　纯电动汽车

图 1-2-2　混合动力汽车

3. 燃料电池电动汽车

燃料电池电动汽车是以燃料电池系统作为单一动力源或者是以燃料电池系统与可充电储能系统作为混合动力源的电动汽车，如图 1-2-3 所示。燃料电池电动汽车一般以质子交换膜燃料电池(Proton Exchange Membrane Fuel Cell,PEMFC)作为车载能源，实质上是纯电动汽车的一种，主要区别在于动力蓄电池的工作原理不同。它的燃料(主要是氢气)和氧化剂(纯氧气或空气)不是储存在电池内，而是储存在电池外的储罐中的。燃料电池是一种能量转化装置，按电化学原理，把储存在燃料和氧化剂中的化学能直接转化为电能，所以实际工作过程是氧化还原反应，因此燃料电池又叫“氢反应堆”。当电池发电时，需连续不断地向电池内送入燃料和氧化剂，排出反应生成物——水。燃料电池本身只决定输出功率的大小，其发出的能量由储罐内燃料与氧化剂的量来决定，因此，确切地说，燃料电池是个适合车用的、环保的氢氧发电装置。燃料电池的最大特点是反应过程不涉及燃烧，因此其能量转换效率不受“卡诺循环”的限制，与普通内燃机比较，其能量转换效率更高。

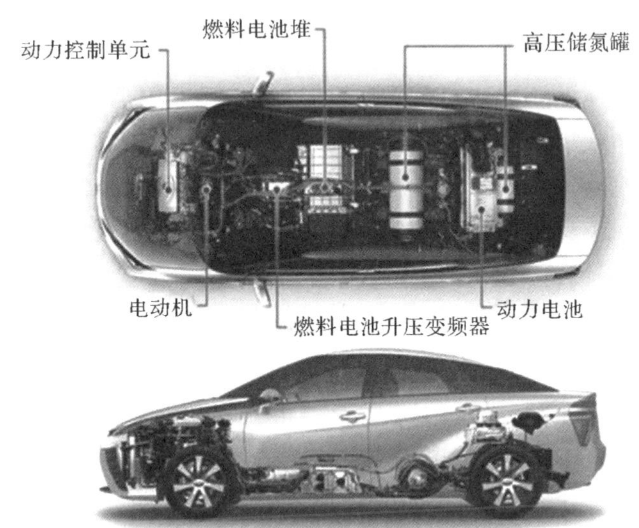

图 1-2-3 燃料电池电动汽车

纯电动汽车、混合动力汽车和燃料电动汽车的比较见表 1-2-8。

表 1-2-8 三种类型电动汽车的比较

类 型	能量系统	驱动方式	能源和基础设施	主要特点
纯电动汽车	蓄电池超级电容器	电机驱动	电网充电设备	零排放、初期成本高、不依赖原油
混合动力汽车	蓄电池、超级电容器、内燃机	内燃机驱动、电机驱动	加油站、电网充电设备	排放低、行驶里程长、依赖原油、结构复杂
燃料电池电动汽车	燃料电池	电机驱动	加氢站	零排放、行驶里程长、不依赖原油、成本高

4. 其他新能源汽车

(1)飞轮储能汽车。飞轮储能(Flywhell Energy Storage,FES)通过将转子(飞轮)加速到非常高的速度并将系统中的能量保持为旋转能量来工作。当从系统中提取能量时,根据能量守恒原理,飞轮的转速会降低,向系统增加能量会导致飞轮速度的增加。飞轮储能系统是一种机电能量转换的储能装置,突破了化学电池的局限,用物理方法实现储能。在储能时,电能通过电力转换器变换后驱动电机运行,电机带动飞轮加速转动,飞轮以动能的形式把能量储存起来,完成电能到机械能转换的储存能量过程,能量储存在高速旋转的飞轮中。在释能时,高速旋转的飞轮拖动电机发电,经电力转换器输出适用于负载的电流与电压,完成机械能到电能转换的释放能量过程。整个飞轮储能系统实现了电能的输入、储存和输出过程。

飞轮储能汽车的原理是利用飞轮的惯性储能,储存非满载时发动机的余能及车辆在下坡、减速行驶时产生的能量,反馈到发电机上发电,驱动或加速飞轮旋转。飞轮使用磁悬浮方式,在 70 000 r/min 的高速下旋转。飞轮驱动在混合动力汽车上作为辅助,优点是可提高能源使用效率、质量轻、储能高、能量进出反应快、维护简单、寿命长,缺点是成本高、汽车转向受飞轮陀螺效应的影响。

(2)超级电容汽车。超级电容器是利用双电层原理的电容器,是通过极化电解质来储能的一种电化学元件,但在其储能的过程中并不发生化学反应,这种储能过程可逆。在超级电容器的两极板上电荷产生的电池作用下,在电解液与电极间的界面上形成相反的电荷,以平衡电解液的内电场,这种正电荷与负电荷的在两个不同方向之间的接触面上,以正负电荷之间极短间隙排列在相反的位置上,这个电荷分布层称为双电层,电容量非常大。超级电容器可以快速吸收能量,按需产生峰值负载,并承受重复的充电循环而不会退化。从本质上讲,它是一种具有延长预期寿命的功率存储设备。在汽车市场,它已被集成到传统电动汽车(Electric Vehicle,EV)和混合动力电动汽车(Hybrid Electric Vehicle,HEV)中,以减轻电池压力并延长电池的使用寿命。

任务 1.3 新能源汽车的常见标识

▶任务驱动

学院近期举办"绿色低碳,走进新能源汽车"科普活动,学生会推荐你负责全面介绍新能源汽车车辆各类标识,接受任务后,需要做哪些准备工作?

本任务要求学生掌握新能源汽车的车牌、铭牌、仪表盘常见标识和常见英文缩写的具体含义,知识与技能要求见表 1-3-1。

表 1-3-1 知识与技能要求

<table>
<tr><td rowspan="2">任务内容</td><td rowspan="2">掌握新能源汽车的常见标识</td><td colspan="3">学习程度</td></tr>
<tr><td>识记</td><td>理解</td><td>应用</td></tr>
<tr><td rowspan="2">学习任务</td><td>了解新能源汽车牌照编排方法</td><td></td><td>●</td><td></td></tr>
<tr><td>熟悉新能源汽车车辆铭牌及其具体含义</td><td>●</td><td></td><td></td></tr>
<tr><td rowspan="2">实训任务</td><td>辨识新能源汽车仪表盘各类标识</td><td rowspan="2">●</td><td rowspan="2"></td><td rowspan="2"></td></tr>
<tr><td>掌握常见新能源汽车英文缩写</td></tr>
<tr><td>自我勉励</td><td colspan="4"></td></tr>
</table>

任务工单 辨识新能源汽车的常见标识

一、任务描述

收集新能源汽车常见标识相关资料，对资料内容进行学习和讨论，辨识并记录新能源汽车（实训车辆）的常见标识，将结果制作成 PPT，提交给指导教师。

二、学生分组

全班学生以 5～7 人为一组，各组选出组长并进行任务分工，将小组成员及分工情况填入表 1-3-2 中。

表 1-3-2 小组成员及分工情况

班级：________ 组号：________ 指导教师：________

<table>
<tr><td>小组成员</td><td>姓 名</td><td>学 号</td><td>任务分工</td></tr>
<tr><td>组 长</td><td></td><td></td><td></td></tr>
<tr><td rowspan="5">组 员</td><td></td><td></td><td></td></tr>
<tr><td></td><td></td><td></td></tr>
<tr><td></td><td></td><td></td></tr>
<tr><td></td><td></td><td></td></tr>
<tr><td></td><td></td><td></td></tr>
</table>

三、准备工作

1. 资料获取

请各组组长组织组员收集相关资料，并回答以下问题。

引导问题 1：新能源汽车车牌的特点是什么？新能源汽车车牌的编排规则是什么？

引导问题 2：新能源汽车车辆铭牌的位置及其具体含义是什么？

引导问题 3：新能源汽车仪表盘上的符号表征的具体含义是什么？常见新能源汽车的英文缩写含义是什么？

2. 制订计划

（1）根据任务内容制订工作计划，将其填入表 1－3－3 中。

表 1－3－3　**工作计划**

序　号	工作内容	负责人

（2）列出完成工作计划所需要的器材，将其填入表 1－3－4 中。

表 1－3－4　**器材清单**

序　号	名　称	型号与规格	单　位	数　量	备　注

3. 进行决策

(1)小组成员针对各自的工作计划展开讨论,并选出最佳的工作计划。

(2)指导教师根据小组的工作计划给出评价。

(3)各小组成员根据指导教师的评价对工作计划进行调整。

(4)调整合格后的工作计划即为最终实施方案。

四、工作实施

根据最终实施方案展开活动。按实际操作过程,将操作内容、遇到的问题及解决办法等填入表1-3-5中。

表1-3-5 工作实施过程记录表

序号	操作内容	遇到的问题及解决办法

五、考核评价

指导教师根据各小组表现情况完成考核评价记录表(见表1-3-6)。

表1-3-6 考核评价记录表

项目名称	评价内容	分值	评价分数		
			自评	互评	师评
职业素养考核项目	无迟到、无早退、无旷课	8分			
	仪容仪表符合规范要求	8分			
	具备良好的安全意识与责任意识	10分			
	具备良好的团队合作与交流能力	8分			
	具备较强的纪律执行能力	8分			
	保持良好的作业现场卫生	8分			
专业能力考核项目	积极参加教学活动,按时完成任务工单	16分			
	操作规范,符合作业规程	16分			
	操作熟练,工作效率高	18分			
合计		100分			
总评	自评(20%)+互评(20%)+师评(60%)=________	综合等级:________	指导教师(签名):________		

参考知识

1.3.1 新能源汽车车牌

为更好区分辨识新能源汽车，实施差异化交通管理，我国启用新能源汽车专用车牌。2016 年 4 月 18 日，公安部设计了新能源汽车车牌式样。

新能源汽车车牌以绿色为主色调，体现“绿色环保”理念，增加新能源汽车车牌专用标志，在绿色圆圈当中采用了电插头图案，左侧彩色部分与英文字母“E”(electric)相似，寓意电动、新能源。该车牌应用了新的防伪技术和制作工艺，可实现区分管理、便于识别，彰显新能源特色、技术创新。小型新能源汽车车牌底色为渐变绿色，大型新能源汽车车牌底色为黄绿双拼色。新能源汽车车牌号码增加一位，与普通汽车车牌相比，新能源汽车车牌号码由 5 位升为 6 位，车牌号码容量增大，资源更加丰富，编码规则更加科学合理，可以满足“少使用字母、多使用数字”的编排需要。

在尺寸方面，新能源汽车的车牌与传统燃油汽车车牌也有很大的区别。新能源汽车车牌的轮廓为 480 mm×140 mm，长度要比普通车牌增加 40 mm，而大型能源汽车的车牌宽度要比燃油汽车的宽度减少 80 mm。

新能源汽车车牌按照不同车辆类型实行分段管理，字母“D”“A”“B”“C”“E”代表纯电动汽车，字母“F”“G”“H”“J”“K”代表非纯电动汽车(包括插电式混合动力汽车和燃料电池汽车等)。小型汽车车牌中代表车辆类型的字母(如“D”或“F”)位于车牌序号的第一位，大型汽车车牌中代表车辆类型的字母(如“D”或“F”)位于车牌序号的最后一位。新能源汽车车牌如图 1-3-1 所示。

图 1-3-1 新能源汽车车牌

(a)小型新能源汽车车牌；(b)大型新能源汽车车牌

1.3.2 新能源汽车铭牌

车辆铭牌是标明车辆基本特征的标牌，主要包括厂牌、型号、发动机功率、总质量、载质量或载客人数、出厂编号、出厂日期及厂名等。车辆铭牌一般置于车辆前部易于观察的地方，客车铭牌置于车内前乘客门的上方，轿车一般在副驾驶车门下面或者发动机舱的保险盒上面，不同的车型铭牌所在的位置不尽相同。

新能源汽车类型不同，其铭牌内容略有差异。

1. 纯电动汽车铭牌

纯电动汽车铭牌主要包括制造国及厂名、车辆品牌、整车型号、制造年月、驱动电机型号、驱动电机峰值功率、动力电池系统额定电压、动力电池系统额定容量、最大允许总质量、乘坐人数、车辆识别代号等，如图 1-3-2 所示。

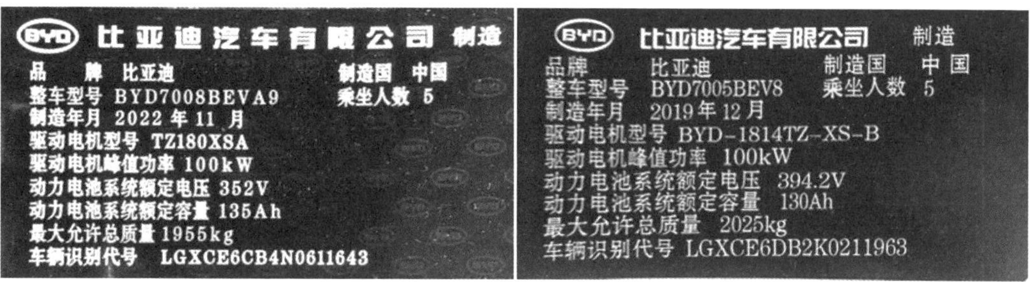

图 1-3-2 纯电动汽车比亚迪秦 PLUS EV 和比亚迪 E5 汽车铭牌

2. 混合动力电动汽车铭牌

混合动力电动汽车铭牌除标注纯电动汽车铭牌的内容外，还要标注发动机型号、发动机排量、发动机最大净功率等，如图 1-3-3 所示。

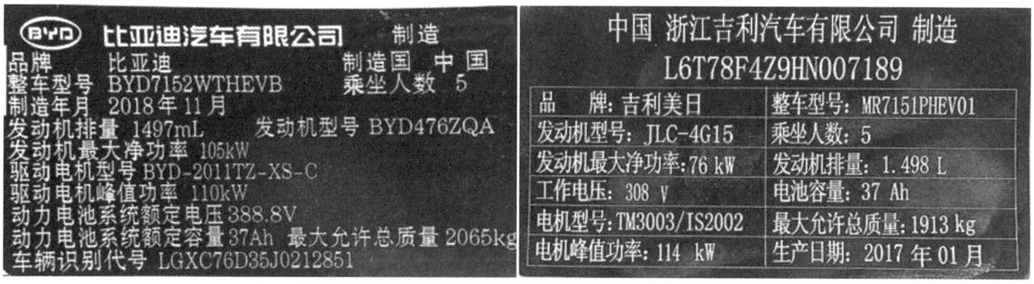

图 1-3-3 混合动力汽车比亚迪秦 Pro 和吉利美日汽车铭牌

1.3.3 新能源汽车仪表盘常见标识

新能源汽车仪表盘的图标根据功能分为指示、警示、故障图标。新能源汽车仪表盘常见图标见表 1-3-7。

表 1-3-7 新能源汽车仪表盘常见图标

图 标	名 称	图 标	名 称
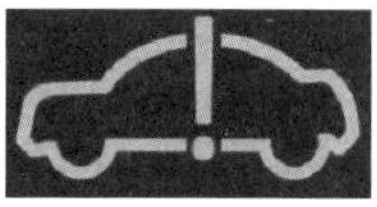	系统故障警告灯		动力电池电量不足警告灯
	动力电池切断指示灯		动力电池故障警告灯

续表

图 标	名 称	图 标	名 称
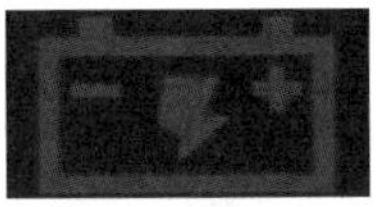	蓄电池绝缘电阻低指示灯		动力电池过热警示灯
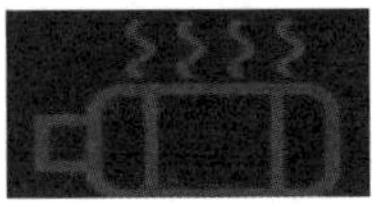	电机及控制器过热指示灯		充电线连接指示灯
 READY	运行准备就绪灯		驱动功率限制指示灯
	示宽指示灯		智能进入和启动系统
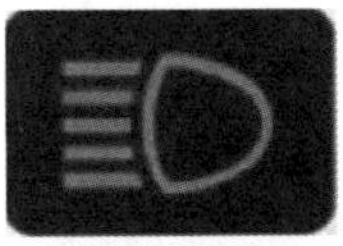	远光灯指示灯		前雾灯指示灯
	转向指示灯	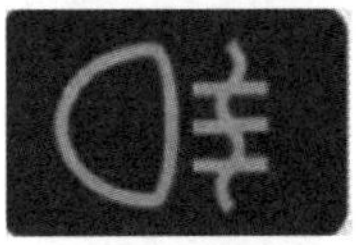	后雾灯指示灯
	胎压低警告灯		清洗液位低警告灯
	可调空气悬架指示灯		转向系统警告灯
	驻车制动警告灯		电机冷却液温度过高警示灯
	转向助力系统故障指示灯	 ABS	刹车防抱死系统(Anti-lock Braking System，ABS)故障指示灯
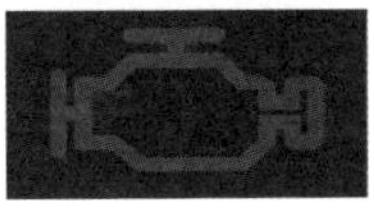	发动机故障警告灯		安全气囊系统(Supplemental Restraint System，SRS)故障警告灯

1.3.4 新能源汽车常见英文标识

新能源汽车有很多常见英文缩写,有必要了解其中文含义。新能源汽车常见英文缩写及中文含义见表1-3-8。

表1-3-8 新能源汽车常见英文缩写及中文含义

英文缩写	英文全称	中文含义
EV	Electric Vehicle	电动汽车
BEV	Battery Electric Vehicle	纯电动汽车
HEV	Hybrid Electric Vehicle	混合动力汽车
FCEV	Fuel Cell Electric Vehicle	燃料电池电动汽车
PHEV	Plug Hybrid Electric Vehicle	插电式混合动力汽车
VCU	Vehicle Control Unit	整车控制器
BMS	Battery Management System	电池管理控制系统
BMC	Battery Management Control	电池管理控制器
BCM	Body Control Module	车身控制器
MCU	Motor Control Unit	驱动电机控制器
OBC	On Board Charger	车载充电机
PDU	Power Distribution Unit	高压配电箱
SOC	State Of Charge	电池荷电状态
ISA	Integrated Starter Alternator	集成起动交流发电机
ISG	Integrated Starter Generator	集成式起动机发电机
BSG	Belt-Driven Starter Generator	皮带驱动式起动机发电机
MSD	Manual Service Device	手动维修开关
PTC	Positive Temperature Coefficient	正温度系数加热器
PEMFC	Proton Exchange Membrane Fuel Cell	质子交换膜燃料电池
SMR	System Main Relay	主继电器
HVIL	High Voltage Inter-Lock	高压互锁
VTOG	Vehicle To Generator	双向逆变充放电式电机控制器
EDS	Electronic Differential System	电子差速器
BIC	Battery Information Collector	电池信息采集器
EVP	Electric Vacuum Pump	电动真空泵
EPS	Electric Power Steering	电动助力转向
EGSM	Electronic Gear Select Module	电子换挡控制器
ICM	Integrated Chassis Management	一体式底盘管理系统

续表

英文缩写	英文全称	中文含义
OTA	Over The Air Technology	空中下载技术
MEB	Modular Electric Drive Matrix	模块化电气技术平台
IPK	Instrument Pack	组合仪表
OBD	On-board Diagnostics	车载诊断接口
IPU	Intelligent Power Unit	智能动力控制单元
IGBT	Insulated Gate Bipolar Transistor	绝缘栅双极型晶体管

任务 1.4　新能源汽车的基本参数

任务驱动

新能源汽车专业的学生在比亚迪汽车店实习，该店接受了一位顾客的预约。据顾客反映，目前国产新能源汽车销售十分火爆，想要了解比亚迪新能源汽车，但对新能源汽车上的各类参数不太熟悉，希望销售人员给予详细讲解。该店委派该实习生提前做好准备，负责接待顾客，并进行新能源汽车基本参数的全面介绍，假定你是该实习生，需要做哪些准备工作？

本任务要求学生掌握新能源汽车的性能参数、电池参数、电机参数和质量参数。知识与技能要求见表 1-4-1。

表 1-4-1　知识与技能要求

任务内容	掌握新能源汽车的基本参数	学习程度		
		识记	理解	应用
学习任务	了解新能源汽车质量参数		●	
	熟悉新能源汽车电机各参数及其具体含义	●		
	懂得新能源汽车各性能参数		●	
实训任务	列出新能源汽车对电池、电机的要求	●	●	
	写出表征电池性能的主要参数并领会其含义			
自我勉励				

任务工单 解析新能源汽车的基本参数

一、任务描述

收集表征新能源汽车基本参数的相关资料，对资料内容进行学习和讨论，辨识新能源汽车的电池、电机参数，记录实训车辆的性能参数、电池参数、电机参数并将结果制成表格，提交给指导教师。

二、学生分组

全班学生以5～7人为一组，各组选出组长并进行任务分工，将小组成员及分工情况填入表1-4-2中。

表1-4-2 小组成员及分工情况

班级：________ 组号：________ 指导教师：________

小组成员	姓　名	学　号	任务分工
组　长			
组　员			

三、准备工作

1. 资料获取

请各组组长组织组员收集相关资料，并回答以下问题。

引导问题1：新能源汽车的性能参数有哪些？各参数有什么具体含义？

引导问题2：新能源汽车对动力电池的要求是什么？表征电池性能的主要参数有哪些？理解其具体含义。

引导问题 3:新能源汽车对驱动电机的要求有哪些?表征电机性能的主要参数有哪些?理解其具体含义。

引导问题 4:新能源汽车的质量参数是什么?

2. 制订计划

(1)根据任务内容制订工作计划,将其填入表 1-4-3 中。

表 1-4-3　**工作计划**

序　号	工作内容	负责人

(2)列出完成工作计划所需要的器材,将其填入表 1-4-4 中。

表 1-4-4　**器材清单**

序　号	名　称	型号与规格	单　位	数　量	备　注

3. 进行决策

(1)小组成员针对各自的工作计划展开讨论,并选出最佳的工作计划。

(2)指导教师根据小组的工作计划给出评价。

(3)各小组成员根据指导教师的评价对工作计划进行调整。

(4)调整合格后的工作计划即为最终实施方案。

四、工作实施

根据最终实施方案展开活动。按实际操作过程，将操作内容、遇到的问题及解决办法等填入表1－4－5中。

表1－4－5 工作实施过程记录表

序 号	操作内容	遇到的问题及解决办法

五、考核评价

指导教师根据各小组表现情况完成考核评价记录表（见表1－4－6）。

表1－4－6 考核评价记录表

项目名称	评价内容	分 值	评价分数		
			自 评	互 评	师 评
职业素养考核项目	无迟到、无早退、无旷课	8分			
	仪容仪表符合规范要求	8分			
	具备良好的安全意识与责任意识	10分			
	具备良好的团队合作与交流能力	8分			
	具备较强的纪律执行能力	8分			
	保持良好的作业现场卫生	8分			
专业能力考核项目	积极参加教学活动，按时完成任务工单	16分			
	操作规范，符合作业规程	16分			
	操作熟练，工作效率高	18分			
合 计		100分			
总 评	自评（20%）＋互评（20%）＋师评（60%）＝________	综合等级：________	指导教师（签名）：________		

参考知识

1.4.1 新能源汽车性能参数

传统汽车的性能参数包括动力性、燃油经济性、制动性、操控稳定性、平顺性及通过性等，新能源汽车的性能参数则包括续驶里程、驱动功率、充电时间、最高车速、加速能力、能量消耗率、放电能量(整年)、再生能量、动力系效率和总功率等。

1. 续驶里程

续驶里程是新能源汽车首要的性能参数，对于纯电动汽车，续驶里程是指从充满电的状态下到实验结束时所行驶的距离，与整车技术性能紧密相关。对于混合动力汽车而言，续驶里程包括纯电行驶里程和燃油行驶里程，纯电行驶里程是衡量混合动力汽车的重要指标参数，纯电续驶里程越长，混合动力汽车性能越优。

续驶里程受多种因素影响，主要是外部运行环境和车辆自身的设计部件参数。外部运行环境包括行驶的路况、道路坡度、交通状况、气温、驾驶习惯、风向和风力等。车辆自身的设计部件参数中最主要的是车辆设计、动力电池容量、技术性能以及车辆自身质量和对能量的利用率等。

影响续驶里程的首要因素为动力电池，其性能参数评价和衡量的指标主要是容量、类型及电压等。

(1)动力电池的容量。动力电池的容量一般是指电池的额定容量，又称公称容量，是指动力电池在设计的放电条件下，电池保证给出的最低电量。这个参数表征了动力电池储存能量的能力。

(2)动力电池的类型。动力电池的能量密度、循环寿命、技术成熟度及成本等关键性指标成为制约电动汽车大规模量产的重要因素，动力电池占新能源汽车，特别是纯电动汽车生产成本的30%以上。目前市场上主流的动力电池有铅酸电池、镍氢电池、锂电池。

(3)动力电池的电压。电压在新能源汽车中主要是指整个动力电池组的电压，这个参数用于衡量电动汽车用的导线质量以及电池自身容量。

2. 驱动功率

驱动功率是衡量新能源汽车动力性的重要指标，直接影响到汽车的加速性能和最高车速。纯电动汽车的驱动功率的唯一来源是驱动电动机，混合动力汽车的驱动功率在纯电行驶模式下是由电动机提供的，在混合动力驱动模式下是由内燃机与电动机组合提供的。

驱动电机的参数关系到汽车的动力性能，输出功率的大小类似于传统汽车内燃机的输出功率。输出功率越大，车辆行驶的最高速度越高，输出转矩越大，加速性能越好。

(1)电动机功率。电动机最大功率是指电动机可以实现的最大功率输出,单位为kW。在纯电动汽车上,最大功率往往反映最高车速,用来描述汽车的动力性能,体现电机瞬间超负荷运转的能力。

(2)电动机转矩。电动机的最大转矩是驱动电机重要的参数,与电动机的转速和功率有关,在功率一定的情况下,转矩越大,转速就越低;转矩越小,转速就越高。对纯电动汽车而言,电动机的最大转矩尤为重要,因为转矩大、转速低时,车辆的加速性更好。

3. 充电时间

充电时间是指采用指定的方式,从一辆新能源汽车的电池电量处于最低状态下到充满电所需要的时间。充电时间与很多因素有关,既包括车辆的电池容量、设计的充电方式,也包括充电时的环境因素,但真正影响充电时间的是电池本身的设计因素。总体来说,电池容量越大,其相对应的充电时间也就越长。

4. 最高车速

电动汽车最高车速包括最高车速(1 km)和 30 min 最高车速。最高车速(1 km)是指电动汽车能够往返各持续行驶 1 km 以上距离的最高平均车速。30 min 最高车速是指电动汽车能够持续行驶 30 min 以上的最高平均车速,其值应不低于 80 km/h。

5. 加速能力

加速能力是指电动汽车从速度 v_1 加速到 v_2 所需要的最短时间。0～50 km/h 和 50～80 km/h 匀加速性能,其加速时间应分别不超过 10 s 和 15 s。

6. 能量消耗率

能量消耗率是指电动汽车经过规定的试验循环后,对动力蓄电池重新充电至试验前的容量,从电网上得到的电能除以行驶里程所得的值(W·h/km)。

7. 放电能量(整车)

放电能量是指电动汽车在行驶中由储能装置释放的电能(W·h)。

8. 再生能量

再生能量是指行驶中的电动汽车用再生制动回收的电能(W·h)。再生制动是指电动汽车滑行、减速或下坡时,将车辆行驶过程中的动能及势能转化或部分转化为车载可充电储能系统的能量存储起来的制动过程。

9. 动力系效率

动力系效率是指在纯电动情况下,从动力系输出的机械能除以输入动力系的电能所得的值。

10. 总功率

总功率是指混合动力电动汽车在联合驱动模式下可输出的峰值功率。

1.4.2 电池基本参数

新能源汽车用动力电池与燃油汽车用蓄电池不同，燃油汽车用蓄电池多为起动型蓄电池，要求瞬间提供大电流，动力蓄电池则要求同时满足持续供电能力强。动力蓄电池在工作时，主要以较长时间的中等电流持续放电，短时间（起动、加速时）以大电流放电，并以深循环（深度放电）使用为主。为使电动汽车具有良好的使用特性，对动力蓄电池的基本要求如下。

(1)具有高的能量密度。高能量密度可使动力蓄电池的质量减轻，降低电动汽车的自重，提高电动汽车的续驶里程。

(2)具有高的功率密度。功率密度高，能提供的瞬时功率就大，从而可以提高电动汽车的动力性。

(3)具有较长的循环寿命。动力蓄电池以循环寿命来衡量其使用寿命，循环寿命长的动力蓄电池可降低电动汽车的使用成本。

(4)具有较好的充放电特性。动力蓄电池的充电特性好，可缩短其充电时间，提高使用性能，而且不容易过充电，可延长蓄电池的使用寿命，在车辆制动时，可提高制动能量回收的效率。动力蓄电池的放电特性好，其持续供电的能力就强。

(5)电池的一致性好。一致性好是指电池组各单体电池的性能差异性小，这可减轻电池组使用过程中电池性能差别迅速扩大的恶性循环，有益于延长动力蓄电池的使用寿命。

(6)具有较低的价格。动力蓄电池的成本高是造成电动汽车新车购车价格高、使用成本高的主要原因。因此，降低动力蓄电池成本，就能提高电动汽车的市场竞争力。

(7)使用维护方便。电动汽车动力蓄电池的维护工作占很高的比例，因此，维护方便能提高电动汽车的使用性能。

动力电池作为电动汽车的储能动力源，在电动汽车上发挥着重要的作用。要评定电池的实际效应，主要看动力电池的性能指标，表征动力电池性能指标的基本参数有电压、电池容量、内阻、电池能量与能量密度、功率与功率密度、电池放电倍率、荷电状态、自放电率、寿命、成本等。根据电池种类不同，其性能指标也有差异。

1. 电压

电池电压分为端电压、开路电压、额定电压、工作电压、充电终止电压、放电终止电压。

(1)端电压。端电压是电池在理论上输出能量大小的度量之一，又称为电池电动势。如果其他条件相同，那么端电压（电动势）越高，理论上能输出的能量就越大。电池的端电压是热力学的两极平衡电极之间电位之差表征电池的开路电压在数值上接近电池的端电压，所以在工程应用上，常常认为电池在开路条件下，正负两极之间的平衡电动势之差即为电池的端电压(电动势)。对于某些气体电极,电池的开路电压数值受催化剂的影响很大,与端电压在数值上不一定很接近。例如,燃料电池的开路电压常常偏离电动势较大,而且随使用催化剂的品种和数量不同而变化。

(2)开路电压。开路电压是指电池外部不接任何负载或电源(几乎没有电流通过时),即在开路状态下,测量电池正负极之间的电位差。电池的开路电压取决于电池正负极材料的活性、电解质和温度条件等,而与电池的几何结构以及尺寸大小无关。一般情况下,电池的开路电压均小于电池的端电压(电动势)。

(3)额定电压。额定电压也称公称电压或标称电压,是指在规定条件下电池工作的标准电压,镍铬电池和镍氢电池的额定电压为 1.2 V,锂离子电池的额定电压为 3.7 V。采用额定电压可以区分电池的化学体系。

(4)工作电压。工作电压是指电池外接上负载或电源,有电流流过电池,在放电过程中测量所得的正负极之间的电位差,又称负载电压或放电电压。电池在接通负载后,由于欧姆内阻和极化内阻的存在,电池的工作电压低于电池的开路电压和电动势。电池在放电初始的工作电压称为初始电压。

(5)充电终止电压。可充电电池充足电时,极板上的活性物质已达到饱和状态,再继续充电,电池的电压也不会上升,此时的电压称为充电终止电压。镍铬电池的充电终止电压为 1.75～1.8 V,镍氢电池的充电终止电压为 1.5 V,锂离子电池的充电终止电压为 4.25 V。

(6)放电终止电压。对于所有的二次电池而言,放电终止电压都是必须严格规定的重要参数。蓄电池在一定标准规定的放电条件下放电时,电池的电压将逐渐降低,当电池不宜继续放电时,电池的最低工作电压称为放电终止电压。如果电压低于放电终止电压后电池继续放电,电池两端电压会迅速下降,形成深度放电,这样,极板上形成的生成物在正常充电时就不易再恢复,从而影响电池的寿命。放电终止电压和放电率有关,放电电流直接影响放电终止电压。一般而言,在低温或大电流放电时,终止电压规定得低些;在小电流长时间或间隙放电时,终止电压规定得高些。镍铬电池的放电终止电压一般为 1.0～1.1 V,镍氢电池的放电终止电压一般为 1.0 V,锂离子电池的放电终止电压为 3.0 V。

2.电池容量

电池在一定的放电条件下所能放出的电量称为电池的容量,用 C 表示。容量的常用单位为安·时(A·h)或千安·时(kA·h),等于放电电流与放电时间的乘积。电池的容量可以分为理论容量、实际容量、额定容量、标称容量和剩余容量。

(1)理论容量 C_0。理论容量是指假定活性物质全部参加电池的成流反应所能提供的电量。理论容量可根据电池反应中电极活性物质的用量,按法拉第定律计算的活性物质的电化学当量求出。为了比较不同系列的电池,常采用比容量,即单位体积或单位质量电池所能给出的理论电量,单位为 A·h/L 或 A·h/kg。

(2)实际容量 C。实际容量指在实际工作情况下放电，电池实际放出的电量。它等于放电电流与放电时间的乘积，其值小于理论容量。实际容量反映了电池实际存储电量的大小，电池实际容量越大，电动汽车的续驶里程就越大。电池的实际容量与放电电流密切相关。大电流放电时，电极的极化增强，内阻增大，放电电压下降很快，电池的能量效率降低，因此，实际放出的容量较低。相应地，在低倍率放电条件下，放电电压下降缓慢，电池实际放出的容量常常高于额定容量。

(3)额定容量 C_g。额定容量是指按国家有关部门规定的标准，保证电池在一定的放电条件(如温度、放电率、终止电压等)下，应该放出的最低限度的容量。按照国际电工委员会(International Electrotechnical Commission，IEC)标准和国标，镍铬和镍氢电池在温度为(20±5)℃条件下，以 0.1 C(1 A·h=3 600 C)充电 16 h 后，以 0.2 C 放电至 1.0 V 时所放出的电量为电池的额定容量，用 C 表示；锂离子电池在常温、恒流(1 C)、恒压(4.2 V)条件下充电 3 h 后，再以 0.2 C 放电至 2.75 V 时所放出的电量为电池的额定容量。

(4)标称容量。标称容量是用来鉴别电池的近似安·时值，是制造商根据电池的设计和性能测试确定的电池容量数值。

(5)剩余容量。剩余容量是指在一定放电倍率下放电后，电池剩余的可用容量。剩余容量的估计和计算受到电池前期应用的放电率、放电时间等因素以及电池老化程度、应用环境等多种因素影响，因此，在准确估算上存在一定的困难。

3. 内阻

电流通过电池内部时受到阻力，使电池的工作电压降低，该阻力称为电池内阻。由于电池内阻的作用，电池放电时端电压低于电动势和开路电压，充电时充电的端电压高于电动势和开路电压。电池内阻是化学电源的一个极为重要的参数，直接影响电池的工作电压、工作电流、输出能量与功率等。对于一个实用的化学电源，其内阻越小越好。

电池内阻越大，电池自身消耗掉的能量越多，电池的使用效率越低。电池内阻不是常数，它在放电过程中随活性物质的组成、电解液浓度、电池温度以及放电时间的变化而变化。内阻很大的电池在充电时发热很厉害，使电池的温度急剧上升，对电池和充电器的影响都很大，随着电池使用次数的增多，由于电解液的消耗及电池内部化学物质活性的降低，电池的内阻会有不同程度的升高。

电池内阻包括欧姆内阻和电极在化学反应时所表现出的极化内阻。电池内阻较小，在许多情况下常常忽略不计，但电动汽车用动力蓄电池常常处于大电流、深放电工作状态，内阻引起的压降较大，因此内阻对整个电路的影响不能忽略。

4. 电池能量与能量密度

(1)电池能量。电池能量是指在一定放电制度下，电池所能输出的电能等于电压与电池容量的乘积，单位为 W·h 或 kW·h，它直接影响电动汽车的行驶距离。例如，标识为 3.7 V/(10 A·h)的电池，其能量为 37 W·h。如果把 4 节这样的电池串联起来，就组成了一个电压是 14.8 V、容量为 10 A·h 的电池组，虽然没有提高电池容量，但总能量为 148 W·h，是原来的 4 倍。

电池能量分为三类，即理论能量、实际能量和比能量。

1)理论能量。假设电池在放电过程中始终处于平衡状态，其放电电压保持电动势的数值，而且活性物质的利用率为 100%，即放电容量为理论容量，则在此条件下电池所输出的能量为理论能量，其值等于电池的理论容量与额定电压的乘积，单位为 W·h 或 kW·h。

2)实际能量。实际能量是电池放电时实际输出的能量，在实际工程应用中作为实际能量的估算，也常采用电池组额定容量与电池组平均电压的乘积进行电池实际能量的计算。由于活性物质不可能完全被利用，电池的工作电压总是小于电动势，所以电池的实际容量总小于理论容量。

3)比能量。比能量是指电池单位质量所能输出的电能，单位是 W·h/kg。常用比能量来比较不同的电池系统。

比能量有理论比能量和实际比能量之分。理论比能量是指 1 kg 电池反应物质完全放电时理论上所能输出的能量；实际比能量是指 1 kg 电池反应物质所能输出的实际能量。由于各种因素的影响，电池的实际比能量远小于理论比能量。电池的比能量是综合性指标，它反映了电池的质量水平。电池的比能量影响电动汽车的整车质量和续驶里程，是评价电动汽车的动力电池是否满足预定的续驶里程的重要指标。

(2)能量密度。能量密度是指单位体积或单位质量的蓄电池所释放的电能，单位为W·h/L 或 W·h/kg。如果是单位体积，即体积能量密度(W·h/L)，直接简称为能量密度；如果是单位质量，就是质量能量密度(W·h/kg)，也叫比能量。

在电动汽车应用方面，动力蓄电池质量能量密度影响电动汽车的整车质量和续驶里程，而体积能量密度影响动力蓄电池的布置空间，因此能量密度是评价动力蓄电池能否满足电动汽车应用需要的重要指标。同时，能量密度也是比较不同种类和类型电池性能的一项重要指标。

能量密度也分为理论能量密度和实际能量密度。理论能量密度对应于理论能量，是指单位质量或单位体积电池反应物质完全放电时，理论上能输出的能量。实际能量密度对应于实际能量，是单位体积电池反应物质所能输出的实际能量，由电池实际输出能量与电池质量(或体积)之比来表征。

由于各种因素的影响，电池的实际能量密度远小于理论能量密度。动力蓄电池在电动汽车的应用过程中，由于电池组安装需要相应的电池箱连接线、电流电压保护装置等元器件，因此实际的电池组比能量小于理论电池比能量。电池组比能量是电池组性能的重要衡量指标。电池的成组设计水平越高，电池组的集成度越高，则电池比能量与电池组比能量之间的差距越小。

5. 功率与功率密度

电池的功率是指电池在一定放电制度下，单位时间内所输出能量的大小，单位为W或kW。电池的功率决定了电动汽车的加速性能和爬坡能力。

(1)比功率。比功率是评价电池是否满足电动汽车加速性能的重要指标，单位质量电池所能输出的功率称为比功率，单位为W/kg或kW/kg。

(2)功率密度。功率密度是指单位体积电池输出的功率，单位为W/L或kW/L。功率密度的大小可直接表征电池所能承受的工作电流的大小，电池功率密度大，表示它可以承受大电流放电。功率密度的大小是评价电池及电池组是否满足电动汽车加速和爬坡能力的重要指标。电化学动力蓄电池功率和功率密度与动力蓄电池的放电深度密切相关，因此，在表示动力蓄电池功率和功率密度时还应该指出动力蓄电池的放电深度。

6. 电池放电倍率

放电倍率是指在规定时间内放出其额定容量时所需要的电流值，它在数值上等于电池额定容量的倍数，即充放电电流/额定容量，其单位一般为C，如0.5 C、1 C、5 C等。

电池的充放电倍率决定了可以以多快的速度将一定的能量存储到电池里面，或者以多快的速度将电池里面的能量释放出来。

7. 荷电状态

荷电状态也叫剩余电量，是电池使用过程中的重要参数，代表电池放电后剩余容量与其完全充电状态的容量的比值，与电池的充放电历史和充放电电流大小有关。其取值范围为0～1，当SOC=0时，表示电池放电完全；当SOC=1时，表示电池完全充满。电池管理系统(Battery Management System，BMS)就是主要通过管理SOC并进行估算来保证电池高效工作的，因此是电池管理的核心。

8. 自放电率

自放电率是电池在存放时间内，在没有负荷的条件下自身放电，使得电池的容量损失的速度。自放电率采用单位时间(月或年)内电池容量下降的百分数来表示。自放电率通常与时间和环境温度有关。环境温度越高，自放电现象越明显，所以电池久置时要定期补电，并在适宜的温度和湿度下存储。

9. 寿命

电池的寿命分为循环寿命和日历寿命。循环寿命是指电池可以循环充放电的次数，即在理想的温度和湿度条件下，以额定的充放电电流进行充放电，计算电池容量衰减到80%时所经历的循环次数；日历寿命是指电池在使用环境条件下，经过特定的使用工况，达到寿命终止条件(容量衰减到80%)的时间跨度。日历寿命是与具体的使用要求紧密结合的，通常需要规定具体的使用工况、环境条件、存储间隔等。

10. 成本

电池的成本与电池的技术含量、材料、制作方法和生产规模有关。目前新开发的高比能量、高比功率电池的成本较高，这使得电动汽车的造价也较高，开发和研制高效、低成本的电池是电动汽车发展的关键。

1.4.3 电机基本参数

与传统工业驱动电机不同，新能源汽车的驱动电机通常要满足频繁起动、停车、加速、减速的要求。在新能源汽车低速、爬坡时，要求电机输出高转矩；在高速行驶时，要求电机输出高功率；此外，还要求电机有较宽的调速范围，以满足车速变化的需要。综上所述，电动汽车对驱动电机的要求有体积小、质量轻、全速段高效运行、低速大转矩及宽范围的恒功率特性、高可靠性、安全性能好、使用寿命长等。

驱动电机的主要性能参数有额定工作电压、额定电流、额定频率、额定转速、额定功率、峰值功率、最高工作转速、额定转矩、峰值转矩、堵转转矩、额定负载转矩、起动转矩、电动机的效率、功率因数。

1. 额定工作电压

电动机长期稳定工作的标准电压，是设备出厂时设计的最佳输入电压，也称为标称电压。电动机的参数都是电动机工作于额定工作电压时的数值。电动机的工作电压也可以低于额定工作电压，此时各项参数数值都会下降。电动机的工作电压也可以高于额定工作电压，但不要长时间运行，电压也不可过高。

2. 额定电流

额定电流是指电机额定运行条件下电枢绕组(或定子绕组)的线电流(A)。

3. 额定频率

额定频率是指电机额定运行条件下电枢(或定子侧)的频率(Hz)。

4. 额定转速

额定转速是指电机额定运行(额定电压、额定功率)条件下电机的最低转速(r/min)。

5. 额定功率

额定功率是指电机额定运行条件下轴端输出的机械功率(W)。

6. 峰值功率

峰值功率是指在规定的时间内电机运行的最大输出功率(W)。

7. 最高工作转速

最高工作转速是指在额定电压时电机带负载运行所能达到的最高转速(r/min)。

8. 额定转矩

额定转矩是指电机在额定功率和额定转速下的输出转矩(N·m)。

9. 峰值转矩

峰值转矩是指电机在规定的持续时间内允许输出的最大转矩(N·m)。

10. 堵转转矩

堵转转矩是指转子在所有角位堵住时所产生的最小转矩(N·m)。

11. 额定负载转矩

额定负载转矩是指电动机在额定电压、额定转速时输出的转矩。使用时应留有一定的余量。

12. 起动转矩

起动转矩是指电动机起动时所产生的旋转力矩。异步电动机起动转矩通常为额定转矩的125%以上。与之对应的电流称为起动电流,通常该电流为额定电流的6倍左右。

13. 电动机的效率

电动机内部功率损耗的大小是用效率来衡量的,输出功率与输入功率的比值称为电动机的效率。效率高,说明损耗小,节约电能,但过高的效率要求,将使电动机的成本增加。一般情况下,异步电动机在额定负载下效率为75%~92%。异步电动机的效率也随着负载的大小而变化。空载时效率为零,负载增加,效率随之增大,当负载为额定负载的0.7~1倍时,效率最高,运行最经济。

14. 功率因数

异步电动机的功率因数是衡量在异步电动机输入的视在功率中,真正消耗的有功功率所占比例的大小,其值为输入的有功功率 P 与视在功率 S 之比,用 $\cos\psi$ 来表示。电动机在运行中,功率因数是变化的,其变化大小与负载大小有关。当电动机空载运行时,定子绕组的电流基本上是产生旋转磁场的无功电流分量,有功电流分量很小,此时功率因数很低,约为0.2。当电动机带上负载运行时,要输出机械功率,定子绕组电流中的有功电流分量增加,功率因数也随之提高。当电动机在额定负载下运行时,功率因数达到最大值,一般为0.7~0.9。

当电动机在额定运行情况下输出额定功率时,称为满载运行,这时电动机的运行性能、经济性及可靠性等均处于理想状态。

当输出功率超过额定功率时称为过载运行,这时电动机的负载电流大于额定电流,将引起电动机过热,从而缩短电动机的使用寿命,严重时甚至可能烧毁电动机。

1.4.4 质量参数

1. 整车整备质量

整车整备质量是指电动汽车完全装备的质量,包括整车装备完好的空车质量、电池、润滑油、冷却液、随车工具、备用轮胎及备品等的质量,但不包括货物、驾驶员、乘客及行李的质量。

2. 电动汽车总质量

电动汽车的总质量是指汽车装备齐全，并按规定装满乘客(包括驾驶员)、货物时的质量。

3. 电动汽车装载质量

电动汽车装载质量是指汽车满载时所能装载的货物和人员的总质量，即电动汽车总质量与整车装备质量之差。

4. 电池质量

纯电动汽车电能消耗量与整备质量和电池质量密切相关，整备质量和电池质量越小，电能消耗量越少。

任务1.5 新能源汽车关键技术

▶任务驱动

推广新能源汽车，降低能源消耗，逐步减少汽车排放对环境的污染，已经成为各国政府的共识。为了促进新能源汽车的发展，我国对新能源汽车进行了战略规划。我国发展新能源汽车的技术路线是什么？新能源汽车领域的关键技术有哪些？我国在关键技术领域取得了哪些较大进展？短板是什么？

本任务要求学生熟悉我国新能源汽车的技术路线，知道新能源汽车关键技术。知识与技能要求见表1-5-1。

表1-5-1 知识与技能要求

任务内容	熟悉新能源汽车关键技术	学习程度		
		识记	理解	应用
学习任务	了解新能源汽车技术路线		●	
	熟知新能源汽车关键技术	●		
实训任务	表述不同时期新能源汽车具体技术路线	●		
	阐述新能源汽车关键技术现状及发展动态			
自我勉励				

任务工单 分析新能源汽车关键技术

一、任务描述

收集新能源汽车技术路线及关键技术的相关资料，对资料内容进行学习和讨论，表述新能源汽车的技术路线，列出新能源汽车关键技术及其具体内容，讨论并记录其现状及发展动态，并将结果写成学习报告，提交给指导教师。

二、学生分组

全班学生以5～7人为一组，各组选出组长并进行任务分工，将小组成员及分工情况填入表1-5-2中。

表1-5-2 小组成员及分工情况

班级：________ 组号：________ 指导教师：________

小组成员	姓 名	学 号	任务分工
组 长			
组 员			

三、准备工作

1.资料获取

请各组组长组织组员收集相关资料，并回答以下问题。

引导问题1：新能源汽车发展的技术路线是什么？试阐述其影响。

引导问题2：阐述新能源汽车关键技术及其具体内容。

2.制订计划

(1)根据任务内容制订工作计划，将其填入表1-5-3中。

表 1-5-3 工作计划

序　号	工作内容	负责人

(2)列出完成工作计划所需要的器材,将其填入表 1-5-4 中。

表 1-5-4 器材清单

序　号	名　称	型号与规格	单　位	数　量	备　注

3.进行决策

(1)小组成员针对各自的工作计划展开讨论,并选出最佳的工作计划。

(2)指导教师根据小组的工作计划给出评价。

(3)各小组成员根据指导教师的评价对工作计划进行调整。

(4)调整合格后的工作计划即为最终实施方案。

四、工作实施

根据最终实施方案展开活动。按实际操作过程,将操作内容、遇到的问题及解决办法等填入表 1-5-5 中。

表 1-5-5 工作实施过程记录表

序　号	操作内容	遇到的问题及解决办法

五、考核评价

指导教师根据各小组表现情况完成考核评价记录表(见表1-5-6)。

表1-5-6 考核评价记录表

项目名称	评价内容	分 值	评价分数		
			自 评	互 评	师 评
职业素养考核项目	无迟到、无早退、无旷课	8分			
	仪容仪表符合规范要求	8分			
	具备良好的安全意识与责任意识	10分			
	具备良好的团队合作与交流能力	8分			
	具备较强的纪律执行能力	8分			
	保持良好的作业现场卫生	8分			
专业能力考核项目	积极参加教学活动,按时完成任务工单	16分			
	操作规范,符合作业规程	16分			
	操作熟练,工作效率高	18分			
合 计		100分			
总 评	自评(20%)+互评(20%)+师评(60%)=________	综合等级:________	指导教师(签名):________		

参考知识

1.5.1 技术路线

随着互联网、云计算、大数据等新一轮科技革命和产业革命的掀起,新技术、新能源、新工艺以及新的商业模式不断涌现,我国汽车产业正面临从量变到质变的关键节点。新能源汽车作为未来汽车发展的重要方向,协同智能化、网联化发展,正逐步促进我国汽车产业的转型升级。从培育战略性新兴产业角度看,发展电气化程度比较高的“纯电驱动”电动汽车是我国新能源汽车技术的发展方向和重中之重。要在坚持节能与新能源汽车“过渡与转型”并行互动、共同发展的总体原则指导下,规划电动汽车技术发展战略。

1.确立“纯电驱动”发展战略

2020年10月27日发布的《节能与新能源汽车技术路线图2.0》(以下简称《技术路线图2.0》)提出:“依然坚持纯电驱动发展战略,至2035年,传统能源动力乘用车将全面转化为混合动力,新能源汽车将成为主流,销售占比50%以上,其中纯电动汽车将占新能源汽车的95%以上,实现纯电驱动技术在家庭用车、公共用车、出租车、租赁服务用车及短途商用车等领域全面推广。”

《技术路线图 2.0》进一步研究确认了全球汽车技术“低碳化、信息化、智能化”发展方向，客观评估了《节能与新能源汽车技术路线图 1.0》发布以来的技术进展和短板弱项，深入分析了新时代赋予汽车产业的新使命、新需求，进一步深化描绘了汽车产品品质不断提高、核心环节安全可控、汽车产业可持续发展、新型产业生态构建完成、汽车强国战略目标全面实现的产业发展愿景，提出了面向 2035 年我国汽车产业发展的六大目标，具体如下。

(1)我国汽车产业碳排放将于 2028 年左右先于国家碳减排承诺提前达峰，至 2035 年，碳排放总量较峰值下降 20%以上。

(2)新能源汽车将逐渐成为主流产品，汽车产业基本实现电动化转型。

(3)中国方案智能网联汽车核心技术国际领先，产品大规模应用。

(4)关键核心技术自主化水平显著提升，形成协同高效、安全可控的产业链。

(5)建立汽车智慧出行体系，形成汽车、交通、能源、城市深度融合生态。

(6)技术创新体系基本成熟，具备引领全球的原始创新能力。

《技术路线图 2.0》进一步强调了纯电驱动发展战略，提出至 2035 年，新能源汽车市场占比超过 50%，燃料电池汽车保有量达到 100 万辆左右，节能汽车全面实现混合动力化，汽车产业实现电动化转型；进一步明确了构建中国方案智能网联汽车技术体系和新型产业生态，提出到 2035 年，各类网联式自动驾驶车辆广泛运行于中国广大地区，中国方案智能网联汽车与智慧能源、智能交通、智慧城市深度融合；延续了“总体技术路线图+重点领域技术路线图”的研究框架，并将“1+7”的研究技术发展方向深化拓展至“1+9”，形成了“总体技术路线图+节能汽车、纯电动与插电式混合动力汽车、氢燃料电池汽车、智能网联汽车、汽车动力电池、新能源汽车电驱动总成系统、充电基础设施、汽车轻量化、汽车智能制造与关键装备”的“1+9”研究技术发展方向，如图 1-5-1 所示。

5.技术路线图 

5.1 路线图研究领域——产业总体1+9大技术发展方向

■ 围绕产业总体与节能汽车、纯电动与插电式混合动力汽车、氢燃料电池汽车、智能网联汽车、汽车动力电池、新能源汽车电驱动总成系统、充电基础设施、汽车轻量化、汽车智能制造与关键装备等九大分技术领域开展研究，制定“1+9”技术路线图。

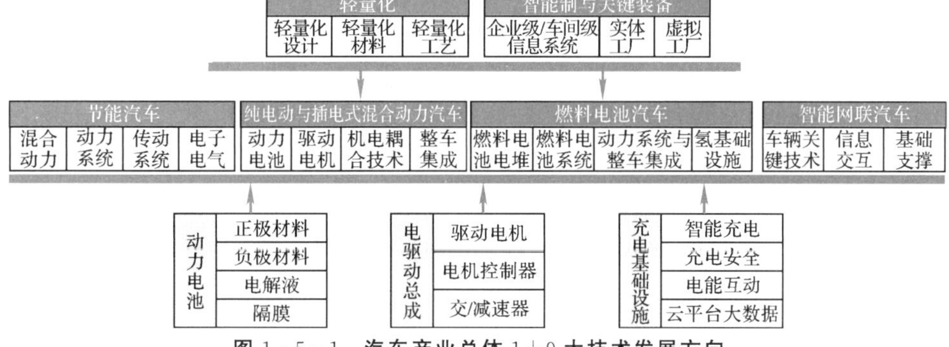

图 1-5-1 汽车产业总体 1+9 大技术发展方向

2. 深化"三纵三横"的战略决策

2020 年 10 月 20 日国务院发布的《新能源汽车产业发展规划(2021—2033 年)》指出:要深化"三纵三横"研发布局。以纯电动汽车、插电式混合动力(含增程式)汽车、燃料电池汽车为"三纵",布局整车技术创新链。研发新一代模块化高性能整车平台,攻关纯电动汽车底盘一体化设计、多能源动力系统集成技术,突破整车智能能量管理控制、轻量化、低摩阻等共性节能技术,提升电池管理、充电连接、结构设计等安全技术水平,提高新能源汽车整车综合性能。以动力电池和电池组管理系统、驱动电机与电力电子、网联化与智能化技术为"三横",构建关键零部件技术供给体系。开展先进模块化动力电池与燃料电池系统技术攻关,探索新一代车用电机驱动系统解决方案,加强智能网联汽车关键零部件及系统开发,突破计算和控制基础平台等技术瓶颈,提升基础关键技术、先进基础工艺、基础核心零部件、关键基础材料等产业基础能力。

1.5.2 新能源汽车关键技术

近年来,中国对新能源汽车行业的重视程度不断提升,新能源汽车已经进入了发展中的关键时刻,相关技术越来越成熟。新能源汽车关键技术如图 1-5-2 所示,主要包括整车技术、动力电池技术、电驱动系统技术、智能控制系统技术和燃料电池技术。

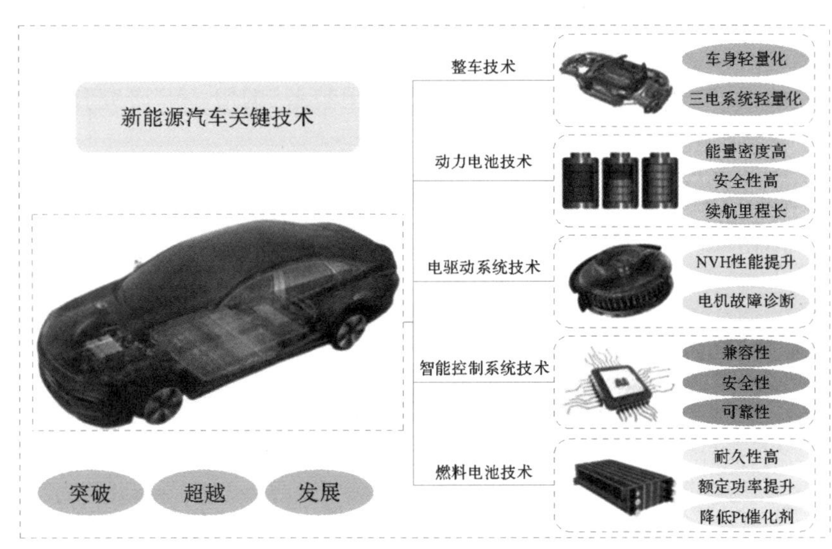

图 1-5-2　新能源汽车关键技术

1. 整车技术

就整车技术而言,整车质量对车辆续驶里程和行驶制动等整车性能有非常大的影响。电动化、智能化、网联化的需求发展使得汽车质量有所提升,这对于车体及车体部件轻量化的要求越来越高，同时也促使新能源汽车轻量化变得更加迫切。在新能源汽车轻量化关键技术当中，车身轻量化和三电系统轻量化已经逐渐成为高校和企业关注的核心问题。

新能源汽车车身轻量化的技术路径目前主要包括四个方面，即轻量化结构设计、车身刚度提升、高强度钢应用及先进成形工艺应用。随着技术进步，车身轻量化结构设计的仿真优化手段得到了快速提升，近些年安全功能评估(Secure Function Evaluation，SFE)、多学科设计优化(Multidisciplinary Design Optimization，MDO)等应用逐渐增多。从整车的碰撞性能以及成本等多角度来看，钢铝混合车身的应用逐步成为主流。

2.动力电池技术

基于电化学储能的动力电池作为新能源汽车的核心部件之一，对于新能源汽车的性能、安全性和寿命有很大影响。在电动汽车领域，锂离子电池技术的先进性和在新兴市场的应用，已成为全球范围内的研发热点。我国以动力电池模块为核心技术，以能量型锂离子动力电池为重点的车用动力电池，实现大规模产业化突破；以车用能量型动力电池为主要发展方向，兼顾功率型动力电池和超级电容器的发展，全面提高动力电池输入输出特性、安全性、一致性、耐久性和性价比等性能；强化动力电池系统集成与热电综合技术管理，促进动力电池模块化技术发展；实现车用动力电池模块标准化、系列化、通用化，为支撑纯电驱动电动汽车的商业化运营模式提供保障；瞄准国际前沿技术、深入开展下一代新型车用动力电池自主创新研发，为电动汽车产业的长期发展进行技术储备；重点研究新型锂离子动力电池，研究新型锂离子动力电池设计、性能预测、安全评价及安全性新技术。在新体系动力电池方面，重点研究金属空气电池、多电子反应电池和自由基聚合物电池等，并通过实验技术验证，建立动力电池创新发展技术研发体系。通过对新型锂离子动力电池和新体系电池的探索，为我国车用动力电池产业提升市场竞争能力提供科技支撑，确立我国下一代车用动力电池的主导技术路线。

由于电动汽车发展，各大厂商都加大了对动力电池的研发力度，加快了相关领域的专利布局，锂离子电池技术的发展也由萌芽期逐渐进入了成长期。然而，动力电池受温度影响很大，如何确保动力电池在低温行驶过程中电化学性能不受影响是亟待解决的关键难题。

突破燃料电池关键技术和系统集成，推进工程实用化，为新一代燃料电池电动汽车研发与产业化奠定核心技术基础。重点推进燃料电池的工程实用化，建立小批量生产线，进一步提升燃料电池性能，降低成本，强化电堆与系统的寿命考核，改进燃料电池系统控制策略与提高关键部件性能，提升燃料电池系统可靠性与耐久性，为燃料电池电动汽车示范运行提供可靠的车用燃料电池系统。加强燃料电池基础材料和系统集成的科技创新，研发高稳定性、高耐久性、低成本的关键材料和部件。保证电堆在高电流密度下的均一性，提高功率密度，进一步增强系统的环境适应能力，为下一代燃料电池电动汽车研发奠定核心技术基础。

《新能源汽车产业发展规划(2021—2035年)》指出，要实施电池技术突破行动，开展正负极材料、电解液、隔膜等关键核心技术研究，加强高强度、轻量化、高安全、低成本、长寿命的动力电池和燃料电池系统短板技术攻关，加快固态动力电池技术研发及产业化；动力电池技术要努力满足电驱动汽车的需求，包括能量型、能量功率兼顾型和功率型；要考虑市场需求的多样性，提出普及型、商用型与高端型三种类别，而不是单一的高能量密度主导；坚持安全第一的原则，兼顾性能、成本与寿命等指标；开发新体系动力电池；努力构筑完整的动力电池全产业链，即系统集成、关键材料、制造技术及关键装备、测试评价及回收利用等。

3. 电驱动系统技术

面向混合动力大规模产业化需求，开发混合动力发动机(电机总成)和机电耦合传动总成(电机＋变速器)，形成系列化产品和市场竞争力，为混合动力电动汽车大规模产业化提供技术支撑。面对纯电驱动大规模商业化示范需求，开发纯电动汽车驱动电机及其传动系统系列产品，同步开发配套的发动机发电机组(Auxiliary Power Unit，APU)系列产品，为实现纯电动汽车大规模商业示范提供技术支撑。面向下一代纯电驱动系统技术攻关，从新材料、新结构、自传感电机、绝缘栅双极型晶体管(Insulated Gate Bipolar Transistor，IGBT)芯片封装和驱动系统混合集成、新型传动结构等方面着手，开发高效率、材料高利用率、高密度和适应极限环境条件的电力电子、电机与传动技术，探索下一代车用电机驱动及其传动系统解决方案，满足电动汽车可持续发展的需求。

电驱动系统是未来汽车工业产业链的重中之重，“电驱动化”标志着所有类型汽车驱动系统电动化，电驱动系统是实现“电动化”的关键技术基础，它涵盖驱动电机、电机控制器以及机电耦合装置，而我国在电驱动系统技术上存在明显的短板，机电耦合技术落后，因此要加大电驱动系统的自主研发与产业发展，要重视关键材料、核心零部件/元器件与主控芯片及软件架构的研发，形成自主可控的产业链。

重点开发混合动力专用发动机先进控制算法(至少满足国家第六阶段机动车污染排放标准)、混合动力系统先进实时控制网络协议、多部件间的转矩耦合和动态协调控制算法，研制高性能的混合动力系统(整车)控制器，满足混合动力电动汽车大规模产业化技术需求。重点开发先进的纯电驱动汽车分布式、高容错和强实时控制系统，高效、智能和低噪声的电动化总成控制系统(电动空调、电动转向、制动能量回馈控制系统)，电动汽车的车载信息、智能充电及其远程监控技术，满足纯电动汽车大规模示范需要。重点开发基于新型电机集成驱动的一体化底盘动力学控制、高性能的下一代整车控制器及其专用芯片、电动汽车智能交通系统(Intelligent Transportation Systems,ITS)与车网融合技术(V2X,包括V2G,即汽车到电网的链接;V2H,即汽车到家庭的链接;V2V,即汽车到汽车的链接)等网络通信技术,为下一代纯电驱动汽车提供技术支撑。

4.智能控制系统技术

现阶段新能源汽车整车控制系统需要利用人工智能技术、监控设备、全球定位系统、视觉计算和大数据等多种技术设备进行协同来实现整车控制。新能源汽车整车控制系统的研发阶段主要包括虚拟仿真、硬件仿真、台架测试和三高实验。通过科学分析和实验测试保证新能源汽车整车控制系统能将动力表现、能源消耗和安全可靠综合调整,进而最大程度实现性能的发掘。

在智能控制系统中,电池管理系统对于维持动力电池的健康状态和安全性起着至关重要的作用。在大多数情况下,控制器可以执行各种控制,如过充、过流和短路保护。由于每个电池组都具有不同的特性,因此还需要使用一系列不同类型的技术以支持特定车型的电池管理系统。在电池控制系统中,荷电状态的估计是电池管理系统状态估计模块的核心。除了BMS技术的发展,新能源汽车的能量管理系统控制优化精度问题也逐步得到了改善。能量管理系统具有从电动汽车各子系统采集运行数据,控制完成电池的充电、显示蓄电池的SOC、预测剩余行驶里程、监控电池的状态、调节车内温度、调节车灯亮度以及回收再生制动能量为蓄电池充电等功能。

5.燃料电池技术

面对高端前沿技术突破的需求,在高功率密度、长寿命、高可靠性的燃料电池发动机技术的基础上,突破新型氢-电耦合安全性等关键技术,攻克适应氢能源供给的新型全电气化技术、底盘驱动系统平台技术,研制出达到国际先进水平的燃料电池电动轿车和客车,并进行示范考核;掌握车载供氢系统技术,实现关键部件的自主开发,掌握下一代燃料电池电动汽车动力系统平台技术,研制下一代燃料电池电动轿车和客车产品,并进行运行考核。

6.智能网联技术

新能源汽车是智能网联技术的最佳应用载体,新能源汽车的发展必须智能化和网联化。实施智能网联技术创新工程,以新能源汽车为智能网联技术载体,支持企业跨界协同,研发复杂环境融合感知、智能网联决策与控制、信息物理系统架构设计、智能网联安全和多模式评价测试等关键技术,突破车载智能计算平台、云控平台、高精度地图与定位、车辆与车外其他设备间的无线通信、车载高速网络、关键传感器、智能车载终端、线控执行系统等核心技术与产品。

7.基础核心技术

实施新能源汽车基础技术提升工程,突破车规级芯片、车载操作系统、新型电子电气架构、高效高密度驱动电机系统等关键技术和产品，攻克氢能储运、加氢站、车载储氢等氢燃料电池汽车应用支撑技术；支持基础元器件、关键生成装备、高端试验仪器、开发工具、高性能自动检测设备等基础共性技术研发创新，攻关新能源汽车智能制造海量异构数据组织分析、可重构柔性制造系统集成控制等关键技术，促进高性能铝镁合金、纤维增强复合材料、低成本稀土永磁材料等关键材料的产业化应用。

《新能源汽车产业发展规划(2021—2035年)》指出，要坚持电动化、网联化、智能化发展方向，以融合创新为重点，突破关键核心技术，提升产业基础能力，构建新型产业生态，完善基础设施体系，优化产业发展环境，推动我国新能源汽车产业高质量可持续发展，加快建设汽车强国。力争到2025年，我国新能源汽车市场竞争力明显增强，动力电池、驱动电机、车用操作系统等关键技术得到重大突破，安全性能全面提升。

我国新能源汽车进入加速发展新阶段，融合新能源汽车发展的新特征，电动化、网联化、智能化成为汽车产业的发展潮流和趋势。新能源汽车融合新能源、新材料、互联网、大数据、人工智能等多种变革性技术，推动汽车从单纯的交通工具向移动智能终端、储能单元和数字空间转变，带动能源、交通、信息通信基础设施改造升级，促进能源消费结构优化、交通体系和城市运行智能化水平提升，对建设清洁美丽世界、构建人类命运共同体具有重要意义。

项目 2　纯电动汽车

项目导读

相对于燃油发动机汽车来说，纯电动汽车结构简单、维修方便，但有许多关键技术不同于传统燃油汽车，包括储能装置、电驱系统、充电系统、再生制动系统等，整车控制方面也与燃油汽车有所不同。

本项目主要介绍纯电动汽车的类型、结构原理、动力电池系统、驱动电机系统、高低压系统，以及纯电动汽车典型案例。

能力目标

【知识目标】

(1)掌握纯电动汽车的组成。

(2)掌握纯电动汽车的工作原理。

(3)掌握纯电动汽车电池、电机、高低压系统。

(4)了解典型的纯电动汽车特点，理解其关键技术。

【技能目标】

(1)能够识别纯电动汽车主要部件。

(2)能够读懂纯电动汽车工作原理图。

【素质目标】

(1)具有良好的工作作风和精益求精的工匠精神。

(2)培养沟通、协调、合作的能力，逐步形成良好的心理素质。

任务 2.1　纯电动汽车的结构与工作原理

▶任务驱动

作为新能源汽车专业的学生，你能够区分纯电动汽车和传统燃油汽车在结构上的差异吗？其工作原理是否相同？

本任务要求学生掌握纯电动汽车的类型、组成、结构原理、驱动系统布置形式和特点。知识与技能要求见表 2-1-1。

表 2-1-1 知识与技能要求

任务内容	纯电动汽车的结构与工作原理	学习程度		
		识记	理解	应用
学习任务	纯电动汽车类型		●	
	纯电动汽车的组成、结构原理	●		
	纯电动汽车驱动系统布置形式		●	
	纯电动汽车特点	●		
实训任务	纯电动汽车结构认知	●		
自我勉励				

任务工单 纯电动汽车结构与工作原理

一、任务描述

自行查阅资料，搜集并整理纯电动汽车类型、组成及特点。使用新能源汽车比亚迪 e5 进行汽车主要部件的查找、认知，绘制纯电动汽车基本组成与原理图。

二、学生分组

全班学生以 5～7 人为一组，各组选出组长并进行任务分工，将小组成员及分工情况填入表 2-1-2 中。

表 2-1-2 小组成员及分工情况

班级：________　　组号：________　　指导教师：________

小组成员	姓　名	学　号	任务分工
组　长			
组　员			

三、准备工作

1. 资料获取

请各组组长组织组员收集相关资料，并回答以下问题。

引导问题 1：纯电动汽车与传统燃油汽车在结构上有哪些区别？

引导问题 2：纯电动汽车由哪几部分组成？

引导问题 3：纯电动汽车有哪些优、缺点？

2. 制订计划

(1)根据任务内容制订工作计划，将其填入表 2-1-3 中。

表 2-1-3 工作计划

序 号	工作内容	负责人

(2)列出完成工作计划所需要的器材，将其填入表 2-1-4 中。

表 2-1-4 器材清单

序 号	名 称	型号与规格	单 位	数 量	备 注

3. 进行决策

(1)小组成员针对各自的工作计划展开讨论，并选出最佳的工作计划。

(2)指导教师根据小组的工作计划给出评价。

(3)各小组成员根据指导教师的评价对工作计划进行调整。

(4)调整合格后的工作计划即为最终实施方案。

四、工作实施

根据最终实施方案展开活动。按实际操作过程，将操作内容、遇到的问题及解决办法等填入表 2－1－5 中。

表 2－1－5　工作实施过程记录表

序　号	操作内容	遇到的问题及解决办法

五、考核评价

指导教师根据各小组表现情况完成考核评价记录表(见表 2－1－6)。

表 2－1－6　考核评价记录表

项目名称	评价内容	分　值	评价分数		
			自　评	互　评	师　评
职业素养考核项目	无迟到、无早退、无旷课	8 分			
	仪容仪表符合规范要求	8 分			
	具备良好的安全意识与责任意识	10 分			
	具备良好的团队合作与交流能力	8 分			
	具备较强的纪律执行能力	8 分			
	保持良好的作业现场卫生	8 分			
专业能力考核项目	积极参加教学活动，按时完成任务工单	16 分			
	操作规范，符合作业规程	16 分			
	操作熟练，工作效率高	18 分			
合　计		100 分			
总　评	自评(20％)＋互评(20％)＋师评(60％)＝________	综合等级：________	指导教师(签名)：________		

▶参考知识

2.1.1 纯电动汽车的类型

纯电动汽车(EV)也称为BEV(即Battery Electrical Vehicle),是指以车载电源为动力,用电机驱动车轮行驶,符合道路交通安全法规各项要求的车辆。

1. 按车载电源数划分

按照车载电源数的不同,纯电动汽车可分为两种类型,即用单一动力电池作为动力源的纯电动汽车和装有辅助动力源的纯电动汽车。

(1)用单一动力电池作为动力源的纯电动汽车,只装置了动力电池组,它的电力和动力传输系统如图2-1-1所示。这种纯电动汽车结构简单,控制简便。主要缺点是主电源的瞬时输出功率容易受蓄电池性能影响,制动能量的回馈效率也会受制于蓄电池最大可接受电流及蓄电池荷电状态。

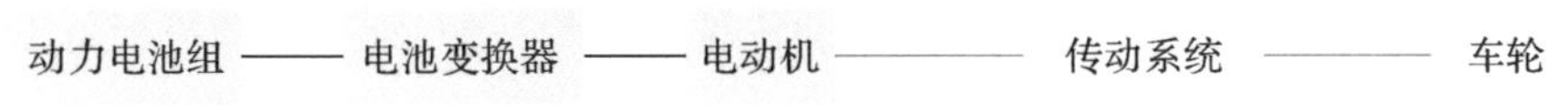

动力电池组 —— 电池变换器 —— 电动机 —— 传动系统 —— 车轮

图2-1-1 用单一动力电池作为动力源的纯电动汽车电力和动力传输系统

(2)用单一动力电池作为动力源的纯电动汽车,动力电池的比能量和比功率较低,动力电池组的质量和体积较大。因此,在某些纯电动汽车上会增加辅助动力源,如超级电容器、发电机组、太阳能等(见图2-1-2),由此改善纯电动汽车的起动性能和增加续驶里程。这种纯电动汽车也称为增程式电动汽车,其辅助动力源(如增程式发动机)不直接参与动力传递,而是为动力电池补充电能。

图2-1-2 装有辅助动力源的纯电动汽车电力和动力传输系统

2. 按驱动系统的组成和布置形式划分

按照驱动系统的组成和布置形式,纯电动汽车分为机械传动型、无变速器型、轮边电机驱动型和轮毂电机驱动型四种,具体如下。

(1)机械传动型纯电动汽车的结构由燃油汽车底盘改装,基本保留燃油汽车的机械传动系统(离合器、变速器、差速器等),但内燃机换成电动机,如图2-1-3所示。

(2)无变速器型纯电动汽车的结构特点是取消了离合器和变速器,采用了固定传动比的减速器，通过对电动机的控制实现变速功能，如图 2－1－4 所示。这种布置形式的优点是机械传动系统得到简化，质量、体积减小，但对电动机要求较高，要求较大的起动转矩及后备功率，以保证汽车的起步、加速、爬坡等动力性要求。

图 2－1－3　机械传动型传动结构

图 2－1－4　无变速器离合器结构

(3)轮边电机驱动型纯电动汽车不带变速器，通过电机控制实现变速功能。其驱动系统采用多个电动机(2 个或 4 个)，电动机位于车轮一侧，每个电动机配备 1 个减速器，没有机械差速器，两侧电动机的控制系统实现电子差速的功能，如图 2－1－5、图 2－1－6 所示。

图 2－1－5　轮边电机 3D 图

图 2－1－6　轮边电机驱动

(4)轮毂电机驱动型纯电动汽车将电机置于驱动轮内部，进一步缩短了电动机与驱动轮间的动力传递距离，如图 2－1－7、图 2－1－8 所示。

图 2－1－7　轮毂驱动电机 3D 图

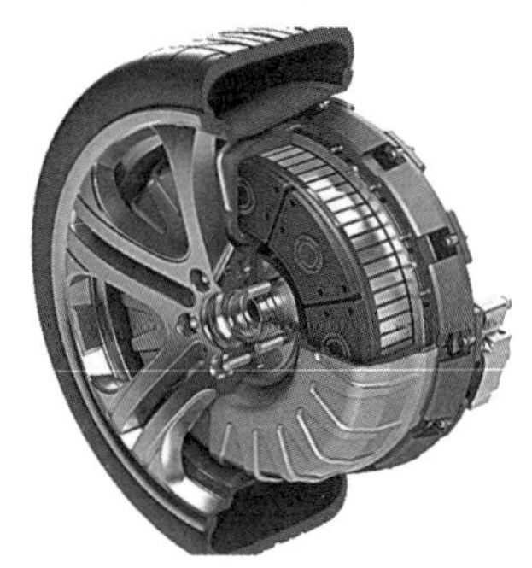

图 2－1－8　轮毂电机

2.1.2 纯电动汽车的组成

燃油汽车主要由发动机、底盘、车身和电气设备四大部分组成。纯电动汽车与燃油汽车相比，主要增加了电力驱动控制系统，取消了发动机，由电力驱动系统、电源系统、电控系统和辅助系统四大部分组成，如图2-1-9所示。因此，沿用传统汽车结构划分方式，也可将纯电动汽车分为电力驱动控制系统、底盘、车身和电气设备四部分。

图2-1-9 纯电动汽车组成

1. 电力驱动系统

电力驱动系统包括电子控制器、功率转换器、电动机、机械传动装置和车轮，其功用是将存储在蓄电池中的电能高效地转化为车轮的动能，并能够在汽车减速制动时，将车轮的动能转化为电能充入蓄电池。

电动汽车的电动机主要有直流电动机和交流电动机两大类。电动汽车的驱动系统采用直流电动机时，具有起步加速牵引力大、控制系统简单等优点，但整个动力传动系统效率低，所以逐渐被其他驱动类型电动机替代；采用交流电动机时，优点是体积小、质量轻、效率高、调速范围宽和基本免维护等，但其制造成本较高，随着电力电子技术的进一步发展，成本将随之降低。

2. 电源系统

电源系统主要包括动力电池、电池管理系统、车载充电机等。

(1)动力电池。动力电池是电动汽车的动力源和能量储存装置，是目前制约电动汽车发展的关键因素。要使电动汽车具有良好的使用特性，要求动力电池具有比能量高、比功率大、使用寿命长、成本低等特性。

(2)电池管理系统。电池管理系统实时监控动力电池的使用情况，对动力电池的端电压、内阻、温度、电解液浓度、当前电池剩余电量、放电时间、放电电流和放电深度等动力电池状态参数进行监测，并按动力电池对环境温度的要求进行调温控制。通过限流控制避免动力电池过充，对有关参数进行显示和报警，其信号流向辅助系统的车载信息显示系统，以便驾驶员随时掌握并配合其操作，按需要及时对动力电池充电并进行维护保养。

(3)车载充电机。车载充电机把电网供电制式转换为动力电池充电要求的制式，即把交流电转换为相应电压的直流电，并按要求控制其充电电流。

3. 电控系统

整车控制器是电动汽车的“大脑”，是实现整车控制决策的核心电子控制单元。它根据驾驶员输入的加速踏板和制动踏板的信号，向电机控制器发出相应的控制指令，对电机进行启动、加速、减速、制动控制。在电动汽车减速和下坡滑行时，整车控制器配合电池管理系统进行制动能量回馈，使动力电池反向充电。对于与汽车行驶状况有关的速度、功率、电压、电流及故障诊断等信息，还需传输到车载信息系统进行相应的数字或模拟显示。

4. 辅助系统

辅助系统主要包括辅助动力源、动力转向单元、驾驶室显示操纵台和各种辅助装置等。辅助系统除辅助动力源外，依据车型不同而不同。

辅助动力源主要由辅助电源和DC/DC功率转换器组成，其功用是供给纯电动汽车其他各种辅助装置所需要的动力电源，一般为12 V或24 V的直流低压电源，它主要给动力转向、制动力调节控制、照明、空调、电动门窗等各种辅助装置提供所需的能源。

2.1.3 纯电动汽车的原理

纯电动汽车的工作原理图如图2-1-10所示。整车控制器根据从制动踏板和加速踏板输入的信号，向电机控制器发出相应的控制指令，对电机进行启动、加速、减速、制动等控制。当汽车行驶时，储存在动力电池中的电能通过电机控制器输送给驱动电机，驱动电机将电能高效地转化为驱动车轮的动能，使车轮转动；当电动汽车制动时，再生制动的动能被电源吸收，此时功率流的方向为反向。

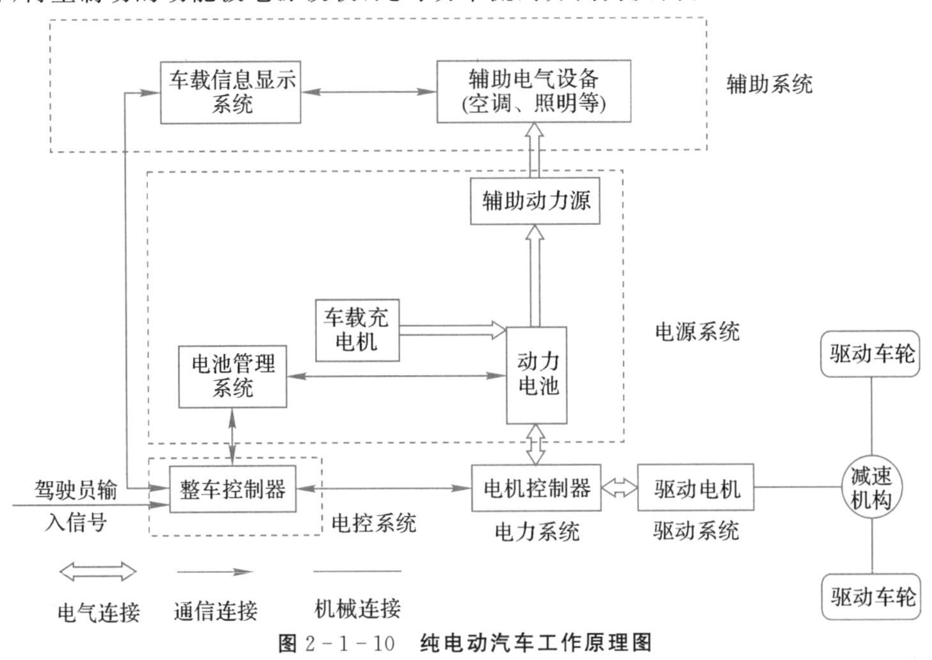

图2-1-10 纯电动汽车工作原理图

制动能量回收是指电动汽车在减速制动(刹车或者下坡)时将汽车的部分动能转

化为电能，转化的电能储存在储存装置中，如各种蓄电池、超级电容和超高速飞轮，最终增加电动汽车的续驶里程。储能方式大致分为三类：第一类是飞轮储能，利用高速旋转的飞轮来储存和释放能量。第二类是液压储能，它是先将汽车在制动或减速过程中的动能转换成液压能，并将液压能储存在液压蓄能器中；当汽车再次启动或加速时，储能系统又将蓄能器中的液压能以机械能的形式反作用于汽车，以增加汽车的驱动力。第三类是电化学储能，先将汽车在制动或减速过程中的动能，通过发电机转化为电能并以化学能的形式储存在储能器中；当汽车再次启动或加速时，再将储能器中的化学能通过电动机转化为用于汽车行驶的动能。

2.1.4 纯电动汽车的特点

纯电动汽车具有以下优点：①零排放。纯电动汽车使用电能，在行驶中无废气排出，不污染环境。②能源利用率高。纯电动汽车比汽油机驱动汽车的能源利用率要高。③结构简单，维修方便。因使用单一的电能源，省去了发动机、变速器、油箱、冷却和排气系统，所以结构较简单。④噪声小。纯电动汽车无内燃机产生的噪声，电机噪声小。

纯电动汽车具有以下缺点：①续驶里程较短。②蓄电池成本较高。③充电时间长。④安全性差。

任务 2.2 纯电动汽车的电池系统

▶任务驱动

动力电池系统是电动汽车的核心，是电动汽车的动力源，在新能源汽车中具有非常重要的作用。动力电池的研发与应用进程较慢，是制约新能源汽车快速发展的瓶颈，国内外大批电化学专家在动力电池材料、电化学特性，尤其是安全性方面的研发中投入了大量的精力和财力。

本任务我们主要学习动力电池的分类，动力蓄电池的基本结构、原理和特点，典型纯电动汽车动力电池、新体系电池、电池管理系统。知识与技能要求见表 2-2-1。

表 2-2-1 知识与技能要求

任务内容	纯电动汽车的电池系统	学习程度		
		识记	理解	应用
学习任务	电池的分类、性能指标及动力蓄电池的种类	●		
	常用动力蓄电池的基本结构、原理和特点		●	
	典型纯电动汽车动力电池	●		
	新体系电池		●	
	电池管理系统	●		

续表

任务内容	纯电动汽车的电池系统	学习程度		
		识记	理解	应用
实训任务	畅销车型动力电池参数的搜集			●
	动力电池未来发展方向资料的搜集			●
自我勉励				

任务工单　纯电动汽车的电池系统

一、任务描述

收集资料，总结畅销车型配套动力电池参数信息，阐述新型动力电池都有哪些，有哪些关键技术未突破，将结果制作成研究报告，提交给指导教师。

二、学生分组

全班学生以5～7人为一组，各组选出组长并进行任务分工，将小组成员及分工情况填入表2-2-2中。

表2-2-2　小组成员及分工情况

班级：________　　组号：________　　指导教师：________

小组成员	姓　名	学　号	任务分工
组　长			
组　员			

三、准备工作

1. 资料获取

请各组组长组织组员收集相关资料，并回答以下问题。

引导问题1:什么是二次电池,目前新能源汽车上常用的动力蓄电池有哪些?

引导问题2:蓄电池的结构类型是什么?

引导问题3:典型的电池管理系统应包含哪些功能?

2.制订计划

(1)根据任务内容制订工作计划,将其填入表2-2-3中。

表2-2-3 工作计划

序　号	工作内容	负责人

(2)列出完成工作计划所需要的器材,将其填入表2-2-4中。

表2-2-4 器材清单

序　号	名　称	型号与规格	单　位	数　量	备　注

3.进行决策

(1)小组成员针对各自的工作计划展开讨论,并选出最佳的工作计划。

(2)指导教师依据小组的工作计划给出评价。

(3)各小组成员根据指导教师的评价对工作计划进行调整。

(4)调整合格后的工作计划即为最终实施方案。

四、工作实施

根据最终实施方案展开活动。按实际操作过程,将操作内容、遇到的问题及解决办法等填入表2-2-5中。

表2-2-5　工作实施过程记录表

序　号	操作内容	遇到的问题及解决办法

五、考核评价

指导教师根据各小组表现情况完成考核评价记录表(见表2-2-6)。

表2-2-6　考核评价记录表

项目名称	评价内容	分　值	评价分数		
			自　评	互　评	师　评
职业素养考核项目	无迟到、无早退、无旷课	8分			
	仪容仪表符合规范要求	8分			
	具备良好的安全意识与责任意识	10分			
	具备良好的团队合作与交流能力	8分			
	具备较强的纪律执行能力	8分			
	保持良好的作业现场卫生	8分			
专业能力考核项目	积极参加教学活动,按时完成任务工单	16分			
	操作规范,符合作业规程	16分			
	操作熟练,工作效率高	18分			
合　计		100分			
总　评	自评(20%)+互评(20%)+师评(60%)=________	综合等级:________	指导教师(签名):________		

▶参考知识

在国家标准《电动汽车术语》(GB/T 19596—2017)中动力蓄电池的定义为为电动汽车动力系统提供能量的蓄电池。

纯电动汽车要获得较好的动力性,必须具有比能量高、比功率大、使用寿命长的动力蓄电池作为动力源。目前,低速电动汽车采用铅酸蓄电池较多,纯电动汽车主要采用锂离子蓄电池,混合动力汽车早期一般采用镍氢蓄电池,现今被锂离子蓄电池取代。此外,钠离子蓄电池、燃料电池、飞轮电池、超级电容器等新型电源的应用为新能源汽车的发展开辟了广阔的前景。

2.2.1 电池的功能

在仅装备蓄电池的纯电动汽车中,蓄电池是汽车驱动系统唯一的动力源。而在装备传统发动机(或燃料电池)与蓄电池的混合动力汽车中,蓄电池既可扮演汽车驱动系统主要动力源的角色,也可充当辅助动力源的角色。可见在低速和启动时,蓄电池扮演的是汽车驱动系统主要动力源的角色;在全负荷加速时,充当的是辅助动力源的角色;在正常行驶或减速、制动时,充当的是储存能量的角色。

2.2.2 电池的分类

1.按电解液分

(1)碱性电池,即电解液为碱性水溶液的电池。

(2)酸性电池,即电解液为酸性水溶液的电池。

(3)中性电池,即电解液为中性水溶液的电池。

(4)有机电解质溶液电池,即电解液为有机电解质溶液的电池。

2.按工作性质及存贮方式分

尽管电池由于化学电源品种繁多,用途广泛,外形差别大,分类方法难以统一,但习惯上按其工作性质及存贮方式的不同,一般分为四类。

(1)一次电池。一次电池又称原电池,即放电后不能用充电的方法使它复原的电池。换言之,这种电池只能使用一次,放电后电池只能被遗弃。这类电池不能再充电的原因,或是电池反应本身不可逆,或是条件限制使可逆反应很难进行。

(2)二次电池。二次电池又称蓄电池,即放电后又可用充电的方法使活性物质复原而能再次放电,且可反复多次循环使用的一类电池。二次电池实质是一个化学能量贮存装置,充电时电能以化学能的形式贮存在电池中,放电时化学能转换为电能。

(3)贮备电池。贮备电池又称激活电池,是正、负极活性物质和电解液不直接接触,使用前临时注入电解液或用其他方法使电池激活的一类电池。因为这类电池的正、负极活性物质与电解液隔离,其化学变质或自放电基本被排除,所以电池能长时间贮存。

(4)燃料电池。燃料电池又称连续电池,是指参加反应的活性物质从电池外部连续不断地输入电池内部,电池可以连续不断地工作来提供电能的电池,如质子交换膜燃料电池、碱性燃料电池、磷酸燃料电池、熔融碳酸盐燃料电池、固体氧化物燃料电池、直接甲醇燃料电池、再生型燃料电池等。图 2-2-1 所示为奔驰燃料电池汽车动力系统,主要由燃料电池系统、储氢瓶、加氢口、电机、车载充电器、充电口、锂电池等组成。

图 2-2-1　奔驰燃料电池汽车动力系统

2.2.3　蓄电池的结构类型

蓄电池的结构类型主要有单体蓄电池、蓄电池模块、蓄电池包和蓄电池系统等,如图 2-2-2 所示。

单体蓄电池×n=蓄电池模块

蓄电池模块×n=蓄电池包

蓄电池包×n+相应附件=蓄电池系统

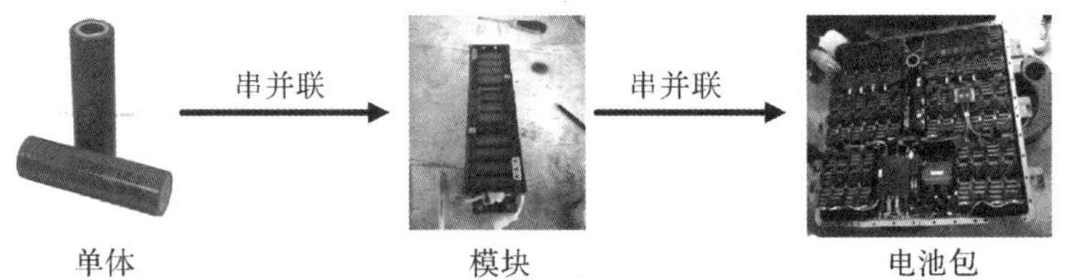

图 2-2-2　蓄电池的结构类型

1.单体蓄电池

单体蓄电池又称电芯,是将化学能与电能进行相互转换的基本单元,通常包括电极、隔膜、电解质、外壳和端子。

2.蓄电池模块

蓄电池模块又称蓄电池组(总成),是将一个以上单体蓄电池按照串联、并联或混联方式组合,且只有一对正负极输出端子,并作为电源使用的组合体。

3. 蓄电池包

蓄电池包通常包括蓄电池模块、蓄电池管理模块(不包含 BCU)、蓄电池箱以及相应附件,具有可从外部获得电能并可对外输出电能的单元。

4. 蓄电池系统

蓄电池系统是指一个或一个以上蓄电池包及相应附件(管理系统、高压电路、低压电路、热管理设备及机械总成等)构成的能量存储装置。

2.2.4 典型的纯电动汽车动力电池

1. 铅酸蓄电池

(1)铅酸蓄电池的分类。铅酸蓄电池分为免维护铅酸蓄电池和阀控密封式铅酸蓄电池。

1)免维护铅酸蓄电池。由于自身结构上的优势,蓄电池电解液的消耗量非常小,在使用寿命内基本不需要补充蒸馏水。它具有耐震、耐高温、体积小和自放电小的特点。免维护铅酸蓄电池使用寿命一般为普通铅酸蓄电池的两倍。

2)阀控密封式铅酸蓄电池。阀控密封式铅酸蓄电池在使用期间不用加酸、加水维护,电池为密封结构,不会漏酸,也不会排酸雾,电池盖上设有溢气阀(也叫作安全阀),该阀的作用是当电池内部气体量超过一定值时,溢气阀自动打开,排出气体,低于限定值时自动关闭,防止空气进入电池内部。

(2)铅酸蓄电池的结构。铅酸蓄电池由正负极板、隔板、电解液、溢气阀、外壳等部分组成,如图 2-2-3 所示。

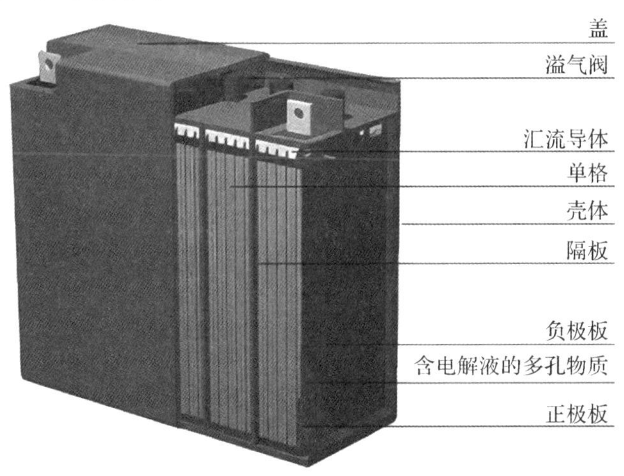

图 2-2-3 铅酸蓄电池结构图

(3)铅酸蓄电池的特点。

1)铅酸蓄电池的优点如下:除锂离子电池外,在常用的蓄电池中,铅酸蓄电池的电压最高,为 2.0 V;价格低廉;可制成小至 1 A·h 大至数千 A·h 的各种尺寸和结构的蓄电池;高倍率放电性能良好,可用于发动机起动;高低温性能良好,可在 −40~60 ℃条件下工作;电能效率高达60%;易于浮充使用,没有"记忆"效应;易于识别SOC。

2)铅酸蓄电池的缺点如下:比能量低,一次充电行驶里程短;使用寿命短;成本高;充电时间长;铅是重金属,存在污染。

(4)铅酸蓄电池的工作原理。铅酸蓄电池使用时,把化学能转换为电能的过程叫作放电。在放电后,借助于直流电在电池内部进行化学反应,把电能转化为化学能而存储起来,这种蓄电过程叫作充电。

2. 锂离子电池

锂离子电池是用锰酸锂、磷酸铁锂或钴酸锂等锂的化合物作正极,用可嵌入锂离子的碳材料作负极,使用有机电解质作电解液的蓄电池。目前,纯电动汽车上应用的电池装置主要是锂离子电池。

(1)锂离子电池的基本原理与结构。锂离子电池是指电化学体系中含有锂(包括金属锂、锂合金和锂离子、锂聚合物)的电池。锂离子电池主要由正极、负极、隔膜和电解液等组成,结构如图2-2-4所示。

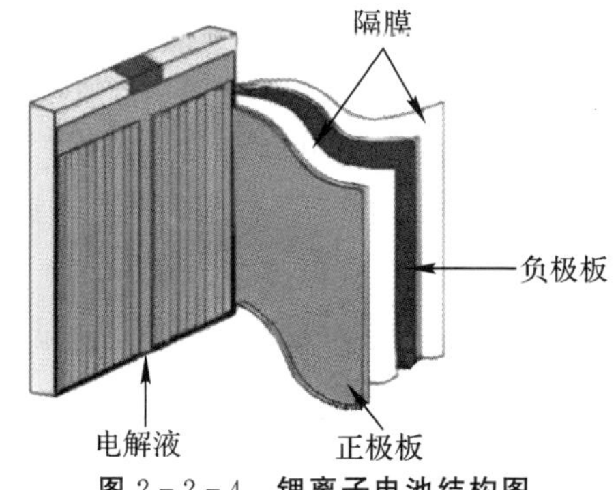

图2-2-4 锂离子电池结构图

(2)锂离子电池的类型。锂离子电池根据封装形式可分为硬壳和软包。封装形式分类如图2-2-5所示

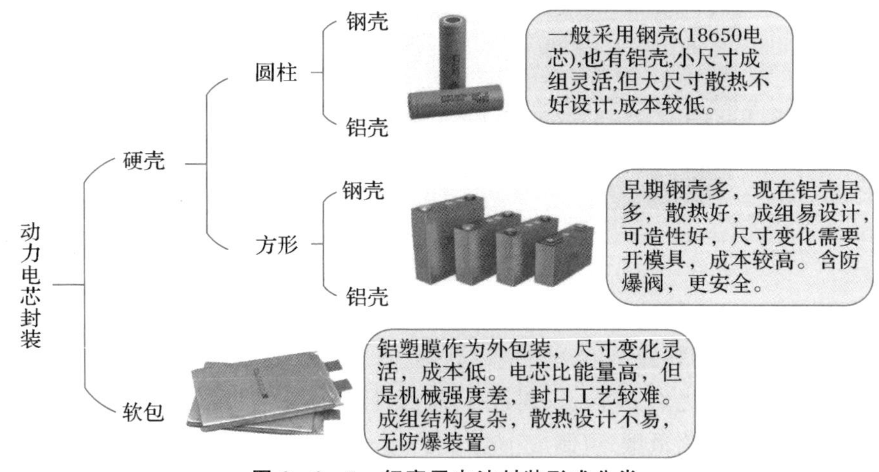

图2-2-5 锂离子电池封装形式分类

按照正极材料的不同，锂离子电池主要分为锰酸锂电池、钴酸锂电池、磷酸铁锂电池及三元锂电池等(见表 2-2-7)。

表 2-2-7 常见动力电池类型

项 目	锰酸锂电池	钴酸锂电池	磷酸铁锂电池	三元(镍钴锰)锂电池
理论比容量/(mAh/g)	148	274	170	273～300
标称电压/(V)	3.8	3.7	3.4	3.6
电压范围/(V)	3.0～4.3	3.0～4.5	3.2～3.7	2.5～4.6
循环性/次	500～2 000	500～2 000	2 000～6 000	800～2 000
高温性能	差	差	很好	较好
低温性能	较好	好	差	较好
安全性能	良好	差	好	良好

(3)锂离子电池的工作原理。电池充电时，正极上原子电离成锂离子和电子(脱嵌)，锂离子经过电解液运动到负极，得到电子，被还原成锂原子。电池放电时，嵌在负极碳层中的锂原子失去电子成为锂离子，通过电解液又运动回正极(嵌入)。锂离子电池的充放电过程，也就是锂离子在正负极间不断嵌入和脱嵌的过程，同时伴随着等量电子的嵌入和脱嵌。离子数量越多，充放电容量就越高。

(4)锂离子电池的特点。

1)比能量高，三元锂离子单体电池质量比能量高达 300 W·h/kg。

2)平均放电电压高，锂离子电池的平均放电电压为 3.7 V 左右，是镉镍电池和氢镍电池的 3 倍。

3)自放电率低，锂离子电池在正常存放情况下的月自放电率小于 10%。

4)无记忆效应。

5)充放电安时效率高，锂离子电池充放电安时效率一般在 99%左右。

6)循环寿命长，锂离子电池在 100%放电深度(Depth of Discharge，DOD)下，充放电可达 800 周。

7)工作温度范围宽，锂离子电池的工作温度范围一般为－20～45 ℃。

8)对环境友好，锂离子电池被称为“绿色电池”。

(5)锂离子电池前沿技术。目前市面上的电动汽车电池主要以三元锂电池和磷酸铁锂电池为主。其中三元锂电池的典型代表为宁德时代，磷酸铁锂电池的典型代表为比亚迪。

宁德时代在电芯领域创新了高比能量、长寿命、超快充、真安全、自控温、智管理的电芯新技术。电芯的能量密度高达 330 W·h/kg，寿命可达 16 年或 2×10^6 km，最快 5 min 充至 80%电量，四维安全防护，自控温技术，24 h 全周期全方位对电池进行监控。电池包成组方面形成了 CTP(见图 2-2-6)、CTC 技术,系统集成度创全球新高,体积利用率突破 72%,能量密度可达 255 W·h/kg,能轻松实现整车 1 000 km 续驶。比亚迪汉所配套的刀片电池,单体直接串联组成电池包,省略了模组,充分利用了空间,如图 2-2-7 所示。比亚迪 CTC 技术如图 2-2-8 所示。

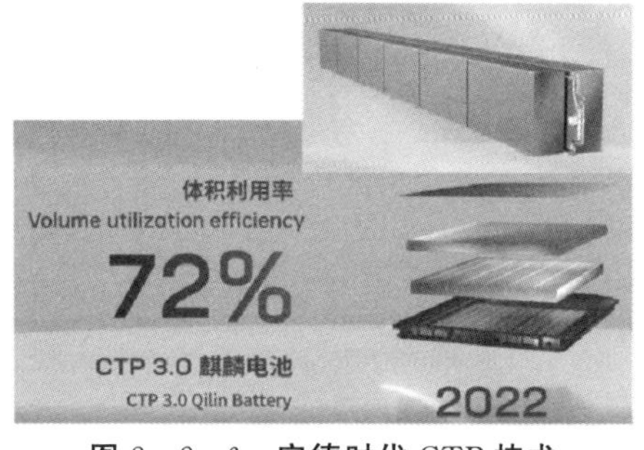

图 2-2-6 宁德时代 CTP 技术

图 2-2-7 比亚迪汉刀片电池

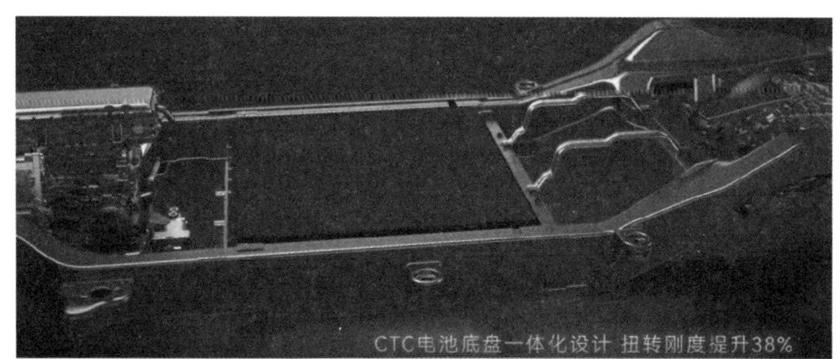

图 2-2-8 比亚迪 CTC 技术

三元锂电池、磷酸铁锂电池、锰酸锂电池和钛酸锂电池四种锂离子电池的优、缺点见表 2-2-8。

表 2-2-8 四种锂离子电池的比较

	三元锂电池	磷酸铁锂电池	锰酸锂电池	钛酸锂电池
优 点	能量密度高,振实密度高	寿命长,充放电倍率高,安全性好,成本低	振实密度高,成本低	安全稳定性好,快充性能好,寿命长
缺 点	安全性差,耐高温性差,大功率放电差,电池管理系统要求高	能量密度低,振实密度低	耐高温性差,温度急剧升高后电池寿命衰减严重	能量密度低,成本高

2.2.5 新体系电池

1. 固态电池

固态电池是一种使用固体电解液的电池,如固态锂离子电池。液态锂离子电池被人们形象地称为“摇椅式电池”，摇椅两端为电池正负两极，中间为液态电解质，而锂离子就像优秀的运动员，在摇椅的两端来回奔跑，在锂离子从正极到负极再到正极的运动过程中，完成电池的充放电过程。固态锂离子电池的原理与液态锂离子电池的原理相同，只不过其电解质为固态，电池体积大大减小，能量密度得到提高，更加安全，不存在漏液风险，如图 2-2-9 所示。

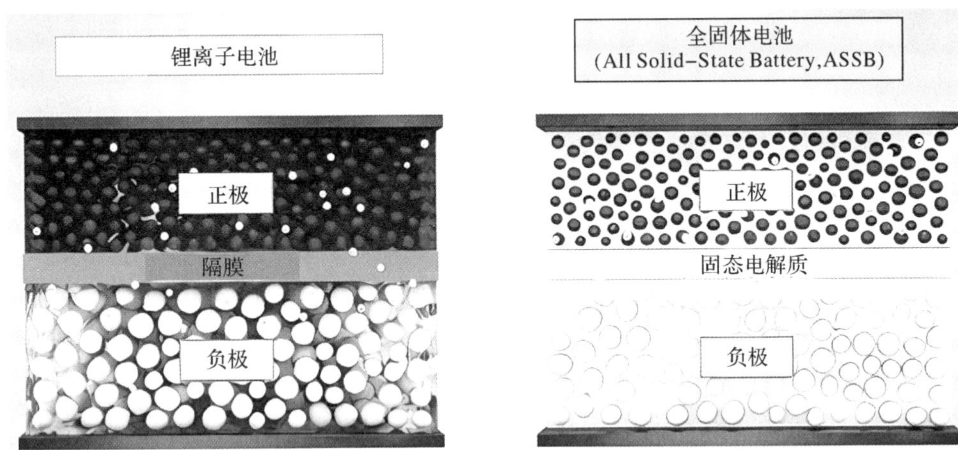

图 2-2-9 液态和固态锂离子电池电芯结构

液态锂离子电池具有以下七大缺点：SEI 膜持续生长，正极材料析氧，析锂，体积膨胀，过渡金属溶解，电解液氧化，高温失效。

与液态锂离子电池相比，固态锂离子电池的特点如下：安全性能高，能量密度高，循环寿命长，工作温度范围宽，薄膜柔性化，可快速充电，回收方便。

2. 锂硫电池

锂硫电池是锂电池的一种，尚处于试验阶段。锂硫电池是以硫元素作为电池正极，金属锂作为负极的一种锂电池。利用硫作为正极材料的锂硫电池，其材料理论比容量和电池理论比能量较高，分别达到 1 675 mA·h/g 和 2 600 W·h/kg，是目前锂离子电池的 3～5 倍。由于单质硫在地球中储量丰富，价格低廉，所以锂硫电池是一种非常有前景的电池，有望被应用于动力电池、便携式电子产品等领域。

3. 飞轮电池

飞轮电池中有一个电机，充电时该电机以电动机形式运转，在外电源的驱动下，电机带动飞轮高速旋转，即用电给飞轮电池“充电”，增加了飞轮的转速，从而增大了其机械能；放电时，电机则以发电机状态运转，在飞轮的带动下对外输出电能，完成机械能到电能的转换，如图 2-2-10 所示。飞轮电池的飞轮是在真空环境下运转的，转速极高（高达 200 000 r/min），使用的轴承为非接触式磁轴承。据相关报道，飞轮电池比能量可达 150 W·h/kg，比功率达 5 000～10 000 W/kg，使用寿命长达 25 年，可供电动汽车行驶 5×10^6 km。

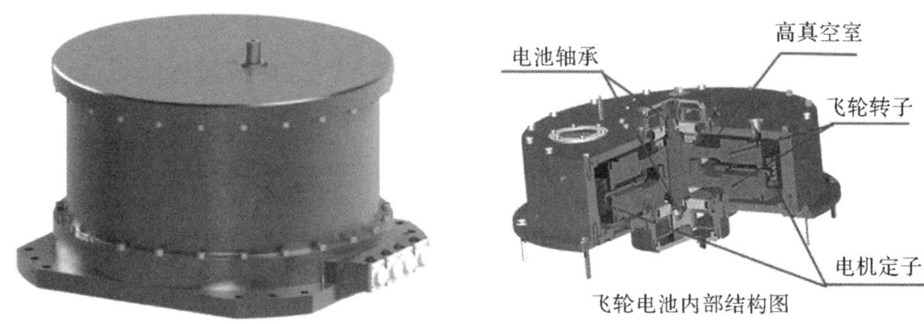

图 2-2-10　飞轮电池外观及内部结构图

2.2.6　电池管理系统

1. 电池管理系统的定义

国标《电动汽车术语》(GB/T 19596—2017)中动力电池管理系统的定义:监视蓄电池的状态(温度、电压、荷电状态等),可以为蓄电池提供通信、安全、电芯均衡及管理控制,并提供与应用设备通信接口的系统。

电池管理系统和动力电池组一起组成电池包整体,向上通过控制器局域网(Controller Area Network,CAN)总线与电动汽车整车控制器通信,上报电池包状态参数,接收整车控制器指令,配合整车需要,确定功率输出。电池管理系统向下监控整个电池包的运行状态,保护电池包不受过放、过热等非正常运行状态的侵害。充电过程中,电池管理系统与充电机交互,管理充电参数,监控充电过程正常完成。图 2-2-11 所示为比亚迪电池管理系统。

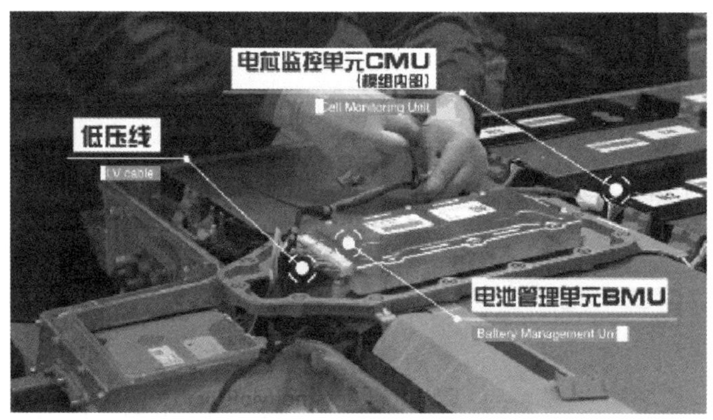

图 2-2-11　比亚迪电池管理系统

2. 电池管理系统的组成

电池管理系统主要由检测模块、均衡电源模块和控制模块三部分组成。

(1)检测模块。检测模块能够对电池组中各单体电池的电压、电流、温度等关键状态参数进行准确和实时的检测,并通过 SPI 总线上报给控制模块。

(2)均衡电源模块。均衡电源模块能够平衡单体电池间的电压差异,解决电池组

“短板效应”。

(3)控制模块。控制模块能够根据既定策略完成控制功能，实现 SOC 估计，同时将电池状态数据通过 CAN 总线发送给整车其他电子控制单元。

3. 电池管理系统的功能

电池管理系统的作用是智能化管理及维护各个电池单元，防止电池出现过充电和过放电，延长电池的使用寿命，监控电池的状态。

典型的电池管理系统的基本功能如图 2-2-12 所示。针对不同的应用场合，电池管理系统应具有不同的功能，但有许多基本功能是不同的应用案例所共有的，如电压的检测、荷电状态的估算、安全保护等。

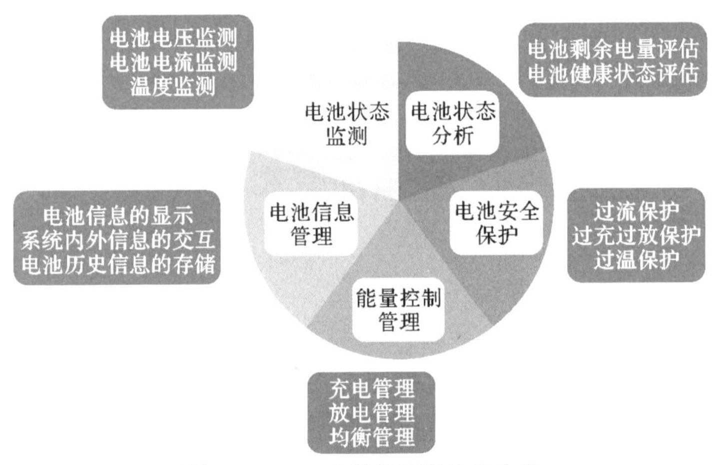

图 2-2-12 电池管理系统的功能

(1)电池状态监测。电池状态监测一般是指对电压、电流、温度三种物理量的监测。电池状态监测是电池管理系统最基本的功能，它是其他各项功能的前提与基础。例如，电池的荷电状态评估是电池管理系统的重要功能，它首先依赖于“电池状态监测”中的电压、电流、温度的实时监测，若这些“一手数据”不准确，则荷电状态评估也难以精确。

(2)电池状态分析。电池状态分析包括电池的剩余电量评估及电池劣化程度评估两部分，即所谓的 SOC 评估及健康状态(State of Health，SOH)评估。荷电状态评估就像传统汽车驾驶员常常需要留意车上剩余的油量还有多少一样，对于一个电动汽车的驾驶员而言，需要知道剩余的电量还剩余百分之几，这就是电池管理系统荷电状态评估模块所需要完成的功能。荷电状态评估是电池管理系统的一项重要功能，最具复杂性和挑战性。近年来在电池管理系统领域超过一半的研究工作都是围绕 SOC 评估进行的。

从使用开始，电池性能将逐步下降，这是一个渐变的、不可逆的复杂过程，其健康状态越差，越接近寿命的终点。健康状态的评估需要结合多方面的信息，因为它受动力电池使用过程中的工作温度、电流等因素的影响，需要在使用过程中不断进行评估和更新，以确保驾驶员获得更为准确的信息。

(3)电池安全保护。电池安全管理是电动汽车管理系统首要和最重要的功能。在“状态监测”“状态分析”两项功能基础上，进行“过流保护”“过充过放保护”“过温保护”是最为常见的电池安全管理的内容。

(4)能量控制管理。能量控制管理常被归入电池“优化管理”的范畴，即它不属于电池管理系统基本的、必备的功能。能量控制管理包含充电控制管理、放电控制管理、电池均衡管理。

(5)电池信息管理。由于电动汽车动力电池组中电池的个数往往较多，每秒钟都将产生大量的数据，有些数据需要通过仪表告知驾驶员，有些数据需要通过通信网络传送到电池管理系统以外，如整车控制器、电机控制器等，也有一些数据需要作为历史数据被保存到系统中。

任务 2.3 纯电动汽车的电机系统

任务驱动

驱动电机是新能源汽车三大核心部件之一，其性能直接影响电动汽车驱动系统的性能，特别是电动汽车的最高车速、加速性能及爬坡性能等。新能源汽车驱动电机维护是学生将来从事新能源汽车维修领域工作必不可少的一项工作。那么，新能源汽车常用电机结构是怎样的？有何特点？交流感应电机是如何工作的呢？接下来，让我们带着这些问题学习驱动电机相关知识。知识与技能要求见表 2－3－1。

表 2－3－1 知识与技能要求

任务内容	纯电动汽车的电机系统	学习程度		
		识记	理解	应用
学习任务	纯电动汽车驱动电机系统的组成及类型		●	
	电动汽车对驱动电机的要求		●	
	直流电动机结构与原理	●		
	交流异步电动机结构与原理	●		
自我勉励				

任务工单　纯电动汽车的电机系统

一、任务描述

搜集纯电动汽车驱动电机相关资料，对资料内容进行学习和讨论，了解驱动电机分类，理解电机基本原理、作用、特点，分析新能源汽车对驱动电机的要求，以小组形式总结汇报，撰写学习报告并提交给指导教师。

二、学生分组

全班学生以5～7人为一组，各组选出组长并进行任务分工，将小组成员及分工情况填入表2-3-2中。

表2-3-2　小组成员及分工情况

班级：________　　组号：________　　指导教师：________

小组成员	姓　名	学　号	任务分工
组　长			
组　员			

三、准备工作

1. 资料获取

请各组组长组织组员收集相关资料，并回答以下问题。

引导问题1：目前市面上常用的电机有哪些？总结不同电机的特点。

引导问题2：新能源汽车常用驱动电机有哪几种？

引导问题 3:电机控制器的组成包括哪些?

2.制订计划

(1)根据任务内容制订工作计划,将其填入表 2-3-2 中。

表 2-3-3 **工作计划**

序　号	工作内容	负责人

(2)列出完成工作计划所需要的器材,将其填入表 2-3-4 中。

表 2-3-4 **器材清单**

序　号	名　称	型号与规格	单　位	数　量	备　注

3.进行决策

(1)小组成员针对各自的工作计划展开讨论,并选出最佳的工作计划。

(2)指导教师依据小组的工作计划给出评价。

(3)各小组成员根据指导教师的评价对工作计划进行调整。

(4)调整合格后的工作计划即为最终实施方案。

四、工作实施

根据最终实施方案展开活动。按实际操作过程,将操作内容、遇到的问题及解决办法等填入表 2-3-5 中。

表 2－3－5 工作实施过程记录表

序 号	操作内容	遇到的问题及解决办法

五、考核评价

指导教师根据各小组表现情况完成考核评价记录表(见表 2－3－6)。

表 2－3－6 考核评价记录表

项目名称	评价内容		分 值	评价分数		
				自 评	互 评	师 评
职业素养考核项目	无迟到、无早退、无旷课		8 分			
	仪容仪表符合规范要求		8 分			
	具备良好的安全意识与责任意识		10 分			
	具备良好的团队合作与交流能力		8 分			
	具备较强的纪律执行能力		8 分			
	保持良好的作业现场卫生		8 分			
专业能力考核项目	积极参加教学活动,按时完成任务工单		16 分			
	操作规范,符合作业规程		16 分			
	操作熟练,工作效率高		18 分			
合 计			100 分			
总 评	自评(20%)＋互评(20%)＋师评(60%)＝________	综合等级:________	指导教师(签名):________			

▶参考知识

2.3.1 纯电动汽车驱动电机系统的组成及类型

1. 驱动电机系统组成

电机驱动系统是电动汽车的心脏。它的作用是在驾驶员的控制下高效率地将动力电池组的能量转化为车轮的动能，或者将车轮上的动能反馈到动力电池组中。驱动电机系统一般由电机、功率变换器、传感器和控制器组成。秦 EV 的驱动电机控制系统，也称前驱电动总成或三合一驱动系统，主要由驱动电机控制器、驱动电机、单挡变速器组成，如图 2-3-1 所示。

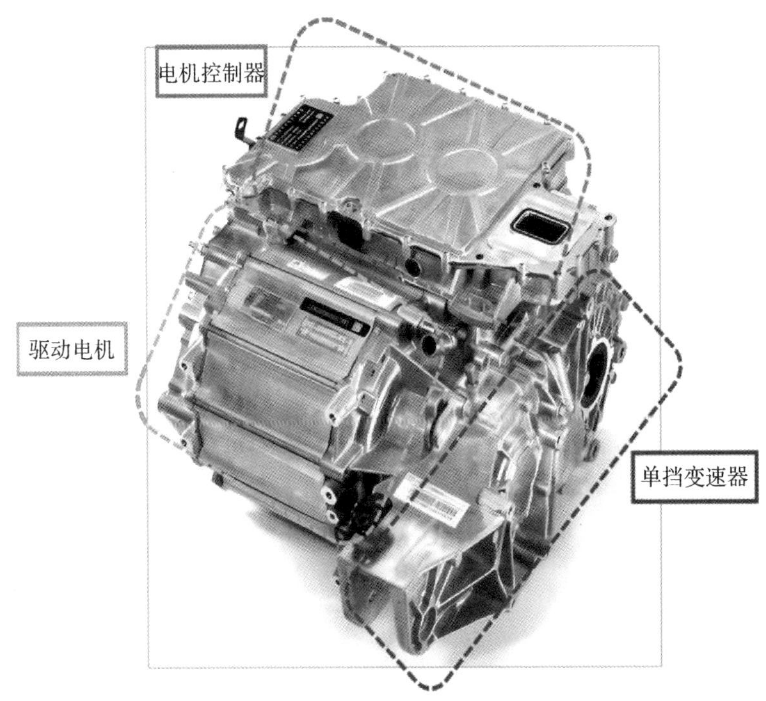

图 2-3-1　秦 EV 驱动电机控制系统的结构

2.驱动电机类型

电机是电动汽车驱动装置的核心部件，应用于各种电动汽车上。电机的结构类型有多种，按电机结构和工作原理可分为直流驱动电机、交流异步电机、永磁同步电机和开关磁阻电机。

(1)直流驱动电机。直流驱动电机有励磁式和永磁式两种。励磁式直流驱动电机磁极有励磁绕组，通入电流后产生方向不变的磁场，永磁式直流驱动电机的磁极为永久磁铁。直流电机有控制系统简单、启动转矩大、调速方便、目前技术较为成熟的优点，但是直流电机的电枢电流需要由电刷和机械换向器引入，换向时易产生电火花，从而产生换向器容易烧蚀、电刷容易磨损之类的问题，需要经常维护。同时，由于电刷部分存在接触磨损，不仅使电机效率降低，还限制了电机运行的最高转速。现在电动汽车驱动电机很少使用直流电机，但仍有一些小功率的电动汽车选用直流电机，如小型代步车、景区观光车等。直流电机结构如图 2-3-2 所示。

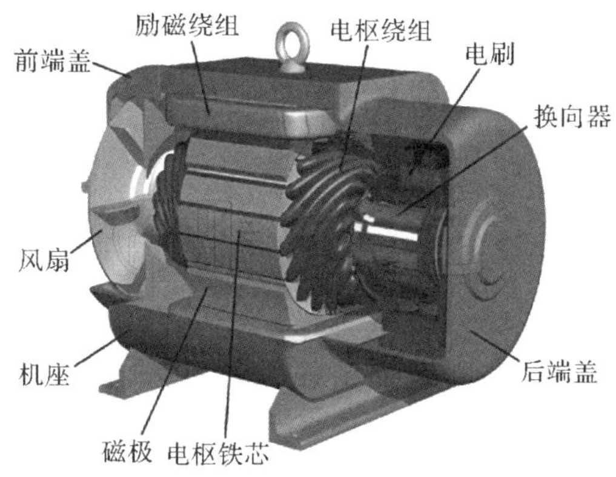

图 2-3-2 直流电机基本结构

(2)交流异步电机。交流异步电机的定子绕组通入交流电产生旋转的磁场,转子绕组切割磁力线产生感应电流,并受到电磁转矩而旋转。交流异步电机转子按照转子绕组的不同,分为笼型转子和绕线转子两种。交流异步电机结构如图 2-3-3 所示。

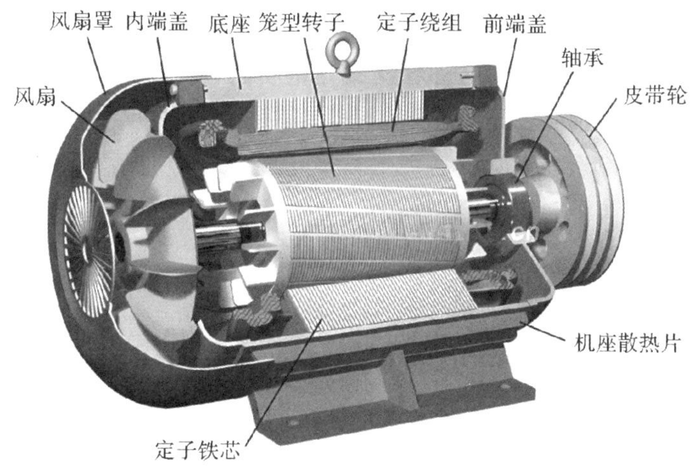

图 2-3-3 交流异步电机基本结构

(3)永磁同步电机。永磁同步电机的定子与交流异步电机类似,通入交流电产生旋转磁场,但转子用永磁体取代电枢绕组,电机转速与旋转磁场转速同步,结构如图 2-3-4 所示。

图 2-3-4 永磁同步电机

(4)开关磁阻电机。开关磁阻电机定子和转子都是凸电极结构，只有定子上有绕组，转子无绕组。通过向定子各相绕组按一定次序通入电流，在电机内部产生磁场，此时转子受电磁转矩，并沿着与通电次序相反的方向转动，结构如图 2-3-5 所示。

图 2-3-5　开关磁阻电机

各类常用电机的性能对比见表 2-3-7。

表 2-3-7　各类常用电机的性能对比

项　目	直流电机	交流异步电机	永磁同步电机	开关磁阻电机
比功率	低	中	高	较高
峰值效率/(%)	85～89	94～95	95～97	90
负荷效率/(%)	80～87	90～92	85～97	78～86
功率因数/(%)	—	82～85	90～93	60～65
恒功率区	—	1∶5	1∶2.25	1∶3
转速范围/($r \cdot min^{-1}$)	4 000～6 000	12 000～15 000	4 000～10 000	>15 000
可靠性	一般	好	优良	好
结构的坚固性	差	好	一般	优良
电机外廓	大	中	小	小
电机质量	大	中	小	小
电机成本/(美元·kW^{-1})	10	8～12	10～15	6～10
控制操作性能	最好	好	好	好
控制器成本	低	高	高	一般

2.3.2　电动汽车对驱动电机的要求

电动汽车在行驶过程中，经常频繁地启动/停车、加速/减速等，这就要求电动汽车中的驱动电机比一般工业应用的电机性能更高，其基本要求如下。

(1)电机的运行特性要满足电动汽车的要求。在恒转矩区,要求低速运行时具有大转矩,以满足电动汽车启动和爬坡的要求;在恒功率区,要求低转矩时具有高的速度,以满足电动汽车在平坦的路面能够满足高速行驶的要求。

(2)电机应具有瞬时功率大、带负载启动性能好、过载能力强、加速性能好、使用寿命长的特点。

(3)电机应在整个运行范围内具有较高效率,以提高单次充电的续驶里程。

(4)电机应能够在汽车减速时实现再生制动,将能量回收并反馈给蓄电池,使得电动汽车具有最佳能量的利用率。

(5)电机应可靠性好,能够在较恶劣的环境下长期工作。

(6)电机应体积小,质量小,一般为工业用电机的 1/3～1/2。

(7)电机的结构要简单坚固,适合批量生产,便于使用和维护。

(8)价格便宜,从而能够降低整体电动汽车的价格,提高性价比。

(9)电机在运行时噪声低,减少污染。

电动汽车的驱动电机主要有感应异步电机、永磁同步电机和开关磁阻电机。目前感应异步电机与永磁同步电机主要应用在电动乘用车领域,开关磁阻电机主要应用于商用汽车。

2.3.3 电机控制器

电机控制器是控制动力电源与电机之间能量传输的装置。

1. 电机控制器的功能

电机控制器作为电动汽车中连接动力电池与驱动电机的电能转换单元,是电机驱动及控制系统的核心。它从整车控制器获得整车的需求,从动力电池获得电能,经过自身逆变器的调制,获得控制电机需要的电流和电压,提供给电机,使得电机的转速和转矩满足整车的加速、减速、制动、停车等要求。

电机控制器具有以下功能。

(1)把直流电变成交流电。

(2)控制电机正反向驱动、正反转发电。

(3)控制电机的动力输出,同时对电机进行保护。

(4)通过 CAN 总线与其他控制模块通信,接收并发送相关的信号,间接控制整车运行。

(5)制动能量反馈控制。

(6)自身内部故障的检测和处理。

(7)采集挡位信号。

(8)采集制动传感器信号。

图 2-3-6 所示为电机控制器的外形。高压输入接口用于连接动力电池包,高

压输出接口连接电机，提供控制电源。所有通信、传感器、低压电源等都要通过低压接头引出，连接到整车控制器和动力电池管理系统。

图 2-3-6　电机控制器的外形

应用在电动汽车上的驱动电机控制器主要有两种类型：一种是仅用于控制驱动电机；另一种是具有集成控制功能的驱动电机管理模块，即集成了微控制单元(Microcontroller Unit，MCU)与 DC/DC 变换器及其他功能，这类的驱动电机管理模块也被称为电子电力箱(Power Electronics Box，PEB)或电力电子装置(Power Electronics Unit，PEU)。

2. 电机控制器的组成

电机控制器主要由电子控制模块、驱动模块、功率变换模块和传感器组成。

(1)电子控制模块。电子控制模块包括硬件电路和相应的控制软件。硬件电路主要包括微处理器及其最小系统，对电机电流、电压、转速、温度等状态的监测电路，各种硬件保护电路，以及与整车控制器、电池管理系统等外部控制单元数据交互的通信电路。控制软件根据不同类型电机的特点实现相应的控制算法。

(2)驱动模块。驱动模块将微处理器对电机的控制信号转换为驱动功率变换器的驱动信号，并实现功率信号和控制信号的隔离。

(3)功率变换模块。功率变换模块对电机电流进行控制，电动汽车经常使用的功率器件有大功率晶体管、门极可关断晶闸管、功率场效应管、绝缘栅双极型晶体管和智能功率模块等。

(4)传感器。传感器包括电流传感器、电压传感器、温度传感器、电机转轴角位置传感器等。

3. 常见车型电机控制器

电机控制器低压端子分别由电机旋转变压器信号接口、控制电源接口、CAN 总线接口、温度传感器接口、高压互锁接口等信号接口组成。

电机控制器内部结构及外围插件如图 2-3-7 所示。

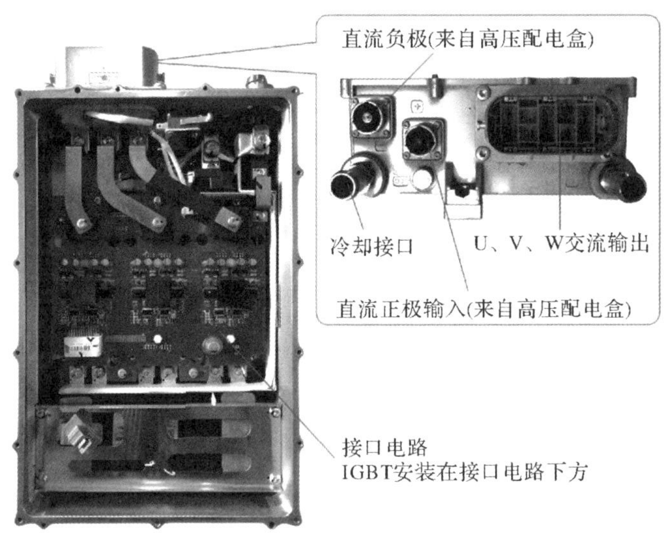

图 2-3-7 电机控制器内部结构及外围插件

任务 2.4 纯电动汽车的高压系统

▶任务驱动

在电动汽车上，整车带有高压电的零部件有很多，如动力电池、驱动电机、电动压缩机、DC/DC 变换器、OBC、PTC 本体等，那么高压是如何被分配到这些部件的呢？

本任务主要学习纯电动汽车高压系统组成、高压部件结构功能、高压配电单元的结构与组成及工作原理、电源变换器，知识与技能要求见表 2-4-1。

表 2-4-1 知识与技能要求

任务内容	纯电动汽车的高压系统	学习程度		
		识记	理解	应用
学习任务	高压系统的组成	●		
	高压配电箱内部组成及作用	●		
	电源变换器的功能	●		
实训任务	收集资料，分析不同车型高压系统的组成			●
自我勉励				

任务工单　纯电动汽车的高压系统组成

一、任务描述

小李在某新能源汽车 4S 店实习，顾客询问，纯电动汽车除了动力电池属于高压，还有哪些部件属于高压呢？电动汽车在使用过程中需要注意什么？有哪些安全隐患？以小组为单位，搜集资料回答顾客问题，并提交给指导教师。

二、学生分组

全班学生以 5～7 人为一组，各组选出组长并进行任务分工，将小组成员及分工情况填入表 2-4-2 中。

表 2-4-2　小组成员及分工情况

班级：________　　组号：________　　指导教师：________

小组成员	姓　名	学　号	任务分工
组　长			
组　员			

三、准备工作

1. 资料获取

请各组组长组织组员收集相关资料，并回答以下问题。

引导问题 1：纯电动汽车高压系统都包含哪些部件？

引导问题 2：纯电动汽车高压配电箱有什么作用？

2. 制订计划

(1)根据任务内容制订工作计划,将其填入表 2-4-3 中。

表 2-4-3 工作计划

序 号	工作内容	负责人

(2)列出完成工作计划所需要的器材,将其填入表 2-4-4 中。

表 2-4-4 器材清单

序 号	名 称	型号与规格	单 位	数 量	备 注

3. 进行决策

(1)小组成员针对各自的工作计划展开讨论,并选出最佳的工作计划。

(2)指导教师依据小组的工作计划给出评价。

(3)各小组成员根据指导教师的评价对工作计划进行调整。

(4)调整合格后的工作计划即为最终实施方案。

四、工作实施

根据最终实施方案展开活动。按实际操作过程,将操作内容、遇到的问题及解决办法等填入表 2-4-5 中。

表 2-4-5 工作实施过程记录表

序 号	操作内容	遇到的问题及解决办法

五、考核评价

指导教师根据各小组表现情况完成考核评价记录表(见表 2-4-6)。

表 2-4-6 考核评价记录表

<table>
<tr><th rowspan="2">项目名称</th><th rowspan="2" colspan="2">评价内容</th><th rowspan="2">分 值</th><th colspan="3">评价分数</th></tr>
<tr><th>自 评</th><th>互 评</th><th>师 评</th></tr>
<tr><td rowspan="6">职业素养考核项目</td><td colspan="2">无迟到、无早退、无旷课</td><td>8 分</td><td></td><td></td><td></td></tr>
<tr><td colspan="2">仪容仪表符合规范要求</td><td>8 分</td><td></td><td></td><td></td></tr>
<tr><td colspan="2">具备良好的安全意识与责任意识</td><td>10 分</td><td></td><td></td><td></td></tr>
<tr><td colspan="2">具备良好的团队合作与交流能力</td><td>8 分</td><td></td><td></td><td></td></tr>
<tr><td colspan="2">具备较强的纪律执行能力</td><td>8 分</td><td></td><td></td><td></td></tr>
<tr><td colspan="2">保持良好的作业现场卫生</td><td>8 分</td><td></td><td></td><td></td></tr>
<tr><td rowspan="3">专业能力考核项目</td><td colspan="2">积极参加教学活动,按时完成任务工单</td><td>16 分</td><td></td><td></td><td></td></tr>
<tr><td colspan="2">操作规范,符合作业规程</td><td>16 分</td><td></td><td></td><td></td></tr>
<tr><td colspan="2">操作熟练,工作效率高</td><td>18 分</td><td></td><td></td><td></td></tr>
<tr><td colspan="3">合 计</td><td>100 分</td><td></td><td></td><td></td></tr>
<tr><td>总 评</td><td>自评(20%)+互评(20%)+师评(60%)=________</td><td>综合等级:________</td><td colspan="4">指导教师(签名):________</td></tr>
</table>

▶参考知识

2.4.1 高压系统的组成

电动汽车上带有高压电的零部件有动力电池、驱动电机、电机控制器、高压配电箱(PDU)、空调压缩机、维修开关、DC/DC 变换器、车载充电机、PTC 本体、快充口、慢充口,蓄电池等,这些部件组成了整车的高压系统。电动汽车高压系统部件连接逻辑如图 2-4-1 所示。

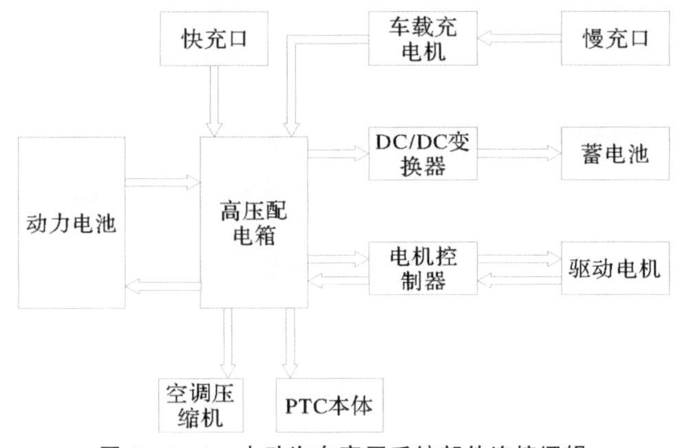

图 2-4-1 电动汽车高压系统部件连接逻辑

1. 动力电池

动力电池是电动汽车中的能源供给装置，一般情况下电压在 200～800 V 之间。

2. 高压配电箱

高压配电箱可以认为是一个电源中转分配的地方，高压系统中各个组件都需要它进行电量分配，如空调压缩机、PTC 汽车加热器、电机控制器等。

3. 维修开关

维修开关(MSD)是一种带熔断器的高压连接器，新能源汽车做车辆检修时，为了确保人车安全，通过拔出 MSD 将高压系统的电源断开。

4. 电机控制器与驱动电机

电机控制器将来自 PDU 的高压直流电转为三相交流电，提供给驱动电机。驱动电机将电能转换为机械能，提供车辆行驶的动力。同时，驱动电机可以将行驶中产生的机械能(如制动效能)转换为电能，最终输送给动力电池进行能量回收。

5. 快充口

快充口是高压直流充电口，可以不经过处理直接通过 PDU 输送给动力电池进行充电。

6. 慢充口

慢充口是高压交流充电口，经整流器转化后的高压直流电经过 PDU 给动力电池充电。

7. DC/DC 变换器

为达到整车电器系统的电量平衡，需要动力电池提供整车用电器的电源，同时能够给蓄电池充电。但是，动力电池的电是高压电，因此需要通过 DC/DC 变换器将高压直流电转化为低压直流电。

车载充电机、DC/DC 转换器、高压配电盒、电机控制器实物图如图 2-4-2 所示。

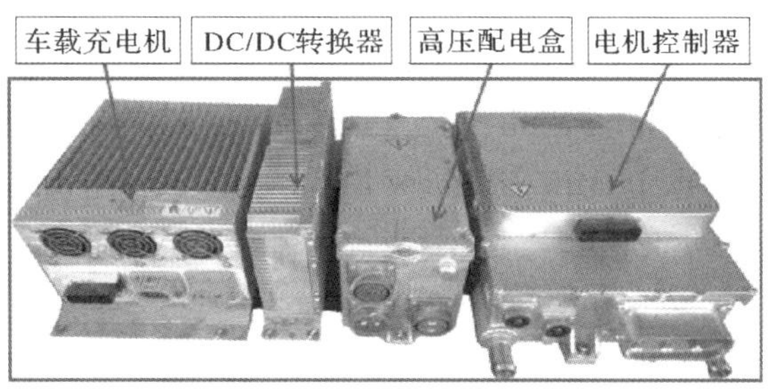

图 2-4-2 部分高压部件实物图

2.4.2 高压配电箱

电动汽车高压配电箱，又称高压配电盒，是高压系统分配单元。电动汽车具有高电压和大电流的特点，通常配备 300 V 以上的高压系统，工作电流可达 200 A 以上，可能危及人身安全和高压零部件的使用安全性。因此，在设计和规划高压动力系统时，不仅要充分满足整车动力驱动要求，还要确保汽车运行安全、驾乘人员安全和汽车运行环境安全。

通常情况下，与动力电池相关的高压元器件（如各回路的接触器及保险丝等）集成在动力电池包内。动力电池作为电动汽车的能量存储装置，受整车尺寸及布置的影响，可用空间非常有限。同时，需要保证动力电池系统维修的便利性，减少拆卸动力电池包的次数，高压配电盒应运而生。

高压配电盒的作用类似于低压供电系统中的熔丝盒，主要功能包括高压电能的分配、高压回路的过载及短路保护。高压配电盒将动力蓄电池总成输送的电能分配给电机控制器、空调压缩机和 PTC 加热器。此外，交流慢充时，充电电流也会经过高压配电盒流入动力蓄电池为其充电。

电动汽车主电路电压一般都大于 200 V，远高于传统汽车的 12～48 V。电动汽车除需要传统汽车所需的低电压继电器外，还需配备特殊的高压继电器，包含正极接触器、负极接触器、预充接触器、充电接触器、空调接触器等，还具有检测电流大小的霍尔电流传感器或分流器以及保护电路的保险，如图 2-4-3 所示。

图 2-4-3 高压配电箱内部结构

1. 高压连接器

电动汽车使用的连接器不同于传统汽车使用的连接器，为满足电动汽车大电流、高电压的要求，电动汽车必须使用大功率连接产品。

2. 高压线束

高压线束是指电动汽车上的高压连接器和线缆，其隐患主要是过热或燃烧，恶劣环境对线束还有屏蔽性能、防水、防尘等要求。不同于传统汽车 12 V 线束，高压线束还需要考虑与整车电气系统的电磁兼容性。

在实际使用过程中，电动汽车受到的电磁干扰是传统内燃机汽车的近百倍。高压线束产生的磁干扰会影响到汽车信号线路中数据传输的完整性和准确性，严重时会影响到整车的操控性和安全性。因此，在高压线束外边常常采用注胶、包裹屏蔽线等方式来减少其对整车的磁干扰。

3. 熔断器

熔断器按用途来分有交流和直流两种类型。交流类型的熔断器应用于工业配电系统。车载的锂电池、储能电容、电机、变流器和电控线路均属直流系统，都需要直流类型的熔断器做短路保护，才能保证安全可靠的正常运行和超强能力的短路开断效果。

2.4.3 电源变换器

1. DC/DC 变换器

DC 是英文 Direct Current 的缩写，DC/DC 变换器将来自动力电池的高压直流电转化为整车低压直流电，给整车低压用电系统供电及铅酸蓄电池充电，相当于传统汽车的发电机，实物如图 2-4-4 所示。DC/DC 变换器内部结构主要分为高压输入部分、印制电路板、变压器、低压整流输出部分等，如图 2-4-5 所示。高压输入部分将从高压配电盒送来的高压直流电引入 DC/DC 内部；印制电路板上安装 DC/DC 变换器各种元器件；变压器将高压电转变为低压电；低压整流输出电路将转变后的低压电进行整流并输出。

图 2-4-4 DC/DC 变换器外观

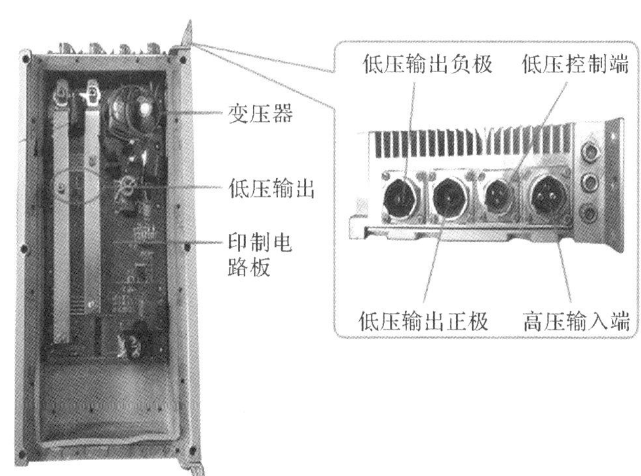

图 2-4-5 DC/DC 变换器内部结构

DC/DC 变换器主要实现以下功能。

(1)不同电源之间的特性匹配。以燃料电池电动汽车为例,一般采用燃料电池组和动力电池的混合动力系统结构。在能量混合型系统中,采用升压 DC/DC 变换器;在功率混合系统中,采用双向 DC/DC 变换器。

(2)驱动直流电机。在小功率(低于 5 kW)直流电机驱动的转向、制动等辅助系统中,一般直接采用 DC/DC 电源变换器供电。

(3)给低压蓄电池充电。在电动汽车中,需要高压电源通过 DC/DC 变换器给蓄电池充电。

(4)向低压设备供电。DC/DC 变换器向电动汽车中的各种低压设备如车灯、雨刮等供电。

2. DC/AC 变换器

DC/AC 变换器是将直流电变换成交流电的装置,又称逆变器。使用交流电机的电动汽车必须通过 DC/AC 变换器将蓄电池的直流电变换成交流电。

3. AC/DC 变换器

AC/DC 变换器是将交流电变换成电子设备所需要的稳定直流电的装置,电动汽车中 AC/DC 变换器的功能主要是将交流充电机发出的交流电变换为直流电提供给用电设备或储能装置储存。

任务 2.5 纯电动汽车的低压系统

任务驱动

传统燃油汽车低压蓄电池由发电机供电,纯电动汽车没有发电机,12 V 蓄电池由哪个部件提供电能呢?纯电动汽车的低压系统和传统油车的低压系统是否一样?

本任务主要学习纯电动汽车低压系统的组成、作用,知识与技能要求见表 2-5-1。

表 2-5-1 知识与技能要求

任务内容	纯电动汽车的低压系统	学习程度		
		识记	理解	应用
学习任务	纯电动汽车低压系统的组成	●		
	纯电动汽车低压系统的作用		●	
实训任务	搜集资料,总结不同类型纯电动汽车低压系统的组成			●
自我勉励				

任务工单 纯电动汽车低压系统

一、任务描述

搜集资料，总结不同类型纯电动汽车低压系统的组成，对比差异，总结纯电动汽车低压系统的作用及组成。

二、学生分组

全班学生以5～7人为一组，各组选出组长并进行任务分工，将小组成员及分工情况填入表格2-5-2中。

表2-5-2 小组成员及分工情况

班级：________ 组号：________ 指导教师：________

小组成员	姓 名	学 号	任务分工
组 长			
组 员			

三、准备工作

1.资料获取

请各组组长组织组员收集相关资料，并回答以下问题。

引导问题1：纯电动汽车低压系统都包含哪些部件？

引导问题2：简述纯电动汽车低压系统的作用，简述纯电动汽车低压系统与传统燃油汽车低压系统有何区别。

2.制订计划

(1)根据任务内容制订工作计划，将其填入表2-5-3中。

表 2-5-3 工作计划

序号	工作内容	负责人

(2)列出完成工作计划所需要的器材,将其填入表 2-5-4 中。

表 2-5-4 器材清单

序号	名称	型号与规格	单位	数量	备注

3.进行决策

(1)小组成员针对各自的工作计划展开讨论,并选出最佳的工作计划。

(2)指导教师依据小组的工作计划给出评价。

(3)各小组成员根据指导教师的评价对工作计划进行调整。

(4)调整合格后的工作计划即为最终实施方案。

四、工作实施

根据最终实施方案展开活动。按实际操作过程,将操作内容、遇到的问题及解决办法等填入表 2-5-5 中。

表 2-5-5 工作实施过程记录表

序号	操作内容	遇到的问题及解决办法

五、考核评价

指导教师根据各小组表现情况完成考核评价记录表(见表2-5-6)。

表2-5-6 考核评价记录表

<table>
<tr><th rowspan="2">项目名称</th><th rowspan="2" colspan="2">评价内容</th><th rowspan="2">分 值</th><th colspan="3">评价分数</th></tr>
<tr><th>自 评</th><th>互 评</th><th>师 评</th></tr>
<tr><td rowspan="6">职业素养
考核项目</td><td colspan="2">无迟到、无早退、无旷课</td><td>8分</td><td></td><td></td><td></td></tr>
<tr><td colspan="2">仪容仪表符合规范要求</td><td>8分</td><td></td><td></td><td></td></tr>
<tr><td colspan="2">具备良好的安全意识与责任意识</td><td>10分</td><td></td><td></td><td></td></tr>
<tr><td colspan="2">具备良好的团队合作与交流能力</td><td>8分</td><td></td><td></td><td></td></tr>
<tr><td colspan="2">具备较强的纪律执行能力</td><td>8分</td><td></td><td></td><td></td></tr>
<tr><td colspan="2">保持良好的作业现场卫生</td><td>8分</td><td></td><td></td><td></td></tr>
<tr><td rowspan="3">专业能力
考核项目</td><td colspan="2">积极参加教学活动,按时完成任务工单</td><td>16分</td><td></td><td></td><td></td></tr>
<tr><td colspan="2">操作规范,符合作业规程</td><td>16分</td><td></td><td></td><td></td></tr>
<tr><td colspan="2">操作熟练,工作效率高</td><td>18分</td><td></td><td></td><td></td></tr>
<tr><td colspan="3">合 计</td><td>100分</td><td></td><td></td><td></td></tr>
<tr><td>总 评</td><td>自评(20%)+互评(20%)+师评(60%)=________</td><td>综合等级:________</td><td colspan="4">指导教师(签名):________</td></tr>
</table>

参考知识

电动汽车低压系统是指由12 V低压蓄电池供电的零部件系统，一方面为灯光、仪表、喇叭等低压电器供电,另一方面为整车控制器、高压电气设备的控制电路和辅助部件供电。电动汽车与燃油汽车低压系统的主要区别在于,燃油汽车的辅助蓄电池由与发动机相连的发电机来充电,电动汽车的辅助蓄电池则由动力电池通过DC/DC变换器来充电。

纯电动汽车低压系统主要由点火开关及搭铁、DC/DC变换器、车身控制单元、灯光系统、空调控制系统等部件组成。

1.车身控制单元

车身控制单元可实现车内外照明控制,中央门锁控制、喇叭、除霜等,还具有电源管理、高低压保护、延时断电、系统休眠等功能。

2. 灯光系统

根据功能，汽车灯光系统有两种类型，即汽车照明灯和汽车信号灯。根据安装位置和功能，汽车照明灯包括大灯、雾灯、牌照灯、仪表灯、顶灯等，汽车信号灯包括转向灯、危险报警灯、尾灯、刹车灯等。

北汽 EV200 纯电动汽车低压 12 V 用电系统构成如图 2-5-1 所示。

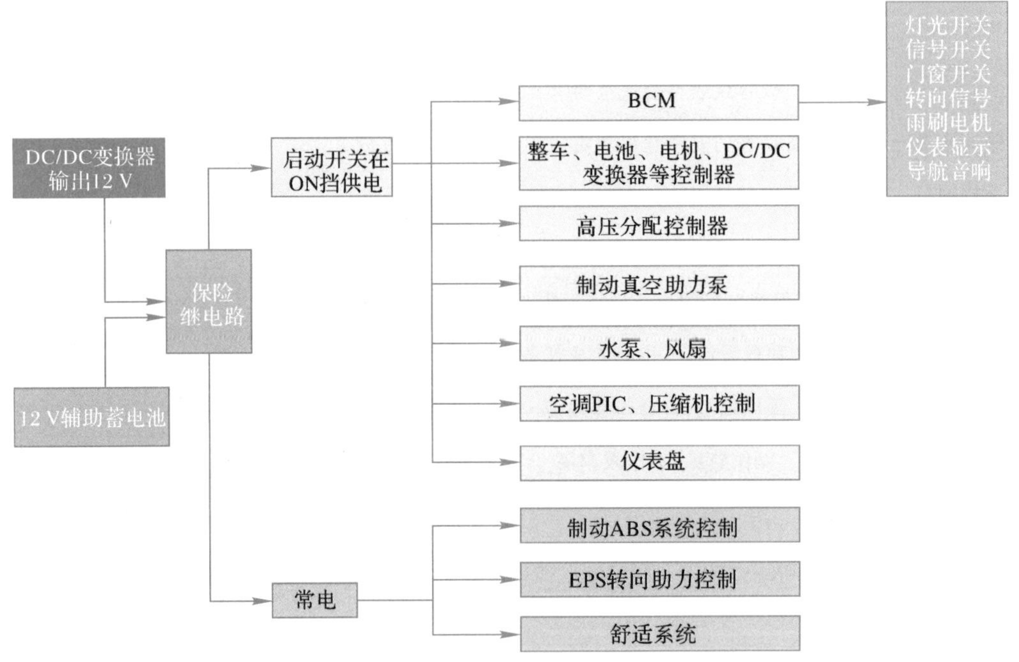

图 2-5-1 北汽 EV200 纯电动汽车低压 12 V 用电系统组成

任务 2.6 典型纯电动汽车简介

▶任务驱动

经过多年的创新发展，我国涌现出比亚迪、奇瑞、吉利、北汽、蔚来、小鹏等众多自主品牌纯电动汽车，在全球新能源汽车市场中展现出中国风采。邻居小李想购置一辆纯电动汽车，不知道如何选择，作为新能源汽车专业的学生，你能给邻居推荐几款车型并详细说出推荐理由吗？

本任务主要学习典型纯电动汽车的类型、主要技术特征。知识与技能要求见表 2-6-1。

表 2－6－1 知识与技能要求

任务内容	典型纯电动汽车简介	学习程度		
		识记	理解	应用
学习任务	了解比亚迪纯电动汽车类型			●
	了解比亚迪八合一电驱技术			●
	了解蔚来换电技术			●
	了解特斯拉纯电动汽车技术			●
实训任务	典型纯电动汽车搜集		●	
自我勉励				

任务工单　典型纯电动汽车简介

一、任务描述

收集畅销品牌纯电动汽车资料，包含车型系列、关键技术等。对资料内容进行学习和讨论，通过对任务的学习，熟悉典型纯电动汽车关键技术，并分析纯电动汽车的发展趋势，以小组的形式总结汇报，撰写学习报告并提交给指导教师。

二、学生分组

全班学生以5～7人为一组，各组选出组长并进行任务分工，将小组成员及分工情况填入表2－6－2中。

表 2－6－2 小组成员及分工情况

班级：________　　　　组号：________　　　　指导教师：________

小组成员	姓　名	学　号	任务分工
组　长			
组　员			

三、准备工作

1. 资料获取

请各组组长组织组员收集相关资料，并回答以下问题。

引导问题 1:简述比亚迪八合一电驱技术的特点。

引导问题 2:简述蔚来电动汽车换电模式。

2. 制订计划

(1)根据任务内容制订工作计划，将其填入表 2-6-3 中。

表 2-6-3　工作计划

序　号	工作内容	负责人

(2)列出完成工作计划所需要的器材，将其填入表 2-6-4 中。

表 2-6-4　器材清单

序　号	名　称	型号与规格	单　位	数　量	备　注

3. 进行决策

(1)小组成员针对各自的工作计划展开讨论,并选出最佳的工作计划。

(2)指导教师依据小组的工作计划给出评价。

(3)各小组成员根据指导教师的评价对工作计划进行调整。

(4)调整合格后的工作计划即为最终实施方案。

四、工作实施

根据最终实施方案展开活动。按实际操作过程,将操作内容、遇到的问题及解决办法等填入表 2-6-5 中。

表 2-6-5　工作实施过程记录表

序　号	操作内容	遇到的问题及解决办法

五、考核评价

指导教师根据各小组表现情况完成考核评价记录表(见表 2-6-6)。

表 2-6-6　考核评价记录表

项目名称	评价内容	分　值	评价分数		
			自　评	互　评	师　评
职业素养考核项目	无迟到、无早退、无旷课	8 分			
	仪容仪表符合规范要求	8 分			
	具备良好的安全意识与责任意识	10 分			
	具备良好的团队合作与交流能力	8 分			
	具备较强的纪律执行能力	8 分			
	保持良好的作业现场卫生	8 分			

续表

<table>
<tr><td rowspan="2">项目名称</td><td rowspan="2" colspan="2">评价内容</td><td rowspan="2">分 值</td><td colspan="3">评价分数</td></tr>
<tr><td>自 评</td><td>互 评</td><td>师 评</td></tr>
<tr><td rowspan="3">专业能力考核项目</td><td colspan="2">积极参加教学活动，按时完成任务工单</td><td>16 分</td><td></td><td></td><td></td></tr>
<tr><td colspan="2">操作规范，符合作业规程</td><td>16 分</td><td></td><td></td><td></td></tr>
<tr><td colspan="2">操作熟练，工作效率高</td><td>18 分</td><td></td><td></td><td></td></tr>
<tr><td colspan="3">合 计</td><td>100 分</td><td></td><td></td><td></td></tr>
<tr><td>总 评</td><td>自评(20%)+互评(20%)+师评(60%)=________</td><td>综合等级：________</td><td colspan="4">指导教师(签名)：________</td></tr>
</table>

参考知识

近年来，全球纯电动汽车市场规模日益扩大，销量有明显提升。从 2020 年开始，传统燃油汽车的市场份额开始出现下降趋势，纯电动汽车的市场份额呈现持续扩大的趋势。在国家倡导绿色环保、生态建设的同时，汽车行业也在不断创新改革，挖掘可再生新能源，纯电动汽车被视为实现环保的重要举措，汽车行业中的大多数企业都在着手研发生产纯电动汽车，纯电动汽车的“三电”(即动力电池、驱动电机、整车电控)核心技术瓶颈逐渐突破，品牌数量逐步增加。

2.6.1 比亚迪纯电动汽车

比亚迪成立于 1995 年 2 月，经过近 30 年的高速发展，已在全球设立 30 多个工业园，实现全球六大洲的战略布局，业务布局涵盖电子、汽车、新能源和轨道交通等领域，并在这些领域发挥着举足轻重的作用，从能源的获取、存储到应用，全方位构建零排放的新能源整体解决方案。

比亚迪汽车拥有电池、电机、电控等新能源汽车全产业链核心技术，形成乘用车、商用车和叉车三大产品系列。在乘用车领域，比亚迪已形成 DM 混动、EV 纯电两大技术路线的产品体系，新能源汽车销量连续 11 年位列中国第一。纯电动代表车型有王朝系列汉 EV、唐 EV、秦 EV，海洋系列海豚、海豹等车型。图 2-6-1 所示为汉 EV 冠军版，汉 EV 车型搭载刀片电池，续驶高达 506 km、605 km、715 km。2023 款海豚车型采用 3.0 技术平台，搭载高安全长寿命刀片电池，如图 2-6-2 所示。海豹冠军版车型搭载后驱动力架构，具有更精准的循迹性与更高的动力性能，如图 2-6-3 所示。

图 2-6-1 比亚迪汉 EV 冠军版

图 2-6-2 比亚迪 2023 款海豚

图 2-6-3 比亚迪海豹冠军版

比亚迪 e 平台纯电动系列典型车型技术参数见表 2-6-7。

表 2-6-7 比亚迪 e 平台纯电动系列典型车型技术参数

平　台	e 平台 1.0	e 平台 2.0	e 平台 3.0
推出时间	2010	2016	2021
平台特点	实现了三电关键部件平台化，突破电动汽车核心技术	通过集成式融合创新实现了纯电动汽车关键系统的平台化（33111 平台），满足多样化电动需求	实现了整车架构的平台化，具有智能、高效、安全、美学四大特点

续表

平　台	e 平台 1.0	e 平台 2.0	e 平台 3.0
主要特征	双向逆变充放电式电机控制器；高电压架构高安全高能量动力电池；大功率高转速电机有所突破	电驱动三合一模块(3)；高压(充配电)三合一模块(3)；低压控制器多合一(1)；一个高安全高比能电池(1)；一块 DiLink 智能网联中控屏(1)	全新一代 SIC 电控；八合一电驱动总成；宽温域高效热泵技术；电机升压充电架构技术，实现 800 V 高压快充；永磁同步组合异步电机的全新动力组合架构的四驱方案
典型车型	比亚迪 E6	比亚迪汉 EV、唐 EV、秦 EV	比亚迪海豚、海豹
动力电池	ET-POWER 铁电池(磷酸铁锂)	三元锂、磷酸铁锂	刀片电池(磷酸铁锂)
主要性能	百公里能耗约为 20 kW·h；续驶达到 300 km(NEDC)	加速性能提升，0～100 km/h 加速可达到 4.4 s；电机最高转速均达到 14 000 r/min；续驶均达到 400 km(NEDC)	NEDC 续驶能力最大突破 1 000 km；0～100 km/h 加速时间可达到 2.9 s；充电 5 min 可行驶 150 km
ADAS 系统	无	DiLink 智能网联系统	智能座舱、智能驾驶等多角度全面提升；采用自主研发的车用操作系统 BYD OS

1. 驱动三合一

比亚迪 e 平台 2.0 的第一项集成化体现在驱动系统方面，把驱动电机、电机控制器和减速器三个部件合为一体，如图 2-6-4 所示，减少了部件间的复杂连接、线束的数量，从而让整体结构更加紧凑、体积更小、质量更小，成本也得到大幅度降低。

2. 高压三合一

比亚迪 e 平台 2.0 的第二项集成化是将车载充电机、高低压直流变换器(DC/DC 变换器)、高压配电箱三个部件合为一体，即高压(充配电)三合一模块，俗称“小三电”集成，如图 2-6-5 所示。该模块从结构、控制和功率布局全方位高度集成，体积缩小 40%，功率密度提升 40%，整体质量减小 25%，成本也得到了降低。在“供电”方面，比亚迪采用新型专利拓扑技术，扩展双向充放电功能，从而实现车车对充(V2V)、户外用电(V2L)和停电时给户内供电(V2G)功能。

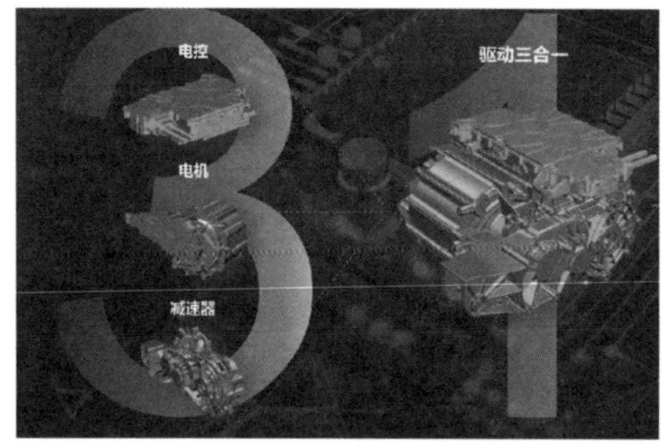

图 2-6-4　比亚迪 e 平台 2.0 驱动三合一模块

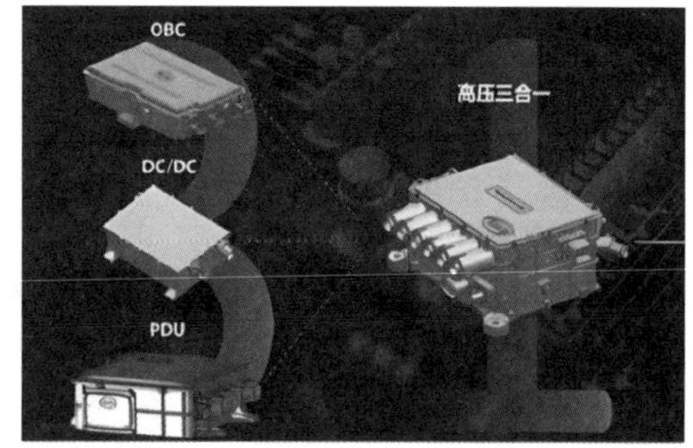

图 2-6-5　比亚迪 e 平台 2.0 高压三合一模块

3. 八合一电驱动总成

深度集成的八合一电驱动系统将驱动电机、电机控制器、减速器、高压配电箱、DC/DC 变换器、车载充电机、整车控制器以及蓄电池管理系统全部整合集成在一起，如图 2-6-6 所示。通过功能模块的系统高度集成，达到提高空间利用率、减小质量等目的，具备高度集成、高功率密度、高效率的特点，是比亚迪 e 平台 3.0 的典型技术特征。比亚迪海豚是基于该平台打造的首款中型纯电动汽车，也是全球首个八合一电驱动总成，展现了我国自主品牌不断创新、向新而行的企业精神。

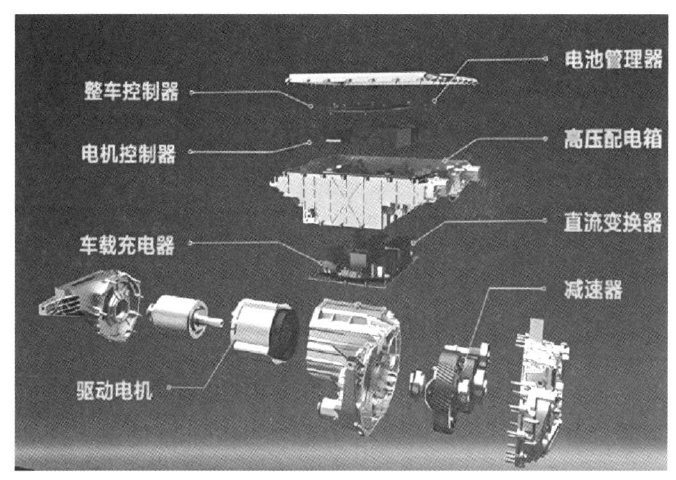

图 2-6-6 比亚迪海豚、海豹车型八合一电驱动总成

2.6.2 特斯拉纯电动汽车

特斯拉(Tesla)是一家美国电动汽车及能源公司，主要产品有电动汽车、太阳能板及储能设备。自 2006 年特斯拉首款纯电动跑车 Roadster 上市以来，先后开发了 Model S、Model X 等系列车型。Model S Plaid 版纯电动平台集成了动力总成和电池技术，可实现更高的效率、性能和续驶，双电机驱动，续航 672 km，百公里加速 2.1 s，最高车速 322 km/h，如图 2-6-7 所示，奠定了特斯拉在高端电动汽车领域的领先地位。

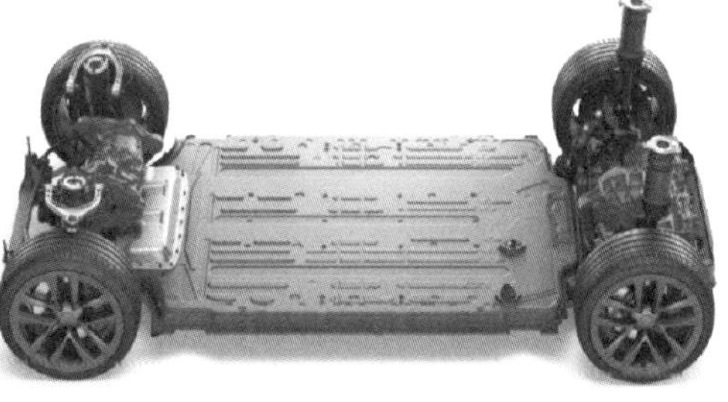

图 2-6-7 特斯拉 Model S Plaid 版

表 2-6-8 为特斯拉部分车型主要参数。

表 2-6-8　特斯拉纯电动汽车典型车型主要技术参数

	Model S	Model X	Model 3	Model Y
典型车型	2014 款 Model S 后置电机后轮驱动版	2017 款 Model X 100D 长续驶版	2022 款 Model 3 后置电机后轮驱动版	2022 款 Model Y 长续驶全轮驱动版
驱动电机	感应异步电机 最大功率:270 kW 最大转矩:440 N·m	前后感应异步电机最大功率(前/后):193/193 kW	永磁同步电机 最大功率:194 k·W 最大转矩:340 N·m	前感应异步/后永磁同步 最大功率(前/后):137/194 kW 最大转矩:219/340 N·m
动力蓄电池	动力蓄电池 85 kW·h 三元锂电池(18650)	100 kW·h 三元锂电池(18650)	60 kW·h 磷酸铁锂电池	78.4 kW·h 三元锂电池(21700)
续驶里程/(km)	502(NEDC)	552(NEDC)	556(CLTC)	660(CLTC)
最高车速/(km·h^{-1})	225	250	225	217
百公里加速时间/(s)	5.6	4.9	6.1	5

2.6.3　蔚来纯电动汽车

蔚来集团是一家专注于高端智慧电动汽车设计、开发、制造和销售的公司，以推动自动驾驶、数字技术、电动力总成和电池方面的新一代技术创新为目标。公司自2017年以来已经推出了多款电动汽车，并且拥有行业领先的换电技术、电池租赁服务和自动驾驶技术等核心竞争力。蔚来 ET9 车型搭载双电机，340 kW 碳化硅永磁电机，180 kW 前感应电机，综合功率 520 kW，如图 2-6-8 所示。

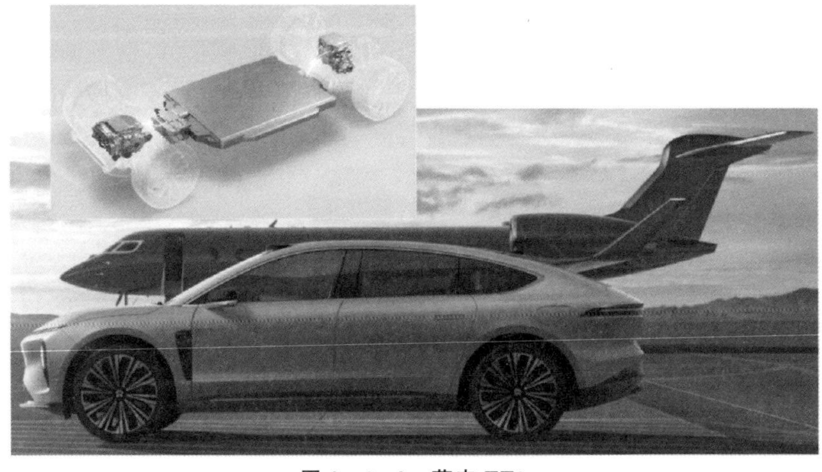

图 2-6-8　蔚来 ET9

蔚来换电技术如图 2-6-9 所示。换电站换电只需 3 min，全程自动，无须下车，比加油更方便。每次换电都会进行自检，以确保整车和电池始终处于最佳状态。

图 2-6-9 蔚来换电技术

项目3 混合动力电动汽车

项目导读

混合动力电动汽车是燃油汽车向纯电动汽车发展过程中的过渡车型，其保留了传统汽车的大部分结构，同时增添了电机、储能元件和电力电子元件等，因而结构更加复杂，布置也更加灵活，目前技术相对成熟。

本项目主要介绍混合动力电动汽车的基本概念、分类、构型、工作原理及典型车型等。

能力目标

【知识目标】

(1)能够清晰阐述混合动力电动汽车的定义及类型。
(2)掌握混合动力电动汽车的构型。
(3)掌握串联式、并联式、混联式混合动力电动汽车的构成及工作模式。

【技能目标】

(1)熟练认知混合动力电动汽车的主要部件。
(2)能够识别混合动力电动汽车的类型。
(3)能够对典型混合动力电动汽车有一定认知。

【素质目标】

(1)具有良好的工作作风和精益求精的工匠精神。
(2)养成团结协作、认真负责的职业素养。

任务3.1 混合动力电动汽车的定义与分类

▶任务驱动

随着新能源汽车的发展及人们对环境与能源保护的日益重视，以新能源为动力的交通工具，成为未来发展的重要主题与内容。假定你是某汽车4S店实习生，客户需要购入一辆混合动力电动汽车，于是向你了解更多混合动力电动汽车的信息，作为工作人员，你需要做哪些知识储备？

本任务要求学生掌握混合动力电动汽车的定义、分类等，知识与技能要求见表3-1-1。

表3-1-1 知识与技能要求

任务内容	混合动力汽车的定义与分类	学习程度		
		识记	理解	应用
学习任务	混合动力电动汽车的定义		●	
	混合动力电动汽车的类型	●		
	混合动力电动汽车的组成			●
	混合动力电动汽车的优缺点	●		
实训任务	分析混合动力电动汽车的发展趋势			●
自我勉励				

任务工单 分析混合动力电动汽车的分类与发展趋势

一、任务描述

收集混合动力电动汽车相关资料，对资料内容进行学习和讨论，理解混合动力电动汽车的分类、结构、特点，分析混合动力电动汽车的发展趋势，以小组的形式总结汇报，撰写学习报告并提交给指导教师。

二、学生分组

全班学生以5～7人为一组，各组选出组长并进行任务分工，将小组成员及分工情况填入表3-1-2中。

表 3-1-2 小组成员及分工情况

班级：________ 组号：________ 指导教师：________

小组成员	姓　名	学　号	任务分工
组　长			
组　员			

三、准备工作

1. 资料获取

请各组组长组织组员收集相关资料，并回答以下问题。

引导问题 1：混合动力电动汽车的定义是什么？

引导问题 2：混合动力电动汽车的分类与特点？

引导问题 3：混合动力电动汽车的结构？

引导问题 4：混合动力电动汽车的发展趋势？

2. 制订计划

(1)根据任务内容制订工作计划，将其填入表 3-1-3 中。

表 3-1-3 工作计划

序号	工作内容	负责人

(2)列出完成工作计划所需要的器材,将其填入表 3-1-4 中。

表 3-1-4 器材清单

序号	名称	型号与规格	单位	数量	备注

3.进行决策

(1)小组成员针对各自的工作计划展开讨论,并选出最佳的工作计划。

(2)指导教师根据小组的工作计划给出评价。

(3)各小组成员根据指导教师的评价对工作计划进行调整。

(4)调整合格后的工作计划即为最终实施方案。

四、工作实施

根据最终实施方案展开活动。按实际操作过程,将操作内容、遇到的问题及解决办法等填入表 3-1-5 中。

表 3-1-5 工作实施过程记录表

序 号	操作内容	遇到的问题及解决办法

五、考核评价

指导教师根据各小组表现情况完成考核评价记录表(见表 3-1-6)。

表 3-1-6 考核评价记录表

<table>
<tr><td rowspan="2">项目名称</td><td rowspan="2">评价内容</td><td rowspan="2">分 值</td><td colspan="3">评价分数</td></tr>
<tr><td>自 评</td><td>互 评</td><td>师 评</td></tr>
<tr><td rowspan="6">职业素养考核项目</td><td>无迟到、无早退、无旷课</td><td>8 分</td><td></td><td></td><td></td></tr>
<tr><td>仪容仪表符合规范要求</td><td>8 分</td><td></td><td></td><td></td></tr>
<tr><td>具备良好的安全意识与责任意识</td><td>10 分</td><td></td><td></td><td></td></tr>
<tr><td>具备良好的团队合作与交流能力</td><td>8 分</td><td></td><td></td><td></td></tr>
<tr><td>具备较强的纪律执行能力</td><td>8 分</td><td></td><td></td><td></td></tr>
<tr><td>保持良好的作业现场卫生</td><td>8 分</td><td></td><td></td><td></td></tr>
<tr><td rowspan="3">专业能力考核项目</td><td>积极参加教学活动,按时完成任务工单</td><td>16 分</td><td></td><td></td><td></td></tr>
<tr><td>操作规范,符合作业规程</td><td>16 分</td><td></td><td></td><td></td></tr>
<tr><td>操作熟练,工作效率高</td><td>18 分</td><td></td><td></td><td></td></tr>
<tr><td colspan="2">合 计</td><td>100 分</td><td></td><td></td><td></td></tr>
<tr><td>总 评</td><td>自评(20%)+互评(20%)+师评(60%)=________</td><td>综合等级:________</td><td colspan="3">指导教师(签名):________</td></tr>
</table>

参考知识

3.1.1 混合动力汽车的定义

广义上来讲,混合动力汽车是指车辆驱动系统由两个或多个能同时运转的单个驱动系统联合组成的车辆,车辆的行驶功率依据实际的车辆行驶状态由单个驱动系统单独或共同提供。

狭义上所说的混合动力汽车，一般是指混合动力电动汽车，是指同时装备两种动力源[即热动力源(由传统的汽油机或者柴油机产生)与电动力源(电池与电机)]的汽车，也就是采用传统的内燃机(柴油机或汽油机)和电动机作为动力源，也有的发动机经过改造使用其他替代燃料，例如压缩天然气、丙烷和乙醇燃料等。

混合动力电动汽车以电驱动系统作为动力源之一，包括电储能器(蓄电池、飞轮电池、超级电容器等)、电源转换系统(逆变器、变压器)、电机(直流电机、三相异步感应电机、永磁同步电机、开关磁阻电机)等，这使得动力系统可以按照整车的实际运行工况灵活调控，而发动机保持在综合性能最佳的区域内工作，从而降低油耗与排放。另一动力源由传统内燃机提供，也可以认为混合动力电动汽车通常是指既有电池可提供电力驱动，又装有一个相对小型的内燃机的汽车。

3.1.2 混合动力电动汽车的类型

混合动力电动汽车可以按照动力系统的混合度、结构形式、外接充电能力及其他划分形式进行分类。

1.按照动力系统的混合度分类

(1)微混合型混合动力电动汽车(Micro Hybrid Electric Vehicle)。该车型是以发动机为主要动力源，以电机为辅助动力，不具备纯电行驶模式的混合动力电动汽车。其电机的峰值功率和总功率的比值为5%。其功率和电压较小，通常将微混合动力车辆回收的电能提供给12 V车载网络，该系统包括使用传统启动机或集成式启动电机的部分启动/停止功能，但该功能由于经常启动，会对持续旋转无摩擦轴承设计的曲轴产生较大的磨损。微混合动力车辆由于仅有一种驱动类型，无法满足纯电工况行驶，从严格定义上来讲，并不能算是混合动力车辆。

(2)轻度混合型混合动力电动汽车(Mild Hybrid Electric Vehicle)。该车型以发动机为主要动力源，电机几乎不参与直接驱动车辆，而是作为能量回收的工具，来辅助发动机工作，也称为“辅助驱动混合”。在车辆加速和爬坡时电机可向车辆行驶系统提供辅助驱动力矩，在其他工况时，让全车的用电设备尽量脱离对发动机的依赖。能实现高级启停(车速≤15 km/h，发动机停机)、制动能量回收、动力辅助、怠速发电、行驶发电等功能，通过电池、电机功率的提高让整车动力性能、燃油经济性、驾驶平顺性有大幅提升。一般情况下，其电机的峰值功率和总功率的比值在5%～15%。

轻混系统主要由电机、动力电池(锂电池为主)、电压控制器(DC/DC转换器)三大核心部件组成。其中电机类型较为关键，一般分为BSG电机和ISG电机。

48 V BSG电机系统。BSG全称为Belt-driven Starter Generator，即皮带驱动电机，相当于P0电机，BSG电机位置如图3-1-1所示。BSG系统主要由48 V电池、BSG电机、DC/DC转换器组成，通过对发动机的起动机进行改造，发动机与电机通过皮带相连实现发动机快速启动。具体功能就是辅助车辆起步，利用皮带传动，把发动机的转速直接带到更高效的区间，控制发动机快速起停，并为发动机提供辅助动力，因此可以取消发动机的怠速过程，能减少尾气排放，可降低 10%～15%的燃油消耗。该电机系统搭载的电机功率往往比较小，并不能单独驱动汽车，无法实现纯电行驶，仅靠电机无法使车辆起步，起步需发动机介入。

48 V ISG 电机系统。ISG 全称为 Integrated Starter Generator，即集成启动电机，相当于 P1 电机。ISG 电机如图 3-1-2 所示，位于发动机曲轴输出端，介于发动机和变速箱之间，发动机的曲轴为电机转子，同时取消了飞轮，发动机和电机扭矩叠加进行动力混合，取消了皮带束缚，发动机可以更加纯粹地用来驱动车轮，该系统仍以发动机为主动力源。相比 BSG 电机，ISG 电机能够在车辆启动阶段依靠电机工作，不仅减轻了发动机的负担，还大幅提升了工作效率，在减速时可以能量回收，节油效果优于 BSG，可降低 15%～20%的能耗和排放。

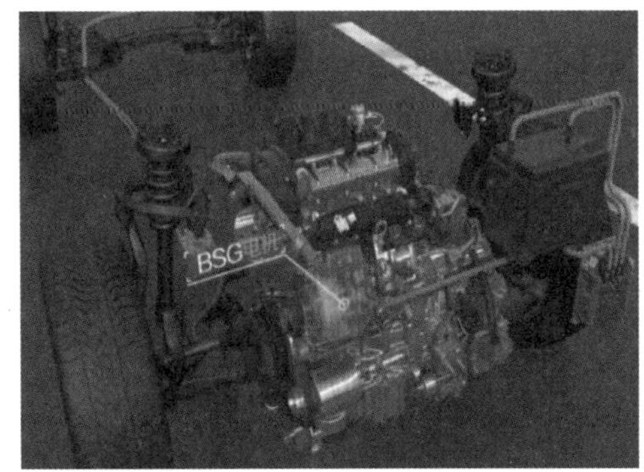

图 3-1-1　BSG 电机

图 3-1-2　ISG 电机

轻度混合型混合动力电动汽车的优点：①能够实现用电机控制发动机的启动和停止。②对于传统燃油汽车，发动机在中低转速及涡轮介入之前，动力的输出往往处于扭矩弱区，换挡卡顿、车身抖动时有发生。而使用 BSG 电机可提升车辆低速性能，48 V 电机会在涡轮介入前提供足够的扭矩助力，为车辆提供充足的动力。③对部分能量进行回收。在发动机怠速运转时，48 V 混动系统会为车载电池进行充电，实现能量的循环利用，同时达到降低油耗的效果。此外，在车辆滑行或制动时，48 V 混动系统能够对车辆多余的动能进行回收，将动能转化成电能储存在车载电池中，以备需要时随时使用。④在行驶过程中，发动机产生的能量可以在车轮的驱动需求和电机的充电需求之间进行调节。

轻度混合型混合动力电动汽车的缺点：①一定条件下，48 V 电压容易产生电弧（瞬时火花），造成一定的隐患。②设计需要考虑到高压电路保护、电磁兼容性、车载电器系统的稳定性等问题，成本有所提高。③节油效果低于其他强混系统。

奔驰 C260、吉利 ICON、吉利博瑞 GE MHEV、凯迪拉克新款 XT5/XT6、沃尔沃 XC60 都搭载 48 V 轻度混合型混合动力系统。

(3)中度混合型混合动力电动汽车(Moderate Hybrid Electric Vehicle)。电力驱动辅助发动机驱动,车辆无法通过纯电力驱动行驶。与轻度混合动力系统的不同之处在于,高压电池及电气组件的额定电压和额定功率更高。在汽车加速或者大负荷工况时,电动机能够辅助发动机驱动车辆,补充发动机本身动力输出的不足,提高整车性能。这种系统的混合程度有所提高,可以在制动时回收更多的动能,并以电能的形式储存在高压电池中,发动机可以在最佳的效率范围内启动。一般情况下,其电机的峰值功率和总功率的比值在15%～40%,在城市循环工况下节油率可以达到20%～30%,目前技术比较成熟,应用广泛。本田汽车公司旗下的Insight、思域和雅阁等混合动力电动汽车都属于这类系统。

(4)重度混合(强混合)型混合动力电动汽车(Full Hybrid Electric Vehicle)。该车型以发动机和电机为动力源,将功率更强的电机和发动机相结合,可以实现纯电力驱动。重度混合动力系统采用272～650 V的高压电机,其特点是动力系统以发动机为基础动力,以动力电池为辅助动力,电机功率更大,可满足车辆在起步和低速时的动力要求,无须起动发动机,依靠电机可完全胜任。在低速时以纯电行驶,在急加速和爬坡运行工况下车辆需要较大的驱动力时,电机和发动机同时给车辆提供动力,回收的制动能量可为高压电池充电。随着电机、电池技术的进步,重度混合动力系统成为混合动力技术的主要发展方向。发动机和电机之间的离合器可以断开这两个系统之间的连接,发动机仅在需要时介入。其电机的峰值功率和总功率的比值在40%以上,在城市循环工况下节油率可达30%～50%。

普通混合动力电动汽车(HEV)、插电式混合动力电动汽车(PHEV)、增程式混合动力电动汽车(REEV)属于重度混合车型混合动力电动汽车,典型车型有丰田普锐斯、理想ONE、比亚迪DMi等。

2.按照动力系统的结构形式分类

按照混合动力电动汽车零部件的种类、数量和连接关系,可以将其分为串联式混合动力电动汽车、并联式混合动力电动汽车和混联式混合动力电动汽车。

(1)串联式混合动力电动汽车(Series Hybrid Electric Vehicle,SHEV)。车辆行驶系统的驱动力只来源于电机,混合动力由发动机、发电机和电机三部分组成,它们之间采用串联方式,发动机驱动发电机发电,电能通过控制器输送到动力电池或电机,由电机通过变速机构驱动汽车。发动机本身不能通过传动轴或变速箱驱动车辆,电机为车辆提供驱动力。当高压电池的电量降低时,发动机才会启动,通过交流发电机对高压电池充电,于是电机重新从高压电池上获得能量。

(2)并联式混合动力电动汽车(Parallel Hybrid Electric Vehicle,PHEV)。车辆行驶系统的驱动力由电机及发动机同时或单独供给,有传统的发动机驱动系统和电机驱动系统,两个系统既可以同时协调工作,也可以各自单独工作驱动汽车,适用于多种不同的行驶工况。发动机和电机各自输出功率的总和等于总输出功率。这种方案可以保留车辆上大部分原有的零部件，连接方式和结构相对简单，成本低。

(3)混联式混合动力电动汽车(Combined Hybrid Electric Vehicle，PSHEV)。这类汽车具备串联式和并联式两种混合动力系统结构，特点在于其传统发动机驱动系统和电机驱动系统各有一套机械变速机构，两套机构通过齿轮系或行星轮式结构耦合在一起，综合调节发动机与电机之间的转速关系。与并联式混合动力系统相比较，混联式混合动力系统可以更灵活地根据工况来调节发动机的功率输出和电机的运转。驱动力由发动机和电机共同提供，通过行星齿轮组传递给变速箱，其中一部分动力输出用于驱动车辆，另一部分则以电能的形式储存在高压电池中。

3.按照外接充电能力分类

按照外接充电能力不同分类，混合动力电动汽车可分为以下两类。

(1)外接充电型混合动力电动汽车。该车型是指在正常使用情况下可从非车载装置中获取电能的混合动力电动汽车。插电式混合动力电动汽车即属于此类型。插电式混合动力电动汽车的动力电池的容量较大，其纯电续驶里程较长(一般达到50 km以上)。例如，2023款比亚迪汉混动版电池能量最高为30.77 kW·h，新欧洲驾驶循环(New European Driving Cycle，NEDC)纯电续驶里程最高可以达到200 km。

(2)非外接充电型混合动力电动汽车。该车型是指一种被设计成在正常使用情况下从车载燃料中获取全部能量的混合动力电动汽车。非插电式混合动力电动汽车属于此类型，一般也称之为油电混合动力电动汽车，由于动力电池容量小，一般通过制动时回收能量为动力电池充电，或者利用车辆在行驶时发动机的多余功率驱动发电机充电。油电混合动力电动汽车的最大优点是省油。例如，2023款丰田凯美瑞智能电混的动力电池容量为6.5 A·h，它在纯电模式下最远续驶约为10 km。

3.1.3 混合动力电动汽车的组成

混合动力电动汽车继承和沿用了很大一部分的内燃机汽车传动系统和操纵装置，包括发动机控制装置、加速踏板、制动踏板、离合器和变速器的操纵装置等，如图3-1-3所示。

1.发动机

混合动力电动汽车的发动机从能量来源来说，可以是汽油机、柴油机；从结构原理上来说，可以是四冲程内燃机、二冲程内燃机、转子发动机和斯特林发动机。对应不同形式的发动机，发动机提供的功率占汽车动力源总功率的比例不同。

2.电动机/发电机

汽车启动时，电动机作为发动机的启动机；发动机运转时，带动发电机发电，为电池充电。根据不同的混合动力结构，电动机/发电机的功率大小和布置也有所不同。在某些混合动力电动汽车上，电动机/发电机直接参与车辆驱动，在车辆加速或爬坡时提供辅助动力，在车辆制动时回收制动反馈能量。

3. 驱动电机

驱动电机用于纯电驱动、混合驱动和制动能量回收，可使用直流电机、交流异步电机、永磁电机和开关磁阻电机等多种类型。目前多数采用交流异步电机和永磁电机，部分采用开关磁阻电机。

4. 储能装置

储能装置是混合动力电动汽车的电机驱动和能量回收、发电时的电能储存单元。储能装置可以是不同类型的动力电池、电容或者多种储能元件的复合。

5. 电动附件

电动附件包括水泵、油泵、制动系统和电动助力转向系统等。这些装置接收驾驶人的控制输入，并且发出控制信号。通过中央控制器和各个部分的控制模块向驱动系统中发动机、电动机/发电机(或驱动电机)、离合器和变速器发出指令，以获得不同的驱动模式。传感器系统采集车辆信号为控制系统提供反馈信息。

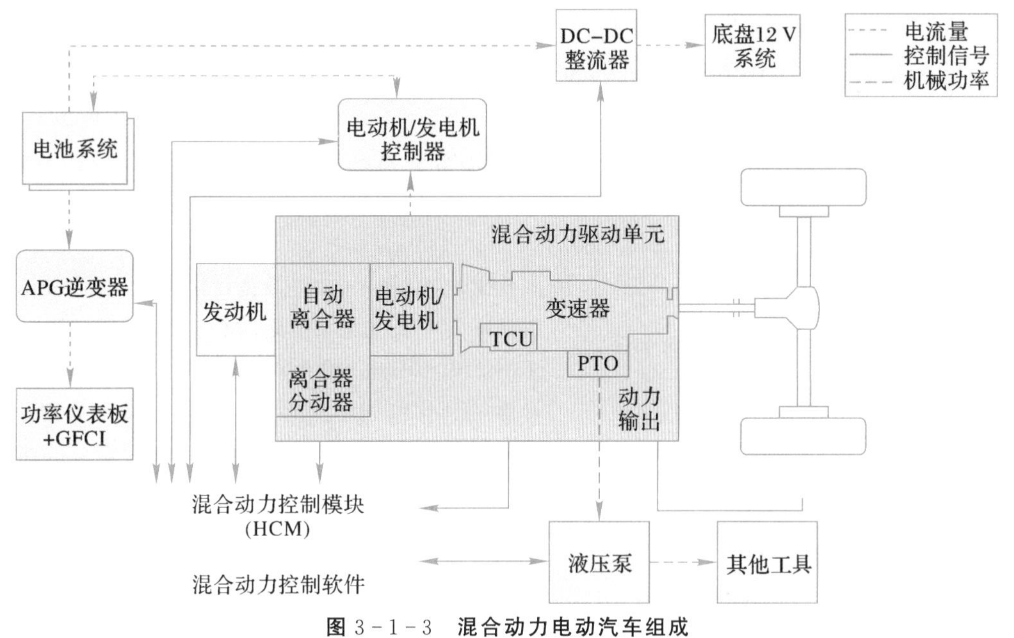

图3-1-3 混合动力电动汽车组成

3.1.4 混合动力电动汽车的优缺点

1. 混合动力电动汽车的优点

与内燃机汽车相比，混合动力电动汽车具有以下优点：①短途内可实现纯电驱动，减少排放污染。②发动机往往在最佳效率区域平稳运行，降低了发动机的排放和油耗。③可实现制动能量回收，进一步降低汽车的能量消耗和排放污染。④可配备较小发动机，车辆可通过电机提供动力。

与纯电动汽车相比，混合动力电动汽车具有以下优点：①延续传统内燃机汽车成熟的驱动与控制技术，适合量产并降低制造成本。②减少了电池的数量，即减少了整车的质量和成本。③借助发动机动力，可驱动其他附件设备(空调、真空助力、转向助力)。④保留传统燃油汽车的动力性，续驶里程较纯电动汽车更长，甚至超过燃油汽车。

2. 混合动力电动汽车的缺点

(1)驱动系统较复杂，成本较高。

(2)两个动力系统往往占用空间较大，质量大。

(3)故障率高于传统燃油汽车。

3.1.5 混合动力电动汽车的应用

根据中国汽车工业协会发布数据，2022 年我国新能源汽车销量为 688.7 万辆，同比增长 93.4%。其中，插电式混合动力电动汽车销量为 151.8 万辆，同比增长 1.5 倍，增幅远远超过新能源整体市场。随着新能源接受度逐渐提高，混合动力电动汽车的渗透率随着市场空间增长而提高。与此同时，车企加速电气化转型，除纯电动外，正加快布局 48V、HEV、PHEV、REEV 等混合动力技术和产品。主流车企及其混动平台见表 3-1-7。

表 3-1-7 主流车企及其混动平台

车企	混动平台	平台介绍
BYD	比亚迪 DM-i 超级混动	比亚迪 DM 技术经过三次迭代发展，推出的 DM-i 混动系统，EHS 电混系统是 DM-i 超级混动的核心，采用了 P1+P3 串并联形式，EHS 电混系统包括三款总成，即 EHS132、EHS145 和 EHS160，适配 A 级车到 C 级车的全部车型
	长城柠檬 DHT 混合平台	推出三套动力总成方案，包括 1.5L+DHT100、1.5T+DHT130、1.5T+DHT130+P4 (三电机、四驱动力总成)，兼容 HEV 和 PHEV 两种方案；长城旗下蜂巢易创自主研发了混动专用变速器(Dedicated Hybrid Transmission，DHT)和混动专用发动机(Dedicated Hybrid Engine，DHE)
吉利汽车 GEELY AUTO	吉利雷神智擎 Hi.X	包含 DHE15 (1.5T) 和 DHE20 (2.0T)两款混动专用发动机，以及 DHT (1 挡)和 DHT Pro(3 挡)两款混动专用变速器，支持 A0-C 级车型全覆盖，同时涵盖 HEV、PHEV、REEV 等多种混动技术

续表

车　企	混动平台	平台介绍
奇瑞汽车	奇瑞鲲鹏 DHT 超级混合动力	在技术路线上采用了双电机驱动架构的鲲鹏 DHT 混合动力专用变速箱，成功绕开功率分流路线的技术壁垒，打造了世界首创的全功能混动构型鲲鹏 DHT，2022 年搭载全新瑞虎 8PLUS 量产
长安汽车 CHANGAN	长安蓝鲸 iDD 混动系统	长安汽车完全自主设计的先进多模式电驱动系统，由混动专用发动机、蓝鲸电驱变速器、大容量电池和智慧控制系统四大组件构成，拥有 400 余个独立部件，蓝鲸电驱变速器拥有四大核心技术，包括三离合器集成技术、高效高压液压系统、智能电子双泵技术、S-winding 绕组技术
广汽传祺	广汽传祺 2.0T＋THS 混动系统	广汽传祺 2.0T＋THS 混动系统机，丰田 THS 双擎动力系统，匹配 E－CVT 变速箱
TOYOTA	丰田 THS 混动系统	丰田混动技术已发展到第五代，第五代丰田 THS 系统，前电机功率达到 70 kW/185 Nm，质量减少 15%；采用超低黏度油；首次配置了 E－FOUR 电动四驱，丰田诺亚/沃克斯等新车型使用 TNGA 的 GA－C 平台 E－FOUR
HONDA	本田 i-MMD 系统	本田 i－MMD 系统发展至第三代，高效率和小型化也是其重要发展方向，本田第三代 i－MMD 采用的是电机/发电机同轴布置的形式，核心包括 2.0 L 自吸发动机、驱动/发电双电机、智能动力分配单元

（1）微混（启停 12 V）：目前在售的启停 12 V 乘用车车型主要以欧美系品牌为主，自主品牌车型占总车型数量的 19%。

（2）轻混（48 V）：不断提高电机效率和电气化水平，现阶段主要由外资主机厂带动，自主品牌车企虽已纷纷布局 48 V 轻混系统技术，但推出的车型相对较少。

（3）PHEV：比亚迪 DM、DM－i、长城柠檬 DHT、吉利雷神混动 Hi·X、长安蓝鲸 iDD 等混动系统已实现量产；比亚迪 DM、DM－i 技术已搭载旗下多款车型；长城的 DHT，已经应用在摩卡、拿铁、玛奇朵等车型上；长安的蓝鲸 iDD，应用在 UNI－K、UNI－V 车型上，中国已探索出一条自主发展的 PHEV 技术路径。

（4）REEV：问界 M5、M7、赛力斯 SF5、理想 ONE、理想 L9 和岚图 FREE 等，因其结构相对简单，与其他混动技术形成互补，驾驶体验好和续驶能力高深受消费者欢迎，在理想、问界、岚图等明星车型带动下，现阶段仍保持高速增长。

（5）HEV：推出车型更注重节能、降本、系统简化等方面。

任务 3.2 混合动力电动汽车的构型

任务驱动

目前市场上主流混合动力电动汽车为油电混合动力，其结构上存在一个发动机，同时装备有传动机构，需连接到车轮，为了实现纯电行驶，发动机和传动机构之间通常装有离合器。那么问题来了，电机放到哪儿呢？

本任务要求学生掌握混合动力电动汽车的不同构型及特点。知识与技能要求见表 3-2-1。

表 3-2-1 知识与技能要求

任务内容	混合动力电动汽车的构型	学习程度		
		识记	理解	应用
学习任务	混合动力电动汽车构型中 P 的含义	●		
	混合动力电动汽车的不同构型	●		
	不同构型混合动力电动汽车的特点		●	
实训任务	收集资料，总结不同构型在混合动力电动汽车上的应用发展			
自我勉励				

任务工单 分析混合动力电动汽车的构型

一、任务描述

收集混合动力电动汽车相关资料，对资料内容进行学习和讨论，掌握混合动力电动汽车的不同构型，理解混动系统不同构型在车型上的应用和特点。通过对任务的学习，能分析混合动力电动汽车构型、认知混动系统工作原理，以小组的形式总结汇报，撰写学习报告并提交给指导教师。

二、学生分组

全班学生以 5～7 人为一组，各组选出组长并进行任务分工，将小组成员及分工情况填入表 3-2-2 中。

表 3-2-2 小组成员及分工情况

班级：________ 组号：________ 指导教师：________

小组成员	姓 名	学 号	任务分工
组 长			
组 员			

三、准备工作

1.资料获取

请各组组长组织组员收集相关资料,并回答以下问题。

引导问题 1:混合动力电动汽车构型中的 P 有何含义?

引导问题 2:混合动力电动汽车有哪些构型?

引导问题 3:不同构型的混合动力电动汽车各有什么特点?有哪些代表车型?

2.制订计划

(1)根据任务内容制订工作计划,将其填入表 3-2-3 中。

表 3-2-3 工作计划

序 号	工作内容	负责人

(2)列出完成工作计划所需要的器材,将其填入表 3-2-4 中。

表 3-2-4 器材清单

序 号	名 称	型号与规格	单 位	数 量	备 注

3.进行决策

(1)小组成员针对各自的工作计划展开讨论,并选出最佳的工作计划。

(2)指导教师根据小组的工作计划给出评价。

(3)各小组成员根据指导教师的评价对工作计划进行调整。

(4)调整合格后的工作计划即为最终实施方案。

四、工作实施

根据最终实施方案展开活动。按实际操作过程,将操作内容、遇到的问题及解决办法等填入表 3-2-5 中。

表 3-2-5 工作实施过程记录表

序 号	操作内容	遇到的问题及解决办法

五、考核评价

指导教师根据各小组表现情况完成考核评价记录表(见表3-2-6)。

表3-2-6 考核评价记录表

<table>
<tr><th rowspan="2">项目名称</th><th rowspan="2" colspan="2">评价内容</th><th rowspan="2">分 值</th><th colspan="3">评价分数</th></tr>
<tr><th>自 评</th><th>互 评</th><th>师 评</th></tr>
<tr><td rowspan="6">职业素养考核项目</td><td colspan="2">无迟到、无早退、无旷课</td><td>8分</td><td></td><td></td><td></td></tr>
<tr><td colspan="2">仪容仪表符合规范要求</td><td>8分</td><td></td><td></td><td></td></tr>
<tr><td colspan="2">具备良好的安全意识与责任意识</td><td>10分</td><td></td><td></td><td></td></tr>
<tr><td colspan="2">具备良好的团队合作与交流能力</td><td>8分</td><td></td><td></td><td></td></tr>
<tr><td colspan="2">具备较强的纪律执行能力</td><td>8分</td><td></td><td></td><td></td></tr>
<tr><td colspan="2">保持良好的作业现场卫生</td><td>8分</td><td></td><td></td><td></td></tr>
<tr><td rowspan="3">专业能力考核项目</td><td colspan="2">积极参加教学活动,按时完成任务工单</td><td>16分</td><td></td><td></td><td></td></tr>
<tr><td colspan="2">操作规范,符合作业规程</td><td>16分</td><td></td><td></td><td></td></tr>
<tr><td colspan="2">操作熟练,工作效率高</td><td>18分</td><td></td><td></td><td></td></tr>
<tr><td colspan="3">合 计</td><td>100分</td><td></td><td></td><td></td></tr>
<tr><td>总 评</td><td>自评(20%)+互评(20%)+师评(60%)=________</td><td>综合等级:________</td><td colspan="4">指导教师(签名):________</td></tr>
</table>

▶参考知识

混合动力电动汽车的混动构型按照电机的布置位置进行分类。P是英文Position(位置)的首字母。对于单电机的混合动力系统,根据电机相对于传统动力系统的位置,可以把单电机混动方案分为六大类,分别以P0、P1、P2、PS、P3、P4命名,各电机的安装位置如图3-2-1所示。

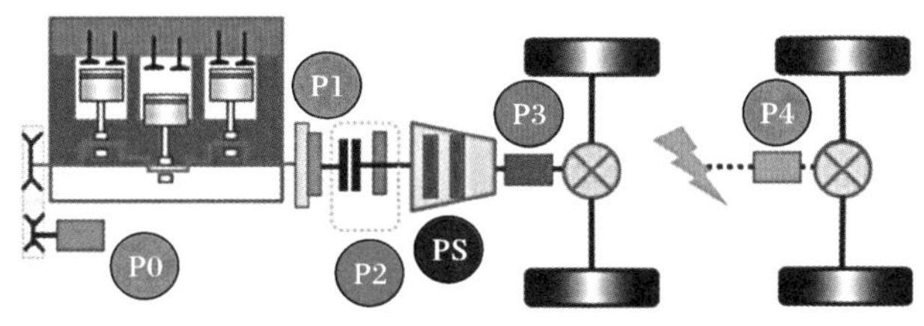

图3-2-1 电机构型图

3.2.1 P0混动构型

P0——安装在发动机前端由传动带驱动的电机。传统汽车发电机与发动机曲轴通过传动带柔性连接。当发动机运转时，会通过传动带驱动发电机发电。P0 电机位于发动机前端附件驱动系统（Front End Accessory Drive，FEAD）上，也就是普通汽车上发电机的位置。

P0 混动就是把这个发电机换成了一个功率比较大的 BSG 电机（Belt-driven Starter/Generator，带传动启动/发电一体化电机）。P0 混动系统由于有功率较大的 BSG，再配合较大的蓄电池，就可做到在等红绿灯发动机停机时，带动空调的机械压缩机运转。博世 48 V MHEV-P0 混动构型如图 3－2－2 所示。

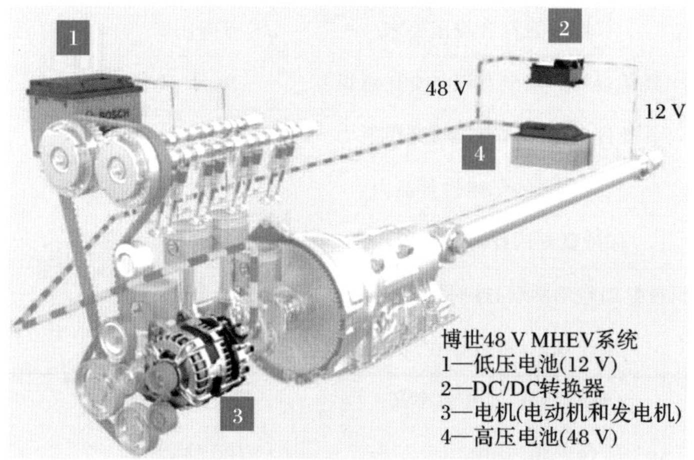

图 3－2－2　**博世** 48 V MHEV-P0 **混动构型**

P0 构型缺点：传动存在易打滑失效的特性，即使有张紧器，其传动效率仍然有限，不支持其进行更大功率的动力输出，无论是给发动机加力还是回收动能的功率都有限，因此，P0 混动一般只应用于自动起停系统，以及 12～25 V 微混和 48 V 轻混，通常只支持发动机怠速停机、停机后的快速启动及制动时能量回收。

图 3－2－3 所示为奔驰 A 级和 B 级车上使用的 P0 混动方案，采用了 48 V 的 BSG 电机，液压转动带张紧器在 P0 混动中较为重要，要求其具有比一般的张紧器更强的调节张力，以保证在启动发动机和进行能量回收时有较高的传动效率。

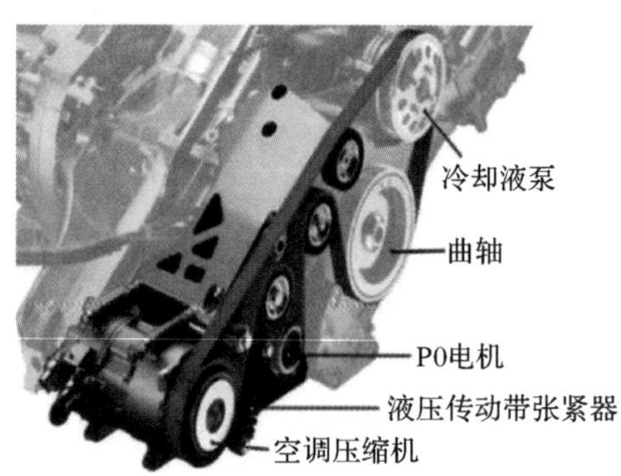

图 3－2－3　P0 **混动构型**

3.2.2 P1 混动构型

P1——安装在发动机曲轴输出端后、离合器前的位置(原飞轮的位置)的电机,混动构型如图 3-2-4 所示。P1 混动与 P0 混动相似,P1 混动是将 ISG 电机(Integrated Starter and Generator,启发动一体化电机)固连在了发动机上,取代了传统的飞轮,发动机曲轴充当了 ISG 电机的转子,发动机运转,转子随之旋转,因此它同样支持发动机起停、制动能量回收。

由于电机与发动机采用刚性连接,P1 混动可实现动力辅助,在驾驶人踩下加速踏板后,控制单元会控制 ISG 电机立刻补充动力,以此让汽车保持动力输出与节油性的高度平衡。在不同程度的制动过程中,ISG 电机都可以实现发动机制动能量的回收和储存,在下长坡时还可根据具体车速施加辅助制动力矩,提高车辆的安全性。采用机械连接的 P1 混动布局的传动效率要比 P0 混动高得多,除了自动起停、弱混外,还可以应用在 100～200 V 电压的中混系统中。在实际应用中,P1 混动较高的驱动力矩使得车辆的驾驶性能更佳,与 P0 混动相比要更节油。

P1 电机的缺点:由于 P1 混动电机直接套在曲轴上,二者转速必须相等,而不像通过转动带连接的 P0 混动布局存在一定传动比,因此电机需要有比较大的扭矩和体积,同时要求较薄,从而能够安装于原飞轮的位置,成本较高。

无论是 P0 混动还是 P1 混动,电机旋转,发动机曲轴随之旋转,电机无法单独驱动车轮,因此,P1 混动系统并没有纯电行驶模式。在制动能量回收和滑行模式下,同时需要带动曲轴空转而浪费动能,增加了噪声和振动。因此 P0 混动和 P1 混动都不适合电机、电池更大的重度混合系统。

目前采用 P1 混动以中度混动汽车为主,由于可靠性高且成本较低,国内公交车和自主品牌多采用 P1 混动构型。本田思域混动和 Insight 车装备的第一代本田 IMA 混动(如图 3-2-5 所示)及奔驰 S400 混动车型采用的就是 P1 混动布局。

图 3-2-4 P1 混动构型

图 3-2-5 本田 IMA-P1 构型

3.2.3 P2混动构型

P2——安装在发动机与变速器之间的电机，混动构型如图3-2-6所示。跟P1电机一样，P2电机也需要布置在发动机和变速器中间，但不必像P1电机那样整合在发动机外壳中，而是在变速器与发动机中间的离合器之后安装电机。其布置形式更加灵活，不仅可以直接套在变速器输入轴上（此情况往往需要重新设计变速器），也可以通过传动带或齿轮传动与变速器输入轴连接，甚至可以使用减速齿轮（体积较大）带动P2电机工作，如图3-2-7所示。

图3-2-6 宝马530E-P2构型

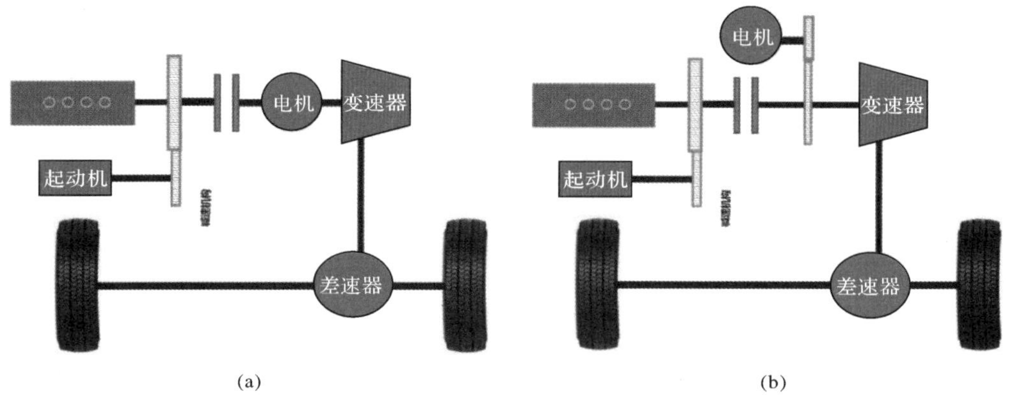

图3-2-7 P2混动构型的两种方式

(a)电机直接套在变速器轴上；(b)电机通过传动带或齿轮传动与变速器输入轴相连

该架构可在发动机与变速箱之间配备1～2个离合器，具体可分为三种布局方式，如图3-2-8所示。

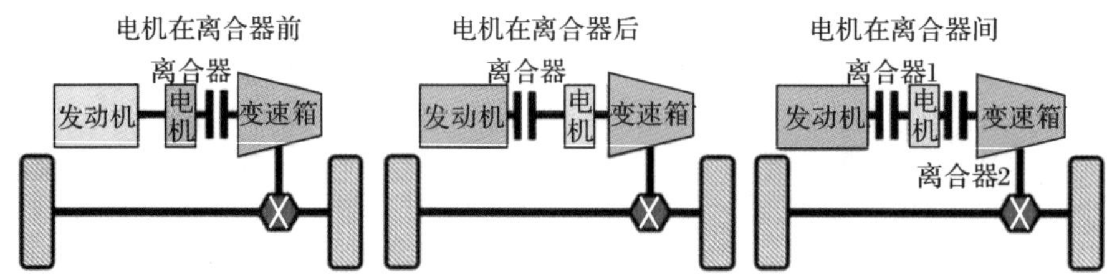

图3-2-8 P2混动构型三种电机布置形式

1.电机布置在离合器前的单离合结构

电机布置在离合器前的单离合结构，电机起到助力、驻车发电和启动发动机的作用，与P1架构相似。P2构型的动力传递模式：发动机⟶P2电机⟶离合器⟶变速器⟶差速器⟶车轮。

2.电机布置在离合器后的单离合结构

电机布置在离合器后的单离合结构，电机可实现单独驱动车辆，制动能量回收发电以及助力。P2构型的动力传递模式：发动机⟶离合器⟶P2电机⟶变速器⟶差速器⟶车轮。

3.电机布置在双离合结构中间

电机布置在离合器间的双离合结构，电机即可单独驱动车辆，还可启动发动机或进行驻车发电。P2构型的动力传递模式：发动机⟶离合器1⟶P2电机⟶离合器2⟶变速器⟶差速器⟶车轮。

由于P2构型中电机的后方还布置了变速器，因此变速器的所有挡位都可以被电机利用。P2混动是目前市面上采用最多的混动构型。P2和P1模式，区别在于电动机和发动机之间有没有离合器，是否能够切断电机的辅助驱动。和P1混动不同的是，P2混动系统由于P2电机和发动机之间有离合器，因此可以实现电机单独驱动车轮，实现纯电行驶模式，且在动能回收时也可以切断与发动机的连接。

P2构型的缺点：只有在变速器切换到空挡时，才能切断与车轮的连接，进而可以用于启动发动机，但如果变速器不能很快地切换到空挡(基于行星齿轮的自动变速器可以)，就需要一个额外的启动电机来满足自动起停系统频繁快速起停电机的要求，往往在P0位置安装48 V以上的中高压BSG电机，或者在P1位置装配中低压启动电机。例如，前者存在P0、P2两个电机同时连接中高压，因此一般也被称为“P0P2系统”，是双电机直连混动的一种。

从P2混动系统的结构原理可知，P2混动系统是在发动机和变速器中间加入了一个离合器和一个电机，将出现轴向尺寸增加的问题。为了解决这个硬件上的问题，往往采取优化措施：发动机减缸(四缸变三缸、六缸变四缸)、壳体一体化设计、将离合器进一步缩入电机内部等。

3.2.4 P3混动构型

P3——安装于驱动桥变速器输出端的电机。P3混动构型如图3-2-9所示，电机置于变速器末端，与变速器输出轴耦合驱动车轮。电机位置更靠近传动轴，离变速器有一定距离，一般采用齿轮或链条传动。

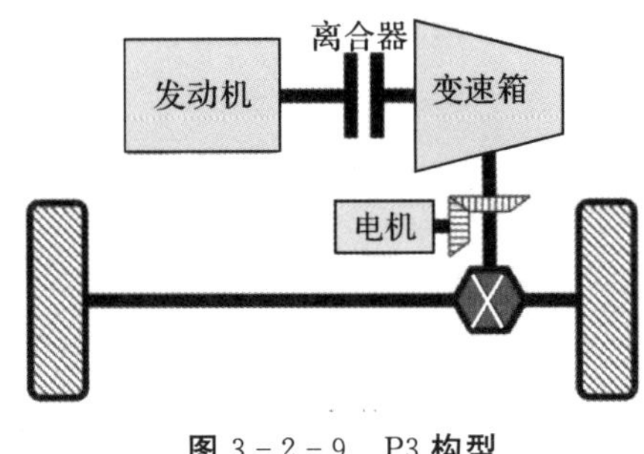

图 3-2-9　P3 构型

其工作模式是：发动机⟶离合器⟶变速器⟶电机⟶减速器⟶差速器⟶车轮。

1. P3 混动构型的优点

P3 电机可实现制动能量回收、纯电驱动车辆。与 P0、P1 和 P2 架构相比，P3 架构的动力传递路径不经过变速箱，避开了传统车用变速器造成的较大损耗，纯电驱动和制动能量回收的效率更高，急加速的效果非常直接，同时还降低了变速箱的工作时长，有助于延长其使用寿命。虽然 P2 混动和 P3 混动都能单独纯电驱动行驶以及油电共同驱动行驶，但由于 P3 混动比 P2 混动通常少一组离合器，因此纯电传动更为直接、高效。

2. P3 混动构型的缺点

(1)因为电机无法与变速箱或发动机进行整合，需要占用额外的体积，所以 P3 架构比较适合后驱车，有充足的空间予以布置。

(2)P3 混动因为电机必须与车轴相连，所以电机无法用于启动发动机，在 P1 位置仍然需要中低压启动电机以满足发动机自动起停需要。

(3)P3 电机无法实现驻车充电。在户外露营等使用场景中，当电池电量用完后，P3 混动构型便只能放弃电器供电，而 P2 混动则可以启动发动机发电，来满足电磁炉等大功率用电电器的用电需求。

P3 混动构型往往可以增加 P0 位置的 BSG 电机，变身为“P0＋P3 构型”的串并联混动。本田 i-DCD 车、比亚迪秦、长安逸动等采用的就是这种 P3 混动系统。

3.2.5　PS 混动构型

PS 混动构型的电机位于变速器内部。其混动构型如图 3-2-10 所示，是介于 P2 混动和 P3 混动之间的一种混动形式，也称为 P2.5 混动构型。

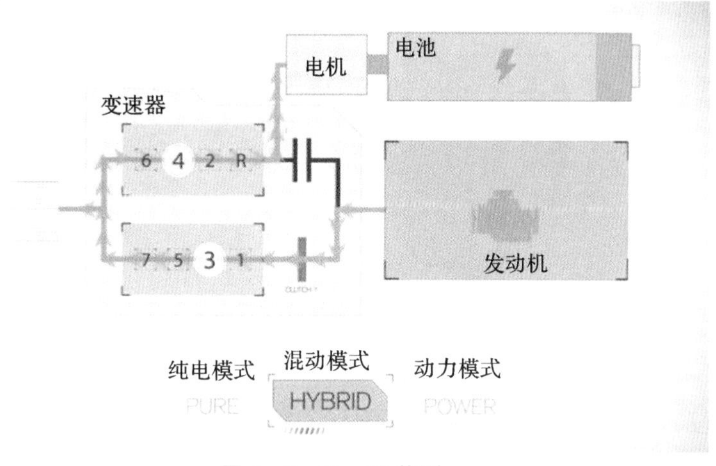

图 3-2-10 PS 构型

1. PS 混动构型的优点

P3 混动的电机在变速器的输出轴耦合，可以离变速器有一定距离，更靠近传动轴，一般采用齿轮或链条传动，PS 构型的电机、离合器和减速器被装进同一个壳体内，节油性更好，也更加平顺。PS 混动系统多是基于双离合变速器的，它利用双离合变速箱具有两个输入轴的特点，将电机集成到其中一轴上面，可以实现纯电驱动车辆、制动能量回收。

2. PS 混动构型的缺点

(1)双离合变速箱的偶数轴要比奇数轴承受更大的扭矩，这会导致两轴与离合器的磨损不一致。

(2)电动机集成在变速箱内部会增加维修成本，因为不论变速箱故障还是电动机故障，需要拆卸的都是变速箱总成。

(3)结构相对复杂，对系统的匹配和调校要求较高，离合器的接合控制、发动机和电机作用到二轴上的动力耦合等，都需要长时间的经验积累。

目前在中国车企品牌中，长城、奇瑞、吉利等都在研究 DHT 变速箱，这是 PS 架构的基石，以吉利汽车为例，吉利 ePro 家族车型搭载的 1.5T＋7DCTH 插电式混合动力系统。PS 架构电机工作转速不受发动机限制，发动机与电机能同时工作在高效区，有效降低整车油耗。

3.2.6 P4 混动构型

P4 混动构型是把电机安装在非内燃机驱动的轴上，电机与发动机不驱动同一根轴，P4 电机直接驱动车辆行驶。另外，轮毂电机驱动也叫 P4 混动构型(讴歌 NSX 取消轮轴，直接采用两个轮毂电机驱动车轮)，构型如图 3-2-11 所示，P4 架构与 P3 功能相似，均可实现制动能量回收、纯电驱动车辆。

图 3-2-11 轮毂电机(P4 混动构型)

1. P4 混动构型的优点

电机与发动机不驱动同一轴，这意味着：车辆可以实现四驱；电机与发动机实际上是通过地面耦合的，工作性质虽然跟其他简单并联类似，但在车内部不存在任何机械连接。由于 P4 混动构型的电机可以直接用轮毂电机驱动车轮，因此大大提高了车辆的转弯性能，并省去了轮轴和差速器带来的效率损失和额外车重。

2. P4 混动构型的缺点

大部分 P4 混动布局(只有一个 P4 电机接高压电)不能随意在纯电驱动和纯发动机驱动之间切换，不利于车辆的操控性和舒适性。P4 混动构型大多应用于各种插电式混动或者弱混模式，不便于纯电驱动与纯发动机驱动间的切换。因此，P4 混动多采用两种工作方式：第一种是插电式混动，以电机后驱为主，只有在需要更大功率时才启动发动机驱动前轴。第二种是 P4 电机只作为辅助驱动，车辆仍然以发动机驱动为主。但为了保证 P4 电机的驱动供电，这类车型在发动机的驱动轴也有一个电机，用于启动发动机，给动力电池充电，以及为前轴提供驱动力(例如：P0＋P4 和 P2＋P4)。特殊地，像比亚迪唐，如图 3-2-12 所示，以主电机(P3 电机)在前轴电驱为主，但用来增程的发动机也放在前轴，后轴只有小电机(P4 电机)。这是因为比亚迪唐的发动机除了增强动力外，还要负责增程，因此主电机(P3 电机)和发动机放在同一轴上。

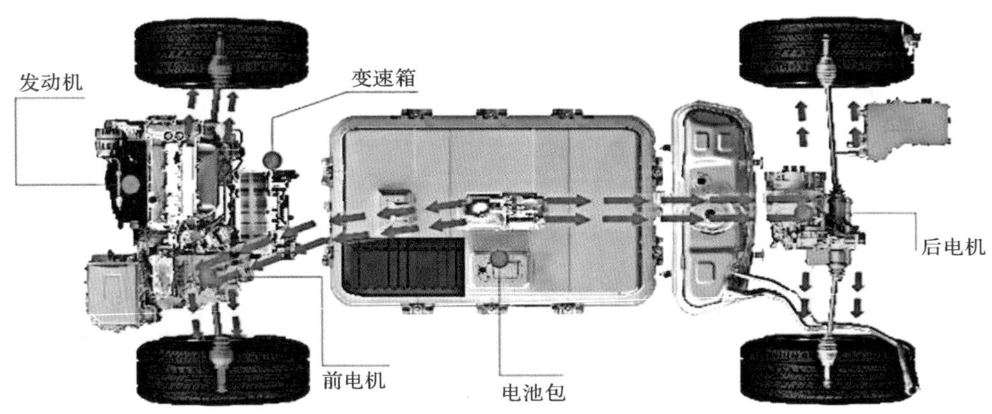

图 3-2-12 比亚迪唐的 P3＋P4 混动构型

P4架构大多应用于插电式混合动力车型，跑车用得比较多，例如保时捷918 Spyder、讴歌NSX、宝马i8等跑车。

任务3.3 串联式、并联式、混联式混合动力电动汽车

▶任务驱动

混合动力车型按照动力驱动的配置结构关系，可分为串联式混动、并联式混动和混联式混动。主控单元通过各传感器实时监测车辆状态，合理分配动力驱动形式以达到最佳燃油消耗率。据官方数据，2022款丰田卡罗拉1.2 T和1.5 L燃油先锋版的百公里油耗分别为5.5 L和5.6 L，而双擎1.8 L混合动力先锋版的百公里油耗仅为4 L，混合动力先锋版比燃油先锋版百公里油耗少了1.5 L，那么混合动力电动汽车省油的秘诀是什么？它是如何进行动力分配的呢？各工况又是如何驱动车辆的呢？

本任务要求学生熟悉混合动力电动汽车的几种不同的混动连接形式，熟悉混合动力电动汽车的几种工作模式。知识与技能要求见表3-3-1。

表3-3-1 知识与技能要求

任务内容	串联式、并联式、混联式混合动力电动汽车	学习程度		
		识记	理解	应用
学习任务	串联式混合动力电动汽车		●	
	并联式混合动力电动汽车		●	
	混联式混合动力电动汽车		●	
实训任务	收集资料，掌握串联式、并联式、混联式混合动力电动汽车的特点及不同工作模式			
自我勉励				

任务工单 分析串联式、并联式、混联式混合动力电动汽车的特点及工作情况

一、任务描述

收集混合动力电动汽车相关资料，对资料内容进行学习和讨论，通过对任务的学习，熟悉不同结构形式的混合动力电动汽车的工作原理，能够对混合动力电动汽车的

工作模式有所认知。以小组的形式总结汇报，撰写学习报告并提交给指导教师。

二、学生分组

全班学生以5～7人为一组，各组选出组长并进行任务分工，将小组成员及分工情况填入表3-3-2中。

表3-3-2 小组成员及分工情况

班级：________ 组号：________ 指导教师：________

小组成员	姓 名	学 号	任务分工
组 长			
组 员			

三、准备工作

1.资料获取

请各组组长组织组员收集相关资料，并回答以下问题。

引导问题1：什么是串联式、并联式、混联式混合动力电动汽车？

引导问题2：串联式、并联式、混联式混合动力电动汽车在不同行驶状态下的工作模式是怎样的？

引导问题3：不同结构形式混合动力电动汽车各自的优缺点是什么？

2. 制订计划

(1)根据任务内容制订工作计划,将其填入表 3-3-3 中。

表 3-3-3 工作计划

序 号	工作内容	负责人

(2)列出完成工作计划所需要的器材,将其填入表 3-3-4 中。

表 3-3-4 器材清单

序 号	名 称	型号与规格	单 位	数 量	备 注

3. 进行决策

(1)小组成员针对各自的工作计划展开讨论,并选出最佳的工作计划。

(2)指导教师根据小组的工作计划给出评价。

(3)各小组成员根据指导教师的评价对工作计划进行调整。

(4)调整合格后的工作计划即为最终实施方案。

四、工作实施

根据最终实施方案展开活动。按实际操作过程,将操作内容、遇到的问题及解决办法等填入表 3-3-5 中。

表 3-3-5 工作实施过程记录表

序 号	操作内容	遇到的问题及解决办法

五、考核评价

指导教师根据各小组表现情况完成考核评价记录表(见表 3-3-6)。

表 3-3-6 考核评价记录表

<table>
<tr><th rowspan="2">项目名称</th><th rowspan="2" colspan="2">评价内容</th><th rowspan="2">分 值</th><th colspan="3">评价分数</th></tr>
<tr><th>自 评</th><th>互 评</th><th>师 评</th></tr>
<tr><td rowspan="6">职业素养
考核项目</td><td colspan="2">无迟到、无早退、无旷课</td><td>8 分</td><td></td><td></td><td></td></tr>
<tr><td colspan="2">仪容仪表符合规范要求</td><td>8 分</td><td></td><td></td><td></td></tr>
<tr><td colspan="2">具备良好的安全意识与责任意识</td><td>10 分</td><td></td><td></td><td></td></tr>
<tr><td colspan="2">具备良好的团队合作与交流能力</td><td>8 分</td><td></td><td></td><td></td></tr>
<tr><td colspan="2">具备较强的纪律执行能力</td><td>8 分</td><td></td><td></td><td></td></tr>
<tr><td colspan="2">保持良好的作业现场卫生</td><td>8 分</td><td></td><td></td><td></td></tr>
<tr><td rowspan="3">专业能力
考核项目</td><td colspan="2">积极参加教学活动,按时完成任务工单</td><td>16 分</td><td></td><td></td><td></td></tr>
<tr><td colspan="2">操作规范,符合作业规程</td><td>16 分</td><td></td><td></td><td></td></tr>
<tr><td colspan="2">操作熟练,工作效率高</td><td>18 分</td><td></td><td></td><td></td></tr>
<tr><td colspan="3">合 计</td><td>100 分</td><td></td><td></td><td></td></tr>
<tr><td>总 评</td><td>自评(20%)+互评(20%)+师评(60%)=________</td><td>综合等级:________</td><td colspan="4">指导教师(签名):________</td></tr>
</table>

▶参考知识

3.3.1 串联式混合动力电动汽车(Series Hybrid Electric Vehicle,SHEV)

根据国标定义,串联式混合动力电动汽车是指车辆的驱动力只来源于电机的混合动力电动汽车。

1.基本结构

串联式混合动力电动汽车主要由发动机、发电机、动力蓄电池、电动机、机械传动装置(减速齿轮)等组成。串联式混合动力电动汽车驱动系统的连接方式示意图如图 3-3-1 所示。其典型结构特点如下。

(1)发动机和发电机组成的辅助动力单元,一起工作产生所需的电能。发动机和发电机之间的机械连接装置不需要离合器。

(2)发动机输出的机械能首先通过发电机转化为电能,转化后的电能一部分用来给动力电池充电,另一部分经由电动机和减速齿轮驱动车轮。

(3)只有一条驱动路线,一个发电机和一个电动机,电动机驱动车辆行驶,而发动机仅用来带动发电机发电,与驱动轮无机械连接,不直接驱动车辆。电动机用于驱动车辆和能量回收,发电机专门用于发电。

(4)属于发动机辅助型的电动汽车,发动机用于增加电动汽车的续驶里程。

目前大众比较熟知的串联式混合动力电动汽车代表车型有日产轩逸 e-POWER 等。

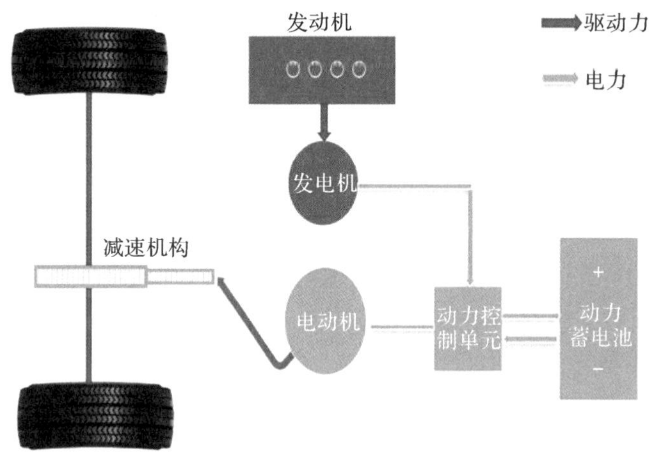

图 3-3-1 串联式混合动力系统

2. 工作模式

根据串联式混合动力系统的结构特点,该系统可以实现六种工作模式。

(1)纯电驱动模式。如图 3-3-2 所示,该模式主要用于起步、巡航等低负荷工况,若电池电量充足,发动机和发电机均不工作,由动力电池提供能量让电机驱动车辆行驶。

(2)发动机驱动和动力电池充电模式。如图 3-3-3 所示,该模式主要在车辆低负荷行驶且动力电池电量较低的工况时运行。发动机带动发电机发电,产生的电能由控制器分配,一部分输送给电动机,另一部分为动力电池充电。

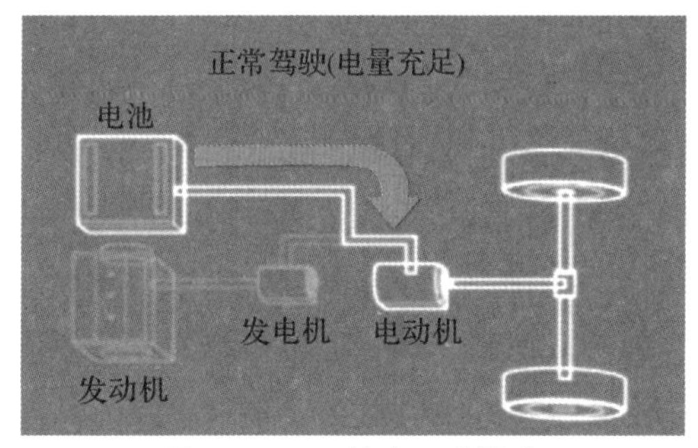

图 3-3-2 纯电驱动模式

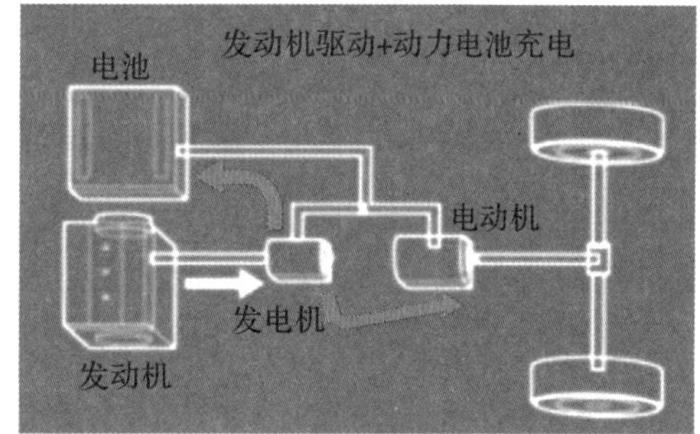

图 3-3-3 发动机驱动和动力电池充电模式

(3)混合驱动模式。如图 3-3-4 所示,该模式主要用于上坡、急加速等高负荷工况,电池电量消耗过快,电池为电动机供电的同时,发动机工作带动发电机也为电动机供电。

(4)纯发动机驱动模式。如图 3-3-5 所示,该驱动模式一般在动力电池电量充足且车辆处于中高速工况时运行。发动机带动发电机直接为电动机供能。

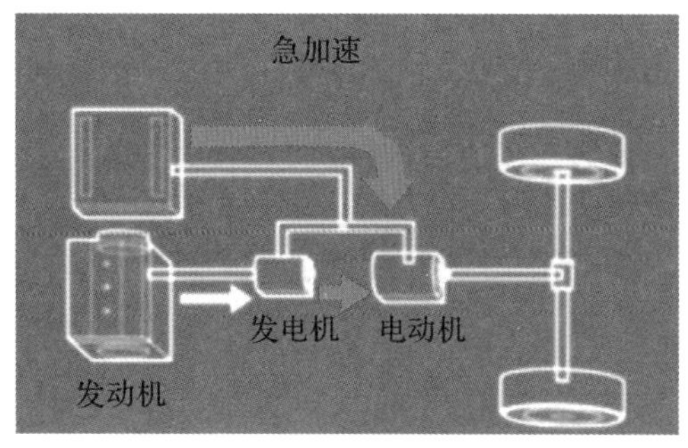

图 3-3-4　混合驱动模式

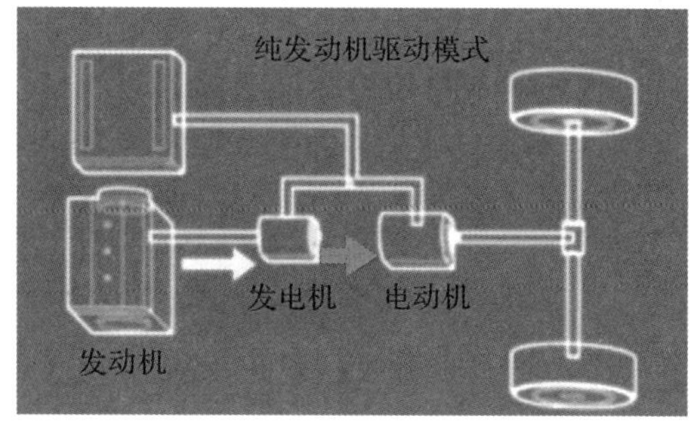

图 3-3-5　纯发动机驱动模式

(5)制动能量回收模式。如图 3-3-6 所示,该驱动模式主要在下坡、制动等工况时运行,电动机转为发电机回收多余的动能为电池充电。

(6)动力电池充电模式。如图 3-3-7 所示,该模式主要在车辆静止且动力电池电量较低的工况时运行。若电池电量不足,则发动机启动,带动发电机发电,通过控制器全部为动力电池充电,电池为电动机供电。

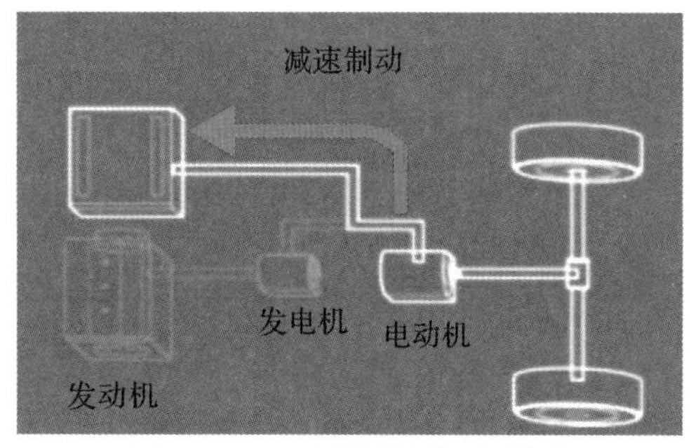

图 3-3-6　制动能量回收模式

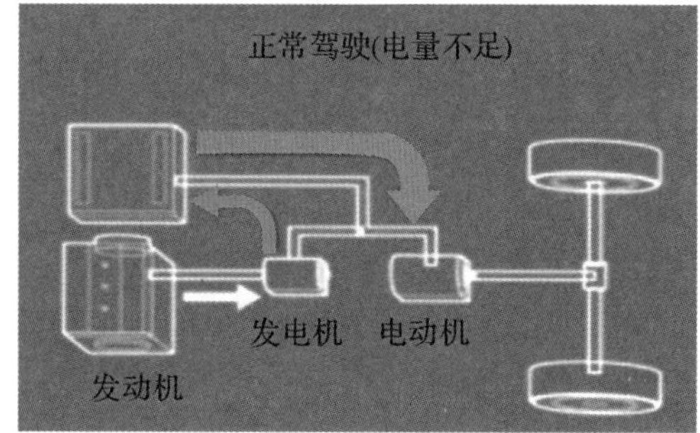

图 3-3-7　动力电池充电模式

3. 串联式混合动力电动汽车的优点

(1)串联式混合动力电动汽车更接近纯电动汽车,以电驱动为主,发动机独立于行驶工况,发动机运转始终处于高效区域,避免了低速和怠速区域工作造成能源浪费、排放差的问题。发动机和发电机可用于为动力电池充电。

(2)发动机和驱动轮之间没有机械连接,可以更好地发挥电机运转时稳定、在车上布置时有较大的自由度、高效、低污染的特点。

(3)只有电动机驱动车辆,因为电动机具有较为理想的转矩-转速特性,所以不需要多挡传动装置,从而使结构大为简化。

(4)动力电池的储能作用能够根据驱动功率的需求对电机进行功率的补充,因此可以选择功率较小的发动机。

4. 串联式混合动力电动汽车的缺点

(1)电动机驱动力必须能够克服车辆行驶过程中的最大阻力,故要求电动机的功率较大,动力电池容量大,尺寸增加,布置空间增大。

(2) 发动机-发电机-电动机系统在机械能-电能-机械能的转换过程中,能量损失较大;动力电池的充放电过程中存在能量损耗,也经常不在满负荷状态下运行,能量转换的综合效率比燃油汽车低。

(3)发动机和发电机与动力电池之间的匹配要求较严格,除满足电动机的输出功率外,应能根据动力电池荷电状态的变化,自动启动或关闭发动机,以避免动力电池过放电和过充电,因此需要更大容量的动力电池。

3.3.2 并联式混合动力电动汽车(Parallel Hybrid Electric Vehicle,PHEV)

根据国标定义,并联式混合动力电动汽车是指车辆的驱动力由电动机及发动机同时或单独供给的混合动力电动汽车。

1.基本结构

并联式混合动力电动汽车主要由发动机、电动机、动力电池、机械传动装置(减速齿轮)等组成。

并联式混合动力驱动系统采用发动机和电动机两套独立的驱动系统驱动车轮。发动机和电动机通常通过不同的离合器来驱动车轮,可以采用发动机单独驱动、电动机单独驱动或者发动机和电动机混合驱动三种工作模式。

由于发动机和电动机的功率可以叠加,因此可选择较小的发动机和电动机,当发动机提供的功率大于车辆所需驱动功率或者当车辆制动时,电动机工作于发电机状态,给蓄电池充电。当车辆在低负荷状态下,发动机燃油经济性相对较差,并联式混合动力电动汽车的发动机此时可以被关闭,而只用电动机来驱动汽车,或者增加发动机的负荷使电动机作为发电机,给蓄电池充电(即一边驱动汽车,一边充电)。由于并联式混合动力电动汽车在稳定的高速下发动机具有比较高的效率和相对较小的质量,所以它在高速公路上行驶具有比较好的燃油经济性。

并联式混合动力电动汽车驱动系统连接示意图如图3-3-8所示。其典型结构特点如下。

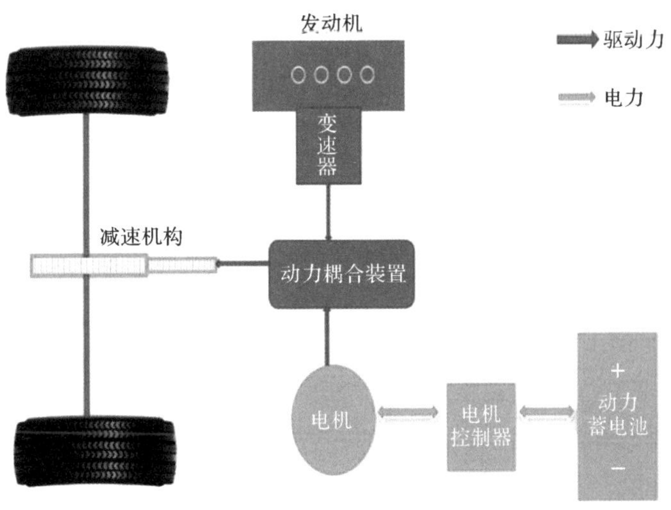

图3-3-8 并联式混合动力系统

(1)发动机和电机可以单独驱动车辆行驶,无须进行能源的二次转换。

(2)并联式混合动力电动汽车的工作模式较多,可以适应多种工况。

(3)有电动机的辅助,可以降低排放和综合油耗。

(4)当发动机提供的动力大于车辆所需的动力,多余能量会通过电机发电给动力电池充电。

并联式混合动力电动汽车典型车型有本田 Insight、思域、雅阁(七代)等。

2. 工作模式

根据并联式混合动力系统的结构特点,以本田 IMA 系统为例,该系统属于中度混合动力,可以实现五种工作模式。

(1)纯电驱动模式。如图 3-3-9 所示,在低速行驶的情况下,若动力电池电量充足,则通过电机来单独驱动车辆,发动机不工作。当车辆低速行驶时,发动机经济性较差,因此发动机停止工作,由蓄电池提供能量,车辆能进行全电力驱动,但往往速度不能过高(以本田 IMA 系统为例,速度不高于 40 km/h)。当动力电池电量较低时,应切换到行车充电模式。

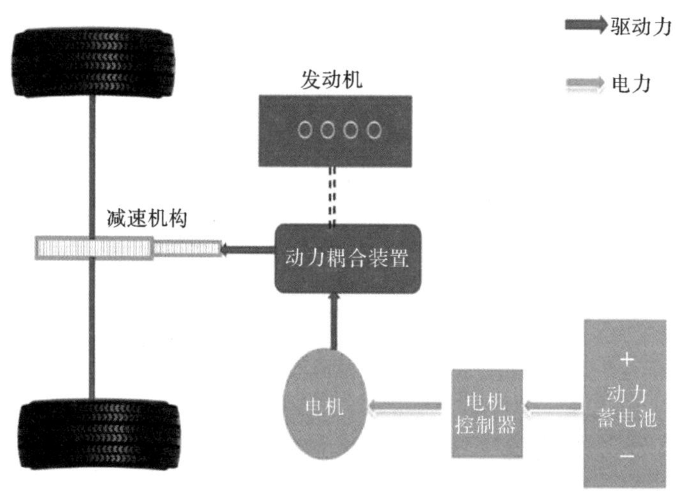

图 3-3-9　纯电驱动模式

(2)纯发动机驱动模式。如图 3-3-10 所示,当行驶所需要的功率达到发动机的高效工作区间对应的功率,并联式混合动力电动汽车以高速平稳运行,则完全由发动机驱动,电机退出工作。

(3)混合驱动模式。如图 3-3-11 所示,当需要较大输出功率时,发动机和电机一起进行驱动。其中车辆在起步加速阶段、急加速、爬坡等行驶阶段,发动机与电机共同出力,优先将发动机保持在最高效率工作区间,然后再逐渐加大电机的输出功率。如果此时依然不足以支撑动力输出,变速器就会介入进行降挡来提高转速以及增加输出功率。

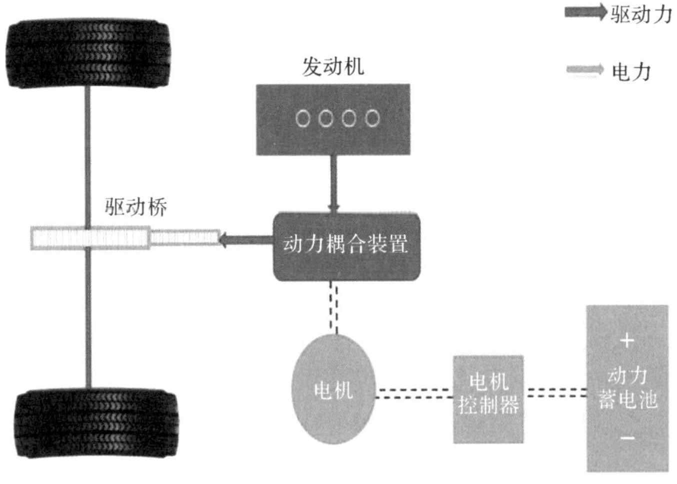

图 3-3-10 纯发动机驱动模式

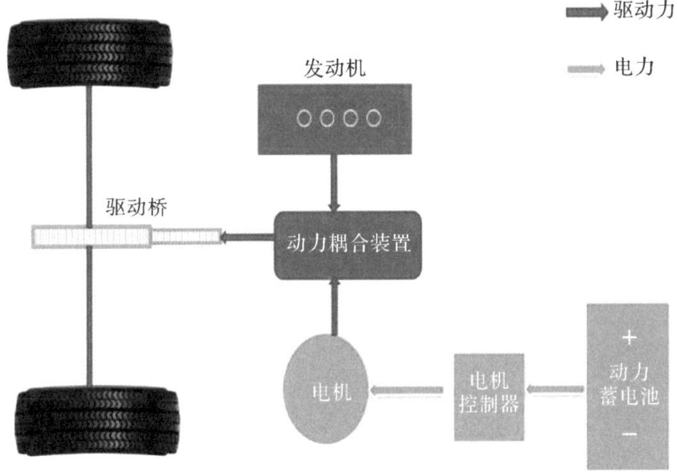

图 3-3-11 混合驱动模式

(4)发动机充电模式。如图 3-3-12 所示，当需要较小功率时，通过选择挡位，让发动机以最优状态工作驱动汽车，同时多余的功率带动电机，此时电机作为发电机给电池充电。该模式也可用于车辆静止状态。

(5)制动能量回收模式。如图 3-3-13 所示，下坡减速或制动时，发动机不工作，电机辅助制动的同时作为发电机发电，将回收车辆动能然后为动力电池充电。

3. 并联式混合动力电动汽车的优点

(1)动力电池容量较小，可减轻整车质量，降低油耗。

(2)电机可以辅助发动机输出动力，使发动机工作在高效率状态下，还可以为动力电池充电，延长续驶里程。

(3)与串联式混合动力电动汽车相比，由于只有发动机和一个电机，因此结构更简单，质量和体积也更小。发动机和电机可以直接驱动车辆，减少能量在传递过程中的损失，因此能量的综合利用效率比串联式混合动力电动汽车高。

(4)布置两套动力传递路线，可根据不同工况选择不同动力组合，适应性和可靠性更好，高负荷时发动机与电机耦合，具备良好的动力性。

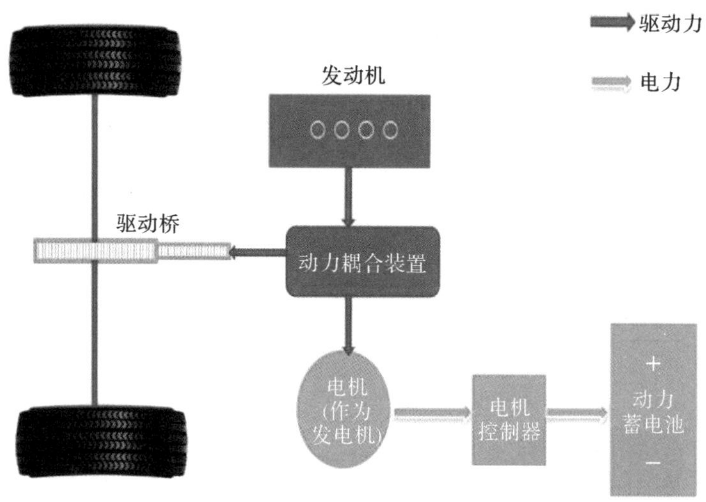

图 3-3-12　发动机充电模式

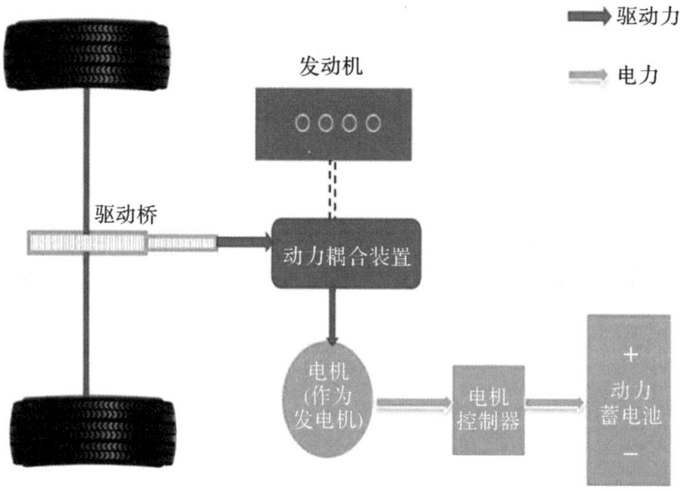

图 3-3-13　制动能量回收模式

4. 并联式混合动力电动汽车的缺点

(1)并联式混合动力电动汽车结构布置形式和传统燃油汽车类似，动力性也非常接近，因此相对于串联式混合动力电动汽车而言，有害气体排放较多。

(2)控制系统相对复杂，驱动系统结构复杂，多种模式之间切换以及两种动力耦合较为复杂。

(3)并联式混合动力电动汽车的发动机可以独立驱动车辆行驶，但是由于只有一个电机，没有独立的发电机，因此无法实现在混合驱动模式下给动力电池充电，即如果动力电池没电了，汽车就只能靠发动机驱动。

(4)并联混动系统往往纯电行驶里程较短。

(5)油耗相对难控制，并联式混合动力电动汽车通常只有一台电机，电机不能同时发电和驱动车轮。因此，发动机与电机共同驱动车轮的工况不能持久。持续加速时，电池的能量会很快耗尽，从而转为发动机直驱的模式，发动机不能保证一直在最佳转速下工作，油耗升高。

3.3.3 混联式混合动力电动汽车(Combined Hybrid Electric Vehicle，CHEV)

根据国标定义，混联式混合动力电动汽车是指同时具有串联式和并联式驱动方式的混合动力电动汽车。

1. 基本结构

混联式混合动力电动汽车主要由发动机、发电机、动力蓄电池、电动机、动力分配装置、机械传动装置(减速齿轮)等组成。

混联式混合动力电动汽车驱动系统的连接方式示意图如图 3-3-14 所示。混联式混合动力电动汽车在并联式混合动力电动汽车的基础上又加入了一个发电机，同时它也没有常规的变速器，而是采用行星齿轮结构的动力分配装置，起到连接、切换两种动力以及降速增矩的作用，同时也实现了无级变速。也有一些汽车生产企业在混联式混合动力结构中使用普通变速器，如双离合变速器、无级变速器(Continuously Varible Transmission，CVT)等。其典型结构特点如下。

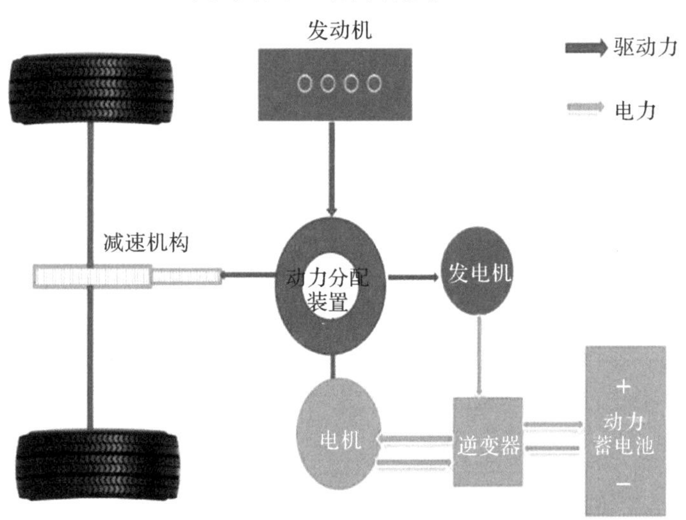

图 3-3-14 混联式混合动力系统

(1)将串联式和并联式混合动力电动汽车相结合，具有两者的优点。

(2)与串联式混合动力电动汽车相比，增加了机械动力的传递路线。

(3)与并联式混合动力电动汽车相比，增加了发电机，增加了电能的传输路线。

目前,市面有许多车型都采用了混联式混合动力结构,包括丰田普锐斯1～4代、凯美瑞双擎、雷克萨斯CT200、比亚迪秦PLUS DM-i等车型。

2. 工作模式

根据混联式混合动力系统的结构特点,该系统可以实现八种工作模式。

(1)纯电驱动模式。如图3-3-15所示,当汽车启动及低速行驶时,如果动力电池电量充足,那么车辆由电机单独驱动,发动机不工作。这种模式中动力电池、电机为驱动主体,动力电池提供电能给电机,电机驱动车辆行驶。

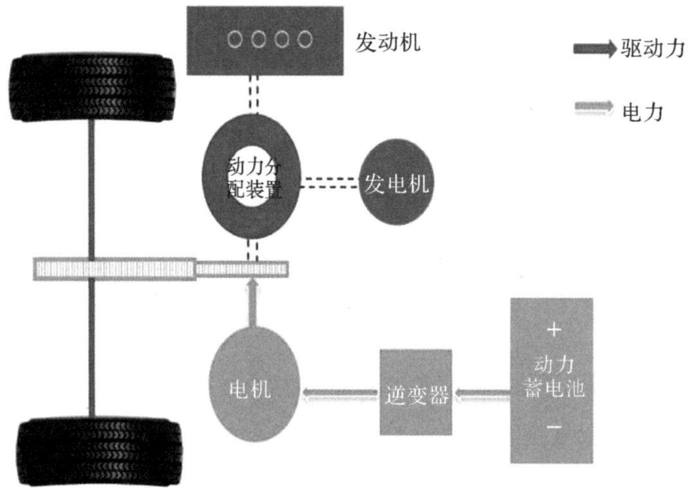

图3-3-15 纯电驱动模式

(2)纯发动机驱动模式。如图3-3-16所示,发电机、电机关闭,车辆驱动力仅由发动机提供,动力电池也处于不工作状态,既不充电也不放电。该模式适用于发动机经济转速区间,即适用于巡航车速。

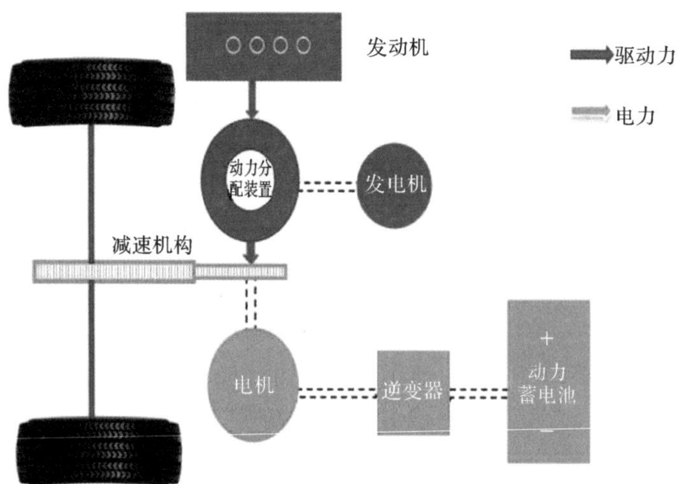

图3-3-16 纯发动机驱动模式

(3)串联驱动模式。如图3-3-17所示,该模式一般应用于两种工况:一是低速区间,大功率驱动工况,如连续爬坡等,此时依照工作状况设定,由电动机驱动,将会消耗大量的电,需要发动机为蓄电池补充电;二是蓄电池电能不足,低于预设值,发动机需要为蓄电池及时补充电能。汽车以串联驱动模式行驶时,发动机工作在经济区且输出恒定功率。

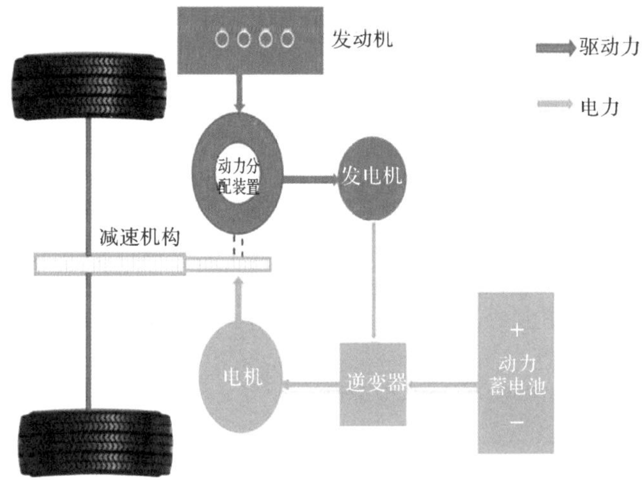

图 3-3-17 串联驱动模式

(4)并联驱动模式。如图 3-3-18 所示,发动机和电机同时工作,能提供较大的动力输出,而发电机不工作,该模式通常适合于工作在中低速加速和高速区。

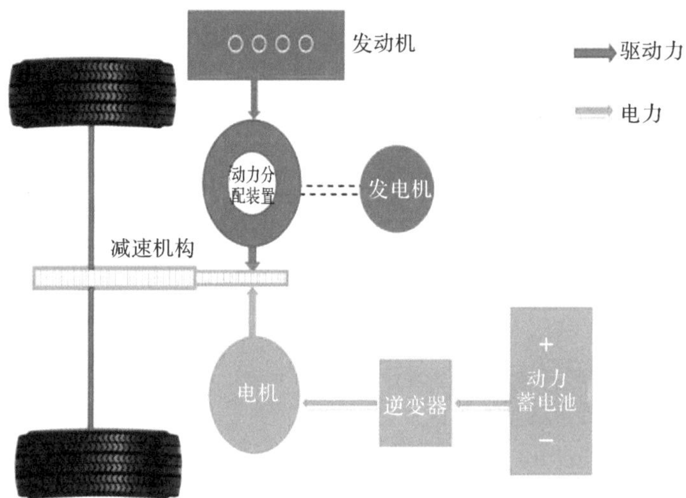

图 3-3-18 并联驱动模式

(5)全加速驱动模式。如图 3-3-19 所示,发动机、发电机、电机同时工作,此时电机不仅从发电机获取电能,还要从动力电池获取电能,来增大输出辅助驱动力,增加动力,保证充足的功率输出。该模式往往用于极限车速、超车时。

(6)行车充电模式。如图 3-3-20 所示,发动机保持工作状态,除了提供车辆行驶的动力以外,还通过发电机向动力电池充电。

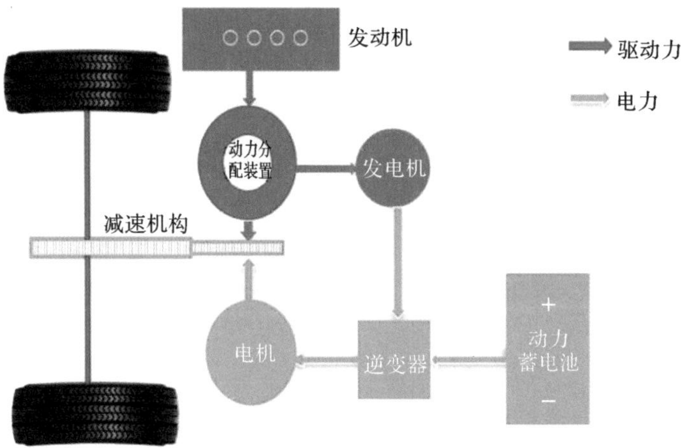

图 3-3-19　全加速驱动模式

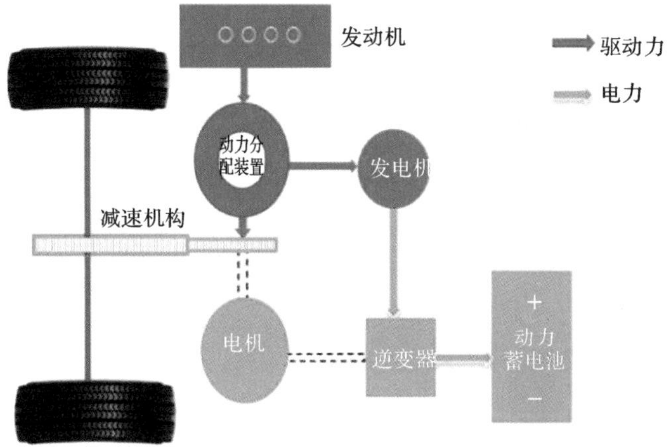

图 3-3-20　行车充电模式

(7)停车充电模式。如图 3-3-21 所示，该模式用于车辆静止状态，发动机通过动力分配装置带动发电机发电，向动力电池充电。

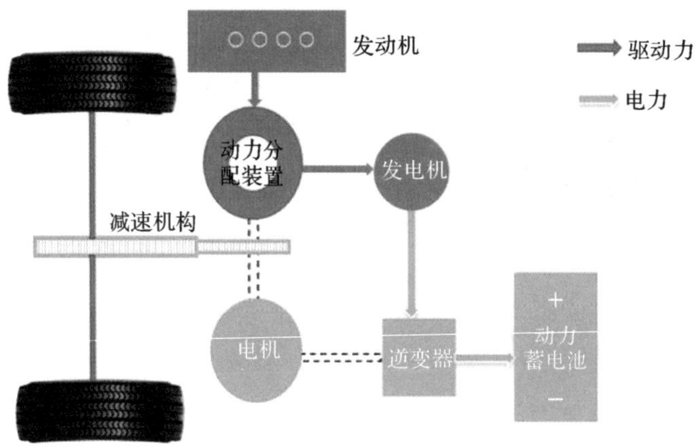

图 3-3-21　停车充电模式

(8)制动充电模式。如图 3 - 3 - 22 所示,在减速或制动时,利用电机的再生制动作用,电机作为发电机发电,给动力电池充电,同时产生制动力辅助汽车减速。

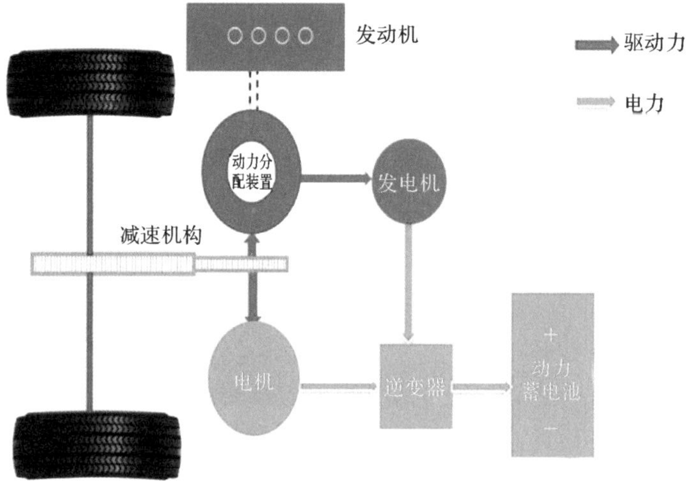

图 3 - 3 - 22 制动充电模式

3. 混联式混合动力电动汽车的优点

(1)与串、并联式混合动力电动汽车相比,结构更加紧凑,拥有更大总功率的同时,缩减了整车质量和体积。

(2)拥有多种工作模式,可以灵活利用发动机和电机的特性,使车辆达到最经济、节能、环保的状态。

(3)没有繁复的能量转换过程,发动机可以直接驱动车辆,也可以直接为动力电池充电,能量转换的综合效率比传统燃油汽车更高。

(4)电机可以独立驱动车辆行驶,利用电机低速大转矩的特性,带动车辆起步,更加清洁环保,噪声小,舒适性高。

4. 混联式混合动力电动汽车的缺点

(1)需要配备两套驱动系统,发动机需要配套一个完整的传动系统,电机也需要配备减速器,两者之间需要一套高效可靠的动力合成装置,因此,总体结构复杂,布置比较困难,成本高。

(2)工作逻辑复杂,控制要求高,对整车控制的策略复杂。相比单一的串联式和并联式,包括丰田 THS、本田 i-MMD 混动系统和吉利 GHS 混动系统等混联式对系统的匹配和调校要求也就更高。

(3)混联式混合动力电动汽车更偏向于以发动机作为主要动力源。特殊工况下造成的污染相比于串联式更高。

任务 3.4 增程式电动汽车

任务驱动

2020 年 10 月，国务院办公厅印发的《新能源汽车产业发展规划(2021—2035 年)》将 REEV 列为“三纵”之一，布局整车技术创新链。主流增程式电动汽车综合续驶里程可达 1 000 km 以上，那么究竟什么样的车才能称为“增程式”?

本任务要求学生熟悉增程式电动汽车的结构，掌握增程式电动汽车的工作模式。知识与技能要求见表 3-4-1。

表 3-4-1 知识与技能要求

任务内容	增程式电动汽车	学习程度		
		识记	理解	应用
学习任务	增程式电动汽车的定义		●	
	增程式电动汽车的结构组成	●		
	增程式电动汽车的工作模式		●	
实训任务	增程式电动汽车的发展现状			●
自我勉励				

任务工单 分析增程式电动汽车工作原理和发展趋势

一、任务描述

收集增程式电动汽车相关资料，对资料内容进行学习和讨论，通过对任务的学习，熟悉增程式电动汽车的结构与工作原理，能够对增程式电动汽车的工作模式有所认知，并分析增程式电动汽车的发展趋势，以小组的形式总结汇报，撰写学习报告并提交给指导教师。

二、学生分组

全班学生以 5～7 人为一组，各组选出组长并进行任务分工，将小组成员及分工情况填入表 3－4－2 中。

表 3－4－2 小组成员及分工情况

班级：________ 组号：________ 指导教师：________

小组成员	姓　名	学　号	任务分工
组　长			
组　员			

三、准备工作

1. 资料获取

请各组组长组织组员收集相关资料，并回答以下问题。

引导问题 1：什么是增程式电动汽车？

引导问题 2：增程式电动汽车的组成有哪些？

引导问题 3：增程式电动汽车的工作模式是怎样的？

引导问题 4：增程式电动汽车发展的趋势是什么？

2. 制订计划

(1)根据任务内容制订工作计划，将其填入表 3－4－3 中。

表 3-4-3 工作计划

序 号	工作内容	负责人

(2)列出完成工作计划所需要的器材，将其填入表 3-4-4 中。

表 3-4-4 器材清单

序 号	名 称	型号与规格	单 位	数 量	备 注

3.进行决策

(1)小组成员针对各自的工作计划展开讨论，并选出最佳的工作计划。

(2)指导教师根据小组的工作计划给出评价。

(3)各小组成员根据指导教师的评价对工作计划进行调整。

(4)调整合格后的工作计划即为最终实施方案。

四、工作实施

根据最终实施方案展开活动。按实际操作过程，将操作内容、遇到的问题及解决办法等填入表 3-4-5 中。

表 3-4-5 工作实施过程记录表

序 号	操作内容	遇到的问题及解决办法

五、考核评价

指导教师根据各小组表现情况完成考核评价记录表(见表 3-4-6)。

表 3-4-6 考核评价记录表

<table>
<tr><th rowspan="2">项目名称</th><th rowspan="2" colspan="2">评价内容</th><th rowspan="2">分 值</th><th colspan="3">评价分数</th></tr>
<tr><th>自 评</th><th>互 评</th><th>师 评</th></tr>
<tr><td rowspan="6">职业素养考核项目</td><td colspan="2">无迟到、无早退、无旷课</td><td>8 分</td><td></td><td></td><td></td></tr>
<tr><td colspan="2">仪容仪表符合规范要求</td><td>8 分</td><td></td><td></td><td></td></tr>
<tr><td colspan="2">具备良好的安全意识与责任意识</td><td>10 分</td><td></td><td></td><td></td></tr>
<tr><td colspan="2">具备良好的团队合作与交流能力</td><td>8 分</td><td></td><td></td><td></td></tr>
<tr><td colspan="2">具备较强的纪律执行能力</td><td>8 分</td><td></td><td></td><td></td></tr>
<tr><td colspan="2">保持良好的作业现场卫生</td><td>8 分</td><td></td><td></td><td></td></tr>
<tr><td rowspan="3">专业能力考核项目</td><td colspan="2">积极参加教学活动,按时完成任务工单</td><td>16 分</td><td></td><td></td><td></td></tr>
<tr><td colspan="2">操作规范,符合作业规程</td><td>16 分</td><td></td><td></td><td></td></tr>
<tr><td colspan="2">操作熟练,工作效率高</td><td>18 分</td><td></td><td></td><td></td></tr>
<tr><td colspan="3">合 计</td><td>100 分</td><td></td><td></td><td></td></tr>
<tr><td>总 评</td><td>自评(20%)+互评(20%)+师评(60%)=________</td><td>综合等级:________</td><td colspan="4">指导教师(签名):________</td></tr>
</table>

▶参考知识

1. 增程式电动汽车的定义

我国现行国家标准《电动汽车术语》(GB/T 19596—2017)对增程式电动汽车的定义是:一种在纯电动模式下可以达到其所有的动力性能,而当车载可充电储能系统无法满足续驶里程要求时,打开车载辅助供电装置为动力系统提供电能,以延长续驶里程的电动汽车,且该车载辅助供电装置与驱动系统没有传动轴(带)等传动连接。

增程车辆应至少有两种模式,即纯电模式与"增程补能模式",且该"辅助供电装置"是独立于驱动系统的(即不参与任何车辆驱动的直接传动,也就是仅用于给电池充电,可以简单理解为"充电宝")。

2. 增程器与电气架构

如图 3-4-1 所示,增程式电动汽车主要由增程器、电源系统、驱动电机系统、整车控制系统、功率调节器等组成。增程器与整车传动并无机械连接，仅有电气连接，而插电混合动力车辆的发动机是与传动系统有直接连接的。

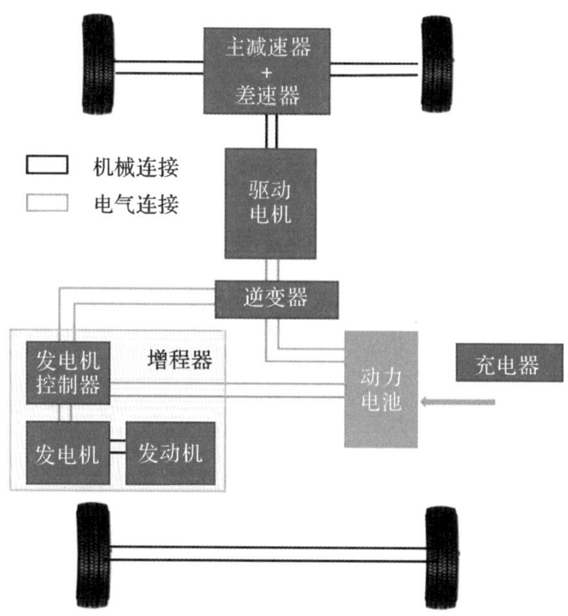

图 3-4-1　增程式电动汽车示意图

(1)增程器。增程器作为新能源汽车重要的动力组成部分，主要由增程器控制器、发动机、发动机控制系统(Engine Management System，EMS)、发电机、发电机控制器(Generator Controller Unit，GCU)五部分构成。增程器在功能上相当于一个车载充电系统，它是增程式电动汽车驱动系统的关键组件。发动机、发电机系统与驱动车轮在机械上是分离的，发动机的转速和转矩与车速和牵引转矩的需求无关，因此可控制发动机运行在最佳工况区，此时发动机的油耗和排放降到最低程度，可以实现最佳的发动机运行状态。

增程器系统中发动机与传统发动机有所区别，因为增程器工作的工况无须覆盖传统车上的所有工况，例如：传统车上发动机的启动需要启动机，而增程发动机的启动是由发电机(集成启动发电一体机)完成的，所以该发动机上是不需要启动机的，为了提高系统效率，往往需要对传统发动机进行优化设计，如使用阿特金森循环的发动机、提高压缩比等优化方式。发电机与发动机通过双质量飞轮(老式的也有单质量飞轮＋离合器)连接后的总成即为增程器。

(2)电气架构。存在三种增程式电气架构，具体如下。

架构一，如图 3-4-2 所示，增程管理系统(Range Extender Management System，REMS)挂于整车公共 CAN 上，接收电池和整车的信息，然后控制协调发动机管理系统和发电机控制器,从而进行增程器发电给电池充电。此类架构只需进行 REMS 开发即可,EMS、GCU 不直接接入公共 CAN,而是通过 REMS 进行转发。

架构二,如图 3-4-3 所示,取消 REMS,将增程控制功能集成到 EMS、GCU 或整车控制系统(VCU)中,根据各车企对于各零部件的协调程度与开发费用而定,无特别优劣之分,制造成本降低,但同时对于软/硬件要求提高,开发费用提高。

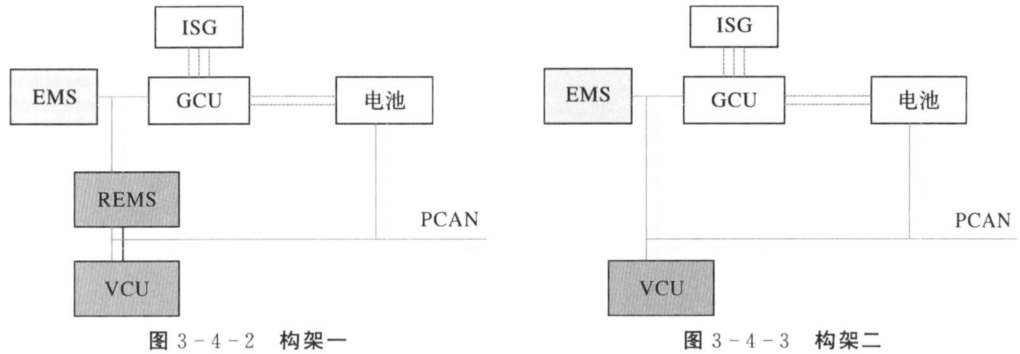

图 3-4-2 **构架一**　　**图** 3-4-3 **构架二**

架构三,如图 3-4-4 所示,取消 EMS、REMS,发动机控制功能与增程控制功能集成到 VCU,需对 VCU 重新开发,硬/软件要求进一步提升,制造成本降低。

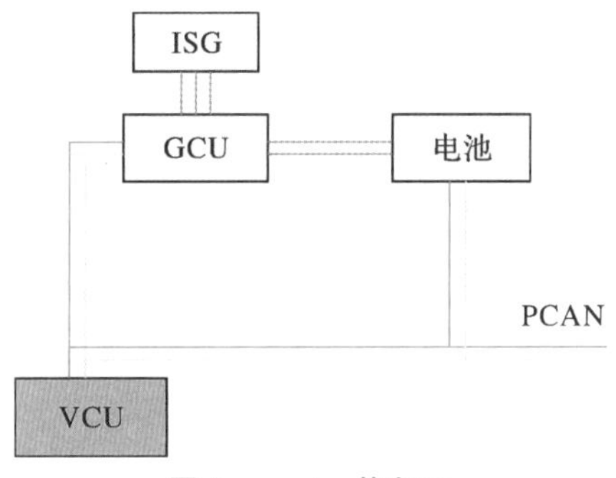

图 3-4-4 **构架三**

3. 增程器的工作情况

增程器控制器是控制整套增程器系统的“大脑”,它接受整车控制器的指令,根据整车控制器的发电功率请求,增程器控制器给发动机控制器及发电机控制器发送转速和扭矩需求,发动机与发电机根据各自的控制器的指令进行工作,增程器控制器对发动机控制系统、发动机、电机控制系统和电机的运行状况进行实时监控,并发送实时调整指令,通过执行器实现工况的运行,保证系统的安全可靠。发动机控制系统是发动机运行控制的“大脑”,它在运行时接收发动机上所有传感器所发送的信息,还接收增程器控制器的指令将这些信息分析处理后,通过控制相应的执行器来调整发动机的运行状态,确保发动机的稳定运行同时满足排放、经济性和动力性要求。增程电动汽车系统结构示意图如图 3-4-5 所示。

电机控制器根据增程器控制器的 CAN 指令，可以对电机实现恒转速或者恒扭矩控制，通过增程器系统优化匹配，调整各功率点的转速、扭矩，使电机高效率运行，电机和 GCU 在指定工况下高效率运行。

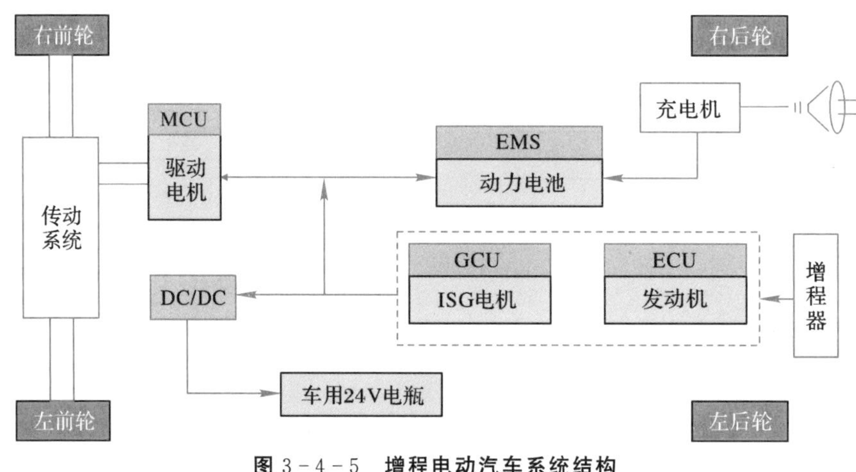

图 3-4-5　增程电动汽车系统结构

4. 增程式电动汽车的特点

在动力电池技术出现颠覆性创新之前，REEV 的发展对实现节能减排、落实双碳目标、缓解能源危机具有一定意义。其优点如下。

(1)运行平稳，噪声小，有良好的驾驶体验感。增程式电动汽车在电量充足的情况下由电池驱动，由于发动机不直接驱动车轮，转速相对固定，避免了发动机和变速器转速不匹配出现的顿挫，驾驶感受平顺，NVH(Noise，噪声；Vibration，振动；Harshness，声振粗糙度)性能表现出色。

(2)能量转化率高。增程器采取以大功率电机驱动、动力电池与发动机辅助发电供能的架构，百公里加速时间比同级别燃油汽车普遍快 2～3 s。

(3)使用成本较低，动力好，油耗低。在行驶的过程中，增程器受整车控制器的控制一直工作在最佳状态，可以让发动机始终维持在一个节能高效的转速区间，同时可以制动能量回收，从而达到节油的目的。

(4)控制策略优异。整车中低速行驶或加速时，如动力电池 SOC 值较高，整车控制策略会智能地将驱动模式切换为纯电动优先。

以理想 ONE 为例，采用增程四驱电动平台，可实现 180 km 的纯电续驶里程、800 km 的综合续驶里程。长途驾驶高效的增程系统能够使综合油耗降至 1.5 L/100 km。当前，以理想汽车(理想 ONE、L8、L9)、深蓝 SL03、问界 M5 和 M7、哪吒 S、赛力斯 SF5 等为代表，国内增程式电动乘用车产品越来越多。

5. 增程式电动汽车的发展

如图 3-4-6 所示，根据近几年的发展情况来看，增程式电动汽车销售占比逐年提高，增程式技术在各类货车、客车、皮卡、房车和专用车上搭载应用技术也更加成熟。增程式电动汽车发展有以下趋势。

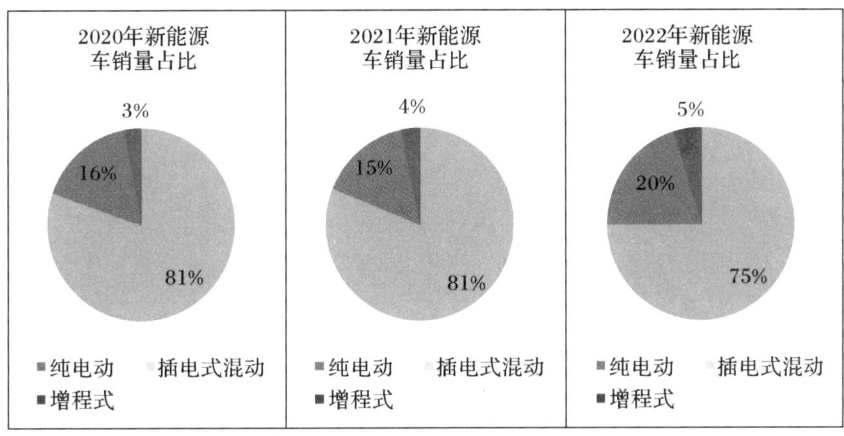

图 3-4-6 增程式电动汽车的发展

(1)增程器燃料呈多元化发展，包含汽油、柴油、天然气、甲醇等。

(2)可结合需求匹配不同动力。例如：冷链、物流运输匹配大容量动力电池，降低综合使用成本；市政环卫及改装市场匹配中容量动力电池，降低购置成本及自重。

(3)增程器系统集成化，将发动机、发电机、控制器等核心零部件进行合理的集成匹配，实现增程器的高效发电。

当前，国内增程式电动商用车产品不断丰富，以吉利远程增程式轻型货车、比亚迪增程式轻型货车、陕西重汽增程式中型货车等为代表。

任务 3.5 混合动力电动汽车的典型案例

▶任务驱动

混动技术经过多年的发展和积累已逐步走向成熟，混合动力车型渗透率已大幅提升，随着自主品牌、新势力以及科技公司混合动力产品的不断更新，不同的混动系统具有不同的特性，适用于不同的应用场景，自主品牌也相继推出了专为混动车型设计开发的专用架构。作为工作人员，更需要清晰地认知典型混合动力系统，为客户提供更好的设计、更严谨的制造和更好的服务等。

本任务要求学生掌握典型混动车型的工作原理，熟悉其结构与特点等。知识与技能要求见表 3－5－1。

表 3－5－1　知识与技能要求

任务内容	混合动力电动汽车的典型案例	学习程度		
		识记	理解	应用
学习任务	丰田普锐斯混动系统组成	●		
	丰田普锐斯混动系统工作过程		●	
	比亚迪 DM－i 混动系统认知		●	
实训任务	分析比亚迪 DM－i 混动系统的工作情况			●
自我勉励				

任务工单　分析典型的混合动力系统

一、任务描述

收集混合动力电动汽车相关资料，对资料内容进行学习和讨论，熟悉典型混合动力电动汽车的技术特点及工作过程，能够对不同混动车型的混动系统有所认知。以小组的形式总结汇报，撰写学习报告并提交给指导教师。

二、学生分组

全班学生以 5～7 人为一组，各组选出组长并进行任务分工，将小组成员及分工情况填入表 3－5－2 中。

表 3－5－2　小组成员及分工情况

班级：________　　组号：________　　指导教师：________

小组成员	姓　名	学　号	任务分工
组　长			
组　员			

三、准备工作

1.资料获取

请各组组长组织组员收集相关资料,并回答以下问题。

引导问题 1:丰田普锐斯具有哪些工作模式?

引导问题 2:比亚迪秦混动系统的工作原理是什么?

引导问题 3:请分小组了解其他混合动力系统有哪些,以及其工作过程是怎样的。

2.制订计划

(1)根据任务内容制订工作计划,将其填入表 3-5-3 中。

表 3-5-3 工作计划

序号	工作内容	负责人

(2)列出完成工作计划所需要的器材,将其填入表 3-5-4 中。

表 3-5-4 器材清单

序号	名称	型号与规格	单位	数量	备注

3.进行决策

(1)小组成员针对各自的工作计划展开讨论,并选出最佳的工作计划。

(2)指导教师根据小组的工作计划给出评价。

(3)各小组成员根据指导教师的评价对工作计划进行调整。

(4)调整合格后的工作计划即为最终实施方案。

四、工作实施

根据最终实施方案展开活动。按实际操作过程,将操作内容、遇到的问题及解决办法等填入表 3－5－5 中。

表 3－5－5 工作实施过程记录表

序 号	操作内容	遇到的问题及解决办法

五、考核评价

指导教师根据各小组表现情况完成考核评价记录表(见表 3－5－6)。

表 3－5－6 考核评价记录表

项目名称	评价内容	分 值	评价分数		
			自 评	互 评	师 评
职业素养考核项目	无迟到、无早退、无旷课	8 分			
	仪容仪表符合规范要求	8 分			
	具备良好的安全意识与责任意识	10 分			
	具备良好的团队合作与交流能力	8 分			
	具备较强的纪律执行能力	8 分			
	保持良好的作业现场卫生	8 分			
专业能力考核项目	积极参加教学活动,按时完成任务工单	16 分			
	操作规范,符合作业规程	16 分			
	操作熟练,工作效率高	18 分			
合 计		100 分			
总 评	自评(20%)+互评(20%)+师评(60%)=________	综合等级:________	指导教师(签名):________		

▶参考知识

3.5.1 丰田混合动力系统

1. 丰田混合动力系统概述

丰田普锐斯是第一辆混联型的混合动力电动汽车。丰田普锐斯作为首款全球销量最高的混合动力电动汽车，其结构与工作原理具有典型性。丰田混合动力系统(Toyota Hybrid System，THS)是典型的混联式强(重)混合动力系统。国产的主要THS混合动力车型有普锐斯、凯美瑞、卡罗拉双擎和雷凌双擎。

(1)丰田普锐斯混动系统组成。如图3-5-1所示，丰田普锐斯动力结构主要组成部分是发动机、电机、逆变器、行星齿轮组、动力控制单元和HV蓄电池等。其中发电机、电动机和行星齿轮机构集中在混合动力传动桥中。电机既可以做电动机又可以做发电机，分别为MG1、MG2。行星齿轮将两个电机和发动机有机地联系起来。

混动的核心组成部分是发动机、发电机、电动机和行星齿轮组所组成的动力分配系统，在动力控制单元的智能调控下，行星齿轮机构对它们之间的功率和扭矩进行分配。

该混动系统不需要外接电源充电，电池的电能来源于发电机，发电机的动力来自发动机。发电机不仅可以给电动机供电、给电池充电，还可以作为发动机的启动电机；电动机不仅可以驱动车辆行驶，还会在减速或制动时，回收动能来给动力电池充电，起到发电机的作用。

(2)动力电池。如图3-5-2所示，丰田HEV上搭载镍氢蓄电池，输出输入功率密度高，且无须像插电式混合动力电动汽车和电动汽车那样由外部电源进行充电，也不需要定期更换。

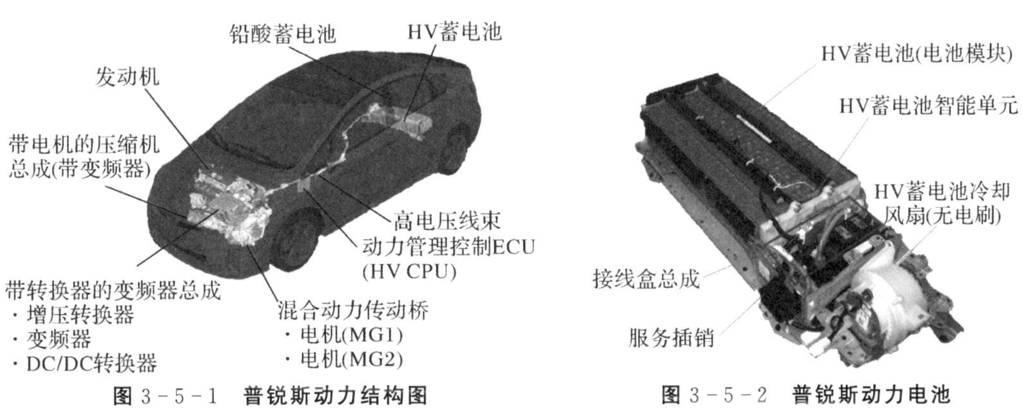

图3-5-1 普锐斯动力结构图

图3-5-2 普锐斯动力电池

(3)HEV变速驱动桥。如图3-5-3所示，丰田混合动力系统为了产生动力和进行发电，在HEV变速驱动桥内安装了电动机和发电机。

图 3-5-3 普锐斯动力系统

THS 的关键也是最为复杂的部件就是由 2 台永磁同步电机及行星齿轮机构组成的动力分配系统。THS 中带有 2 台电机，即 MG1 和 MG2。MG1 主要用于发电，必要时可驱动汽车，MG2 主要用于驱动汽车。MG1、MG2 及发动机输出轴被连接到一套行星齿轮机构的太阳轮、齿圈和行星架上，创新了动力分配方式，因此 THS 甚至不需要变速器，发动机输出经过固定减速机构减速后直接驱动车轮。

2. THS 各工况及传动过程

(1)启动阶段。当汽车启动或是轻负载，充分利用电动机启动时的低速恒扭矩，TOYOTA 油电混合动力系统仅由 HV 蓄电池提供能量，这时发动机并不运转。因为发动机不能在低转速下输出大扭矩，而电动机可以灵敏、顺畅、高效地进行启动。只依靠电动机来带动车辆行驶，此时就是纯电驱动，这个模式非常适合在城市拥堵路况行驶。不过需要注意的是，THS 中的蓄电池容量较小，例如第八代凯美瑞双擎的电池容量仅有 1.6 kW · h，行驶里程在 3 km 左右，仅限于起步、低速行驶以及停靠车辆时使用，并能做到真正意义上的零排放。

发动机启动预热时，电流流入 MG2 通过电磁力固定行星齿轮的齿圈，MG1 作为启动机转动太阳轮，太阳轮带动行星架转动，与行星架连接的发动机曲轴转动，发动机启动，如图 3-5-4 所示。

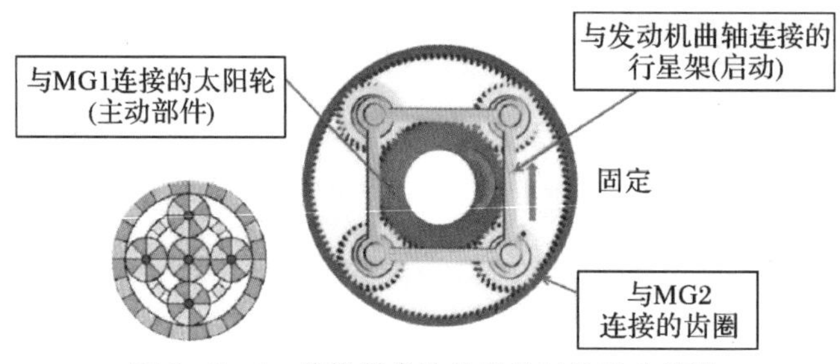

图 3-5-4 普锐斯发动机启动时的动力传递

发动机怠速时，电流流经 MG2 固定行星齿轮的齿圈，发动机带动行星架转动，行星架带动太阳轮转动，与太阳轮连接的 MG1 发电给电池充电，如图 3-5-5 所示。

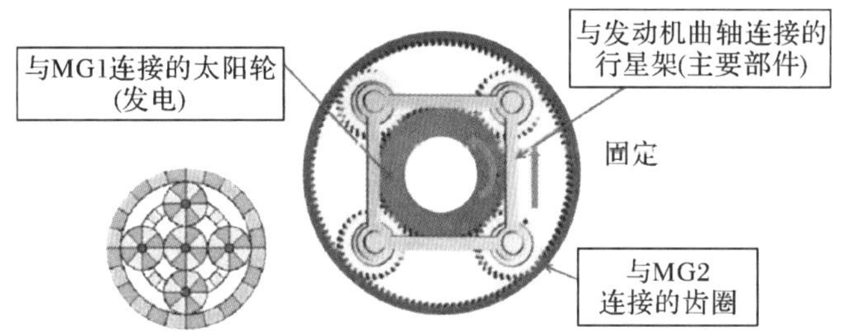

图 3-5-5 普锐斯发动机怠速时的动力传递

车辆起步时，发动机停转，行星架被固定，MG2 驱动行星齿轮齿圈，推动车辆前进。此时，MG1 处于空转状态，如图 3-5-6 所示。

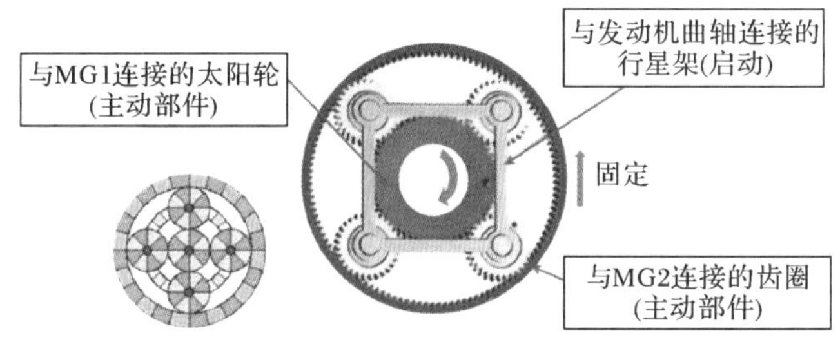

图 3-5-6 普锐斯发动机起步时的动力传递

当车辆需要大扭矩起步时，如需更多动力(驾驶员深踩油门或检测到负载过大)，MG1 转动启动发动机，MG2 低速转动，发动机启动，如图 3-5-7 所示。

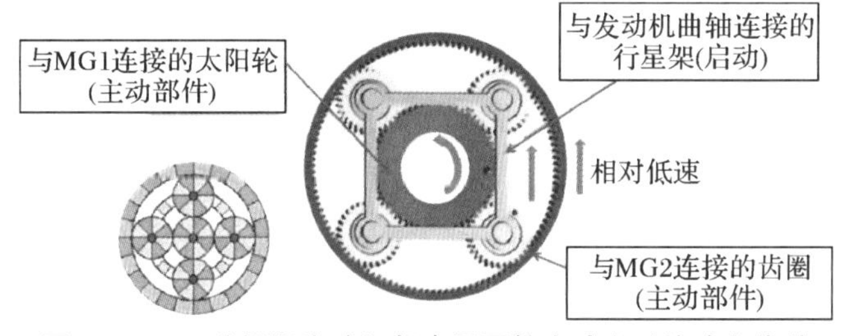

图 3-5-7 普锐斯发动机起步需要较大动力时的动力传递

(2)低速-中速行驶阶段。该阶段由高效的电动机驱动行驶，发动机在低速-中速带的效率并不理想，而电动机在低速-中速带性能优越。因此，在用低速-中速行驶时，油电混合动力系统使用 HV 电池的电力，驱动电动机行驶，以纯电模式行驶，如图 3-5-8 所示。若 HV 蓄电池的电量较少，则利用发动机带动 MG1 发电机发电，为 MG2 电动机提供动力，如图 3-5-9 所示。

(3)中高速行驶阶段。发动机运转过程中，与之连接的行星齿轮组起到核心作用，它对发动机的动力进行分流，一部分动力到达车轮来驱动车辆行驶，一部分动力到达发电机 MG1，MG1 还能将产生的电能提供给 MG2，再由 MG2 输出到驱动轴，产生的多余能量由发电机转化为电能储存在 HV 蓄电池，如图 3-5-10 所示。

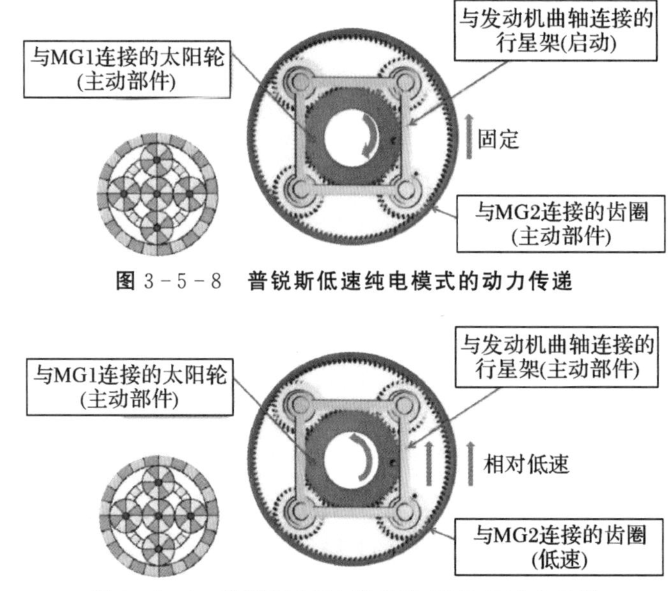

图 3-5-8　普锐斯低速纯电模式的动力传递

图 3-5-9　普锐斯 MG1 发电给 MG2 的动力传递

(4)全速或大扭矩(爬坡、超速)阶段。全油门加速，此时车辆的动力需求大，发动机转速迅速提升，带动发电机 MG1 的发电量增加，在动力控制单元的调控之下，不仅有发电机给电动机提供电能，动力电池也会给电动机提供电能，使车辆获得足够的动力，如图 3-5-11 所示。

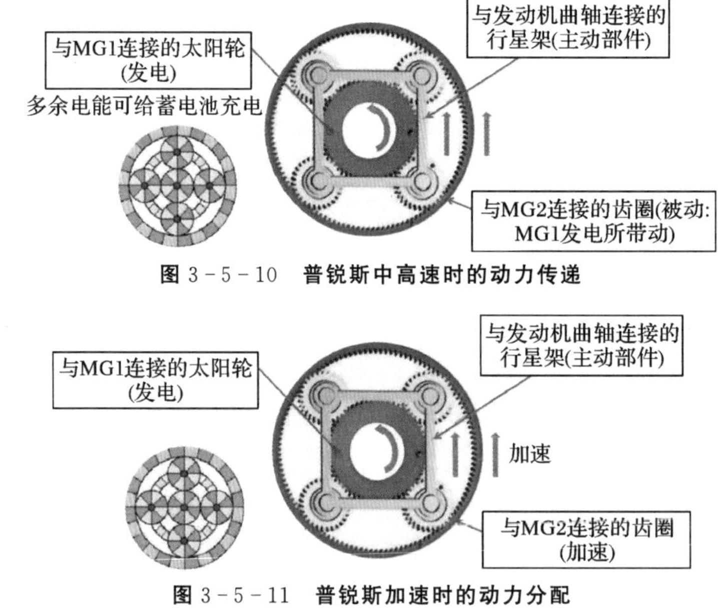

图 3-5-10　普锐斯中高速时的动力传递

图 3-5-11　普锐斯加速时的动力分配

(5)减速或制动阶段。在踩制动踏板和松油门时，系统使车轮的旋转力带动电动机运转，将电动机 MG2 作为发电机使用，MG2 产生的电能供给 MG1，此时发动机断油空转，MG1 输出的动力成为发动机制动力。同时减速时常作为摩擦热散失掉的能量被转换为电能，回收到 HV 蓄电池中充电，能量再利用，如图 3－5－12 所示。

(6)倒车阶段。倒车时，只使用 MG2 作为倒车动力，如图 3－5－13 所示。

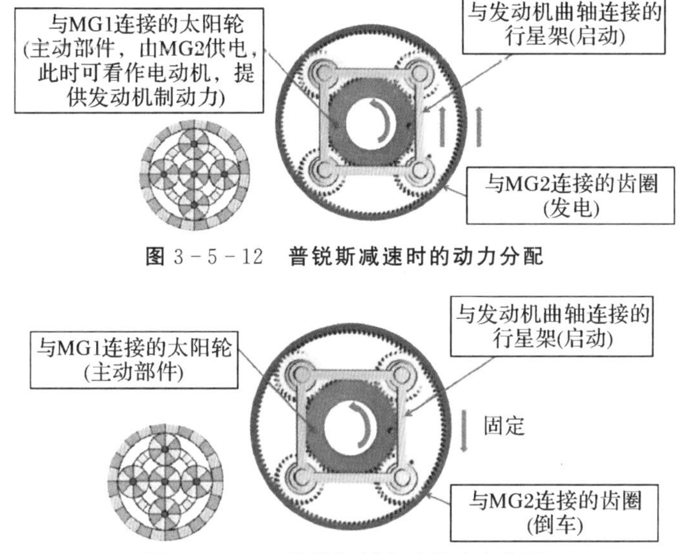

图 3－5－12 普锐斯减速时的动力分配

图 3－5－13 普锐斯倒车时的动力分配

综合来看，丰田混动系统的工作逻辑遵循纯电行驶时发动机不工作、不消耗燃油，若发动机介入工作，动力控制系统会通过调控发电机和电动机等部件的工作状况，让发动机的转速锁定在高效区内，在高热效率的工况下工作，整个系统就可以拥有很好的燃油经济性，得到足够的动力。

3.5.2 比亚迪混动系统

2008 年，比亚迪发布了其第一款插电式混合动力电动汽车车型 F3DM；2013 年，第二代插电式混合动力技术成功面世；2018 年，比亚迪正式发布了全面升级后的第三代插电式混合动力技术。

2020 年 6 月，比亚迪发布了 DM 混动系统的双平台战略，即 DM－p 和 DM－i。

p 表示“powerful”，此类型继承了第二代和第三代“DM 混动系统”追求动力和极速的结构设计理念，满足追求速度的消费者。

i 表示“intelligent”，此类型继承了第一代“DM 混动系统”追求节能和高效的结构设计理念，满足追求用车经济性的消费者。

(1)比亚迪 DM－i 混合动力系统总成。DM－i，全称是“Dual Mode-intelligent”，即双模-智能，是指纯电和混合动力切换。通过增加大功率电机和大容量电池，使得发动机成为动力的辅助部件，再结合混合动力能量管理策略，最终达到多用电、少用油的效果。

比亚迪 DM－i 的结构如图 3－5－14 所示，ISG 为启动发电机，属于 P1 构型，TM

为电动机，位于变速机构后端，属于 P3 构型，因此 DM－i 为 P1＋P3 结构，比亚迪 DM－i 的 ISG 电机与发动机平行轴布置，减小了横向空间，便于布置。比亚迪 DM－i 混合动力系统总成包括骁云插混专用 1.5 L 高效发动机、EHS 电混系统、功率型刀片电池、交直流车载充电器等核心零部件，如图 3－5－15 所示。该混动系统搭载了比亚迪秦 plus、比亚迪宋、比亚迪唐、比亚迪汉等车型。

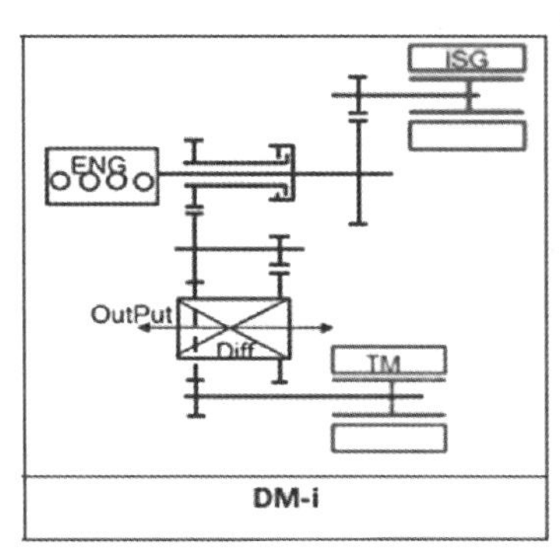

图 3－5－14　比亚迪 DM－i 结构

图 3－5－15　比亚迪 DM－i 部件分布

1）发动机。比亚迪 DM－i 混合动力系统搭载了骁云 1.5 L 和 1.5Ti 两款插混专用发动机，如图 3－5－16 所示，其中 1.5 L 发动机运用六大技术，即阿特金森循环、15.5 超高压缩比技术、超低摩擦技术、ECR 废气再循环技术、分体冷却热管理技术以及无轮系设计，发动机热效率进一步提升，为亏电情况下的低油耗奠定了坚实基础。

在应用电气化设计降低摩擦方面，发动机减去了所有轮系，空调压缩机、水泵等附件都采用了电驱动，实现热效率 43.04%，峰值功率 81 kW，峰值扭矩 135 N·m，如图 3－5－17 所示。1.5Ti 发动机拥有 12.5 的压缩比，技术亮点在于其涡轮增压器采用了可变截面的设计，使得增压器能在更宽的转速范围内进行增压，可保证在低转速工况下的增压效果，也不影响高转速工况下的排气压力。

图 3－5－16　骁云插混专用 1.5 L 高效发动机

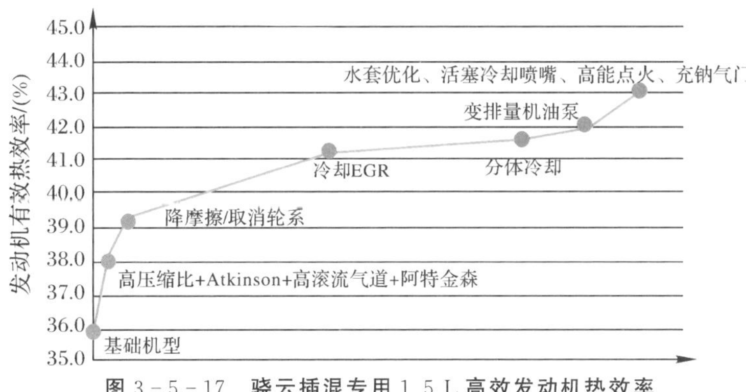

图 3-5-17 骁云插混专用 1.5 L 高效发动机热效率

2) EHS 电混系统。EHS 电混系统高度集成化，是由双电机、双电控、直驱离合器、电机油冷系统、单挡减速器组成的混动专用变速器，采用串并联双电机结构，如图 3-5-18 所示。EHS 电混系统电机采用扁线成型绕组技术与直喷式转子油冷技术，大幅提升散热性能，电机最高效率达 97.5%，电机功率密度提升至 44.3 kW/L，转速最高达 16 000 r/min。

EHS 电混系统按功率划分为三款，即 EHS132(峰值功率 132 kW，峰值扭矩 316 N·m)、EHS145(峰值功率 145 kW，峰值扭矩 325 N·m)和 EHS160(峰值功率 160 kW，峰值扭矩 325 N·m)，适配 A 级到 C 级的全部车型，其中 EHS132 和 EHS145 采用骁云 1.5 L 高效发动机，EHS160 采用骁云 1.5Ti 高效发动机。

3)动力电池。比亚迪 DM-i 动力电池采用高放电倍率、可灵活搭配的混动专用功率型刀片电池，如图 3-5-19 所示。单体电池数量少、结构简化，零部件减少 35%，结合磷酸铁锂电池更好的稳定性与刀片电池的结构设计，使功率型刀片电池具有超长里程、超级安全、超长寿命的特点。根据车型的不同，搭载的动力电池的电量范围为 8.3～21.5 kW·h，纯电续驶里程范围为 50～120 km。

图 3-5-18 EHS 电混系统

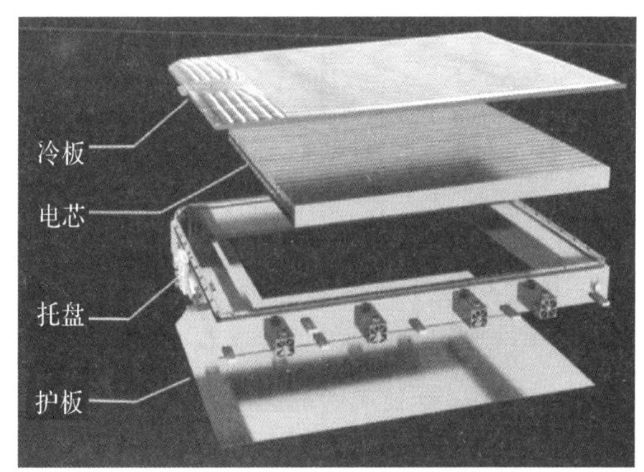

图 3-5-19 刀片电池

(2)比亚迪 DM-i 工作模式。

1)纯电模式。如图 3-5-20 所示，当车辆在低速行驶且车辆电池电量充足时，车辆电机负责驱动车辆行驶，此时发动机处于不工作的状态。在起步与低速行驶时，TM 电机(P3 电机)由动力电池供能驱动车辆。

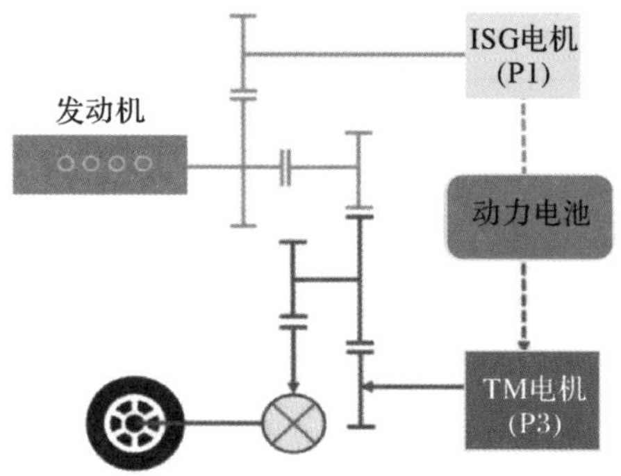

图 3-5-20　纯电模式

2)发动机驱动模式。在高速巡航时，当车辆速度达到 70 km/h 以上时，发动机负责直接驱动车辆，同时电机停止工作，此时的发动机保持在最高的效率区间中工作。通过 EHS 电混系统内部的离合器模块将发动机动力直接作用于车轮，发动机锁定在高效率区，如图 3-5-21 所示。同时，当发动机功率有剩余时，发电机和驱动电机会及时介入将机械能转化为电能，存储在动力电池中，从而提高整个模式内能量利用率。

3)串联模式。如图 3-5-22 所示，发动机和电机同时工作，但是发动机在这种工况下并不负责驱动车辆，而是给车辆电池供电，由电机负责驱动车辆。发动机通过齿轮传动带动 ISG 电机(P1 电机)工作，ISG 电机作为发电机发电，电能通过电控系统输送给电机 P3，直接用于驱动车轮。

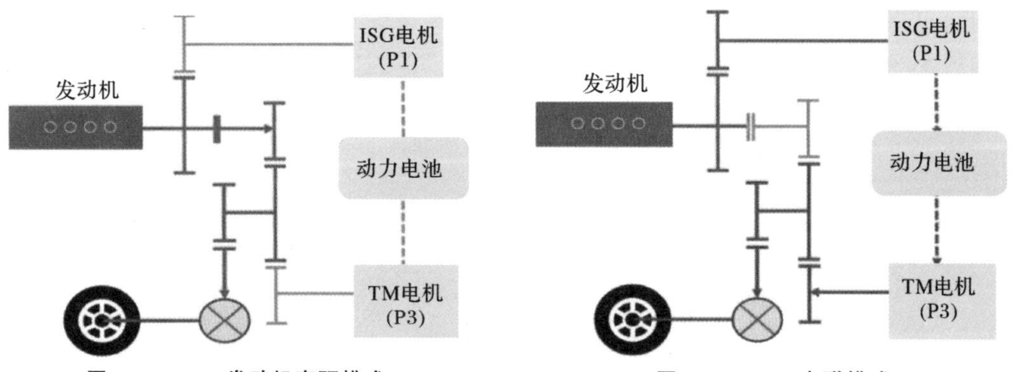

图 3-5-21　发动机直驱模式　　图 3-5-22　串联模式

在中低速行驶或者加速时，若 SOC 值较高，则整车控制策略会将驱动切换为纯电模式，发动机停机。若 SOC 值较低，则控制策略会使发动机工作在油耗最佳效率区，同时将富余能量通过 ISG 电机(P1 电机)发电转化为电能，暂存到电池中，实现全工况使用不易亏电。

4)并联模式。如图 3-5-23 所示，在需要快速超车或者需要瞬时较大动力时，整车功率需求比较高，此时控制系统启用并联模式，让动力电池在合适的时间介入，提供电能给TM电机(P3电机)，另外，离合器接合，发动机动力经齿轮机构提供驱动力，发动机和电机一起工作，同时负责驱动车辆。

5)能量回收模式。如图3-5-24所示，减速或制动时，车轮带动TM电机(P3电机)工作，P3电机作为发电机将动能转换为电能，为动力电池充电。

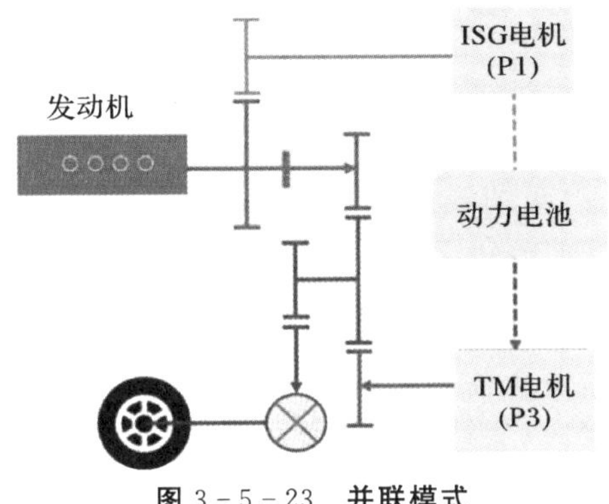

图3-5-23 并联模式

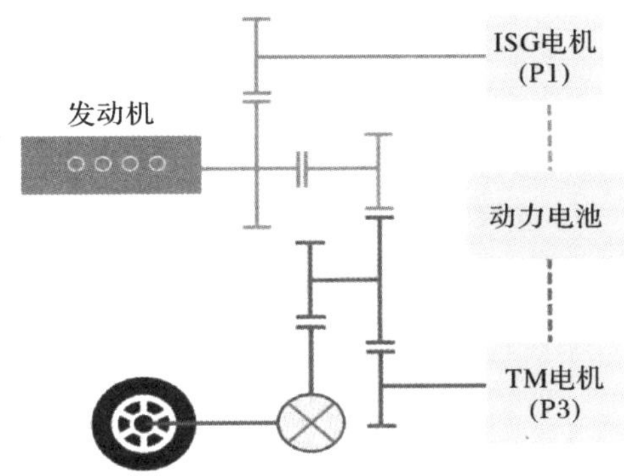

图3-5-24 能量回收模式

项目 4　燃料电池电动汽车

项目导读

“双碳”目标下，减排需求将撬动燃料电池汽车的规模化应用。随着政策支持及市场升温，燃料电池汽车市场产销及预期发展持续向好。在补贴政策、产业链持续降本、减碳需求等多重因素推动下，燃料电池汽车大发展的时机即将到来。

本项目主要介绍燃料电池电动汽车的基本概念及其应用的相关知识。

能力目标

【知识目标】

(1)掌握燃料电池电动汽车的类型、结构和原理。

(2)掌握不同燃料电池的结构特点和工作原理。

(3)了解不同形式的车载储氢技术。

【技能目标】

能利用互联网、图书、文献等资料检索燃料电池电动汽车的概念、发展历史、发展趋势等相关知识。

【素质目标】

(1)具有自强不息、勇于担当的社会责任感。

(2)养成爱岗敬业、团结协作、积极主动、认真负责的职业素养。

(3)具备科学严谨、规范操作、做事认真的工作作风和精益求精的工匠精神。

任务 4.1　燃料电池电动汽车的总体结构认知

▶任务驱动

氢能作为最洁净、高效的新能源，已经引起全世界的广泛关注。氢燃料电池市场是氢能产业的重要组成部分，也是氢能在交通领域的主要应用形式。氢燃料电池汽车是利用氢燃料电池作为动力源的汽车,具有清洁、高效、可再生等优点,被认为是未来汽车的发展方向之一。近年来,以氢为动力的燃料电池汽车得到世界各国的高度重视,并取得了很大进展,为全球能源紧缺和空气污染问题提供了有效的解决方案。

本任务要求学生掌握燃料电池电动汽车的发展概况、类型、结构、原理、关键技术及其存在的问题。知识与技能要求见表4-1-1。

表4-1-1 知识与技能要求

任务内容	燃料电池电动汽车的认知	学习程度		
		识记	理解	应用
学习任务	燃料电池电动汽车的发展概况		●	
	燃料电池电动汽车的类型	●		
	燃料电池电动汽车的结构与原理	●		
	燃料电池电动汽车的关键技术及存在的问题		●	
自我勉励				

任务工单 燃料电池电动汽车的总体结构认知

一、任务描述

通过对任务的学习,了解燃料电池电动汽车的发展概况和类型,掌握燃料电池汽车的结构与原理,能够说出燃料电池电动汽车的关键技术和现存问题。

二、学生分组

全班学生以5~7人为一组,各组选出组长并进行任务分工,将小组成员及分工情况填入表4-1-2中。

表4-1-2 小组成员及分工情况

班级:________ 组号:________ 指导教师:________

小组成员	姓 名	学 号	任务分工
组 长			
组 员			

三、准备工作

1. 资料获取

请各组组长组织组员收集相关资料,并回答以下问题。

引导问题 1:燃料电池电动汽车的类型有哪些?各有什么特点?

引导问题 2:燃料电池电动汽车的工作原理是什么?

引导问题 3:燃料电池电动汽车的关键技术有哪些?

引导问题 4:燃料电池电动汽车现存哪些问题?

2. 制订计划

(1)根据任务内容制订工作计划,将其填入表 4-1-3 中。

表 4-1-3 **工作计划**

序号	工作内容	负责人

(2)列出完成工作计划所需要的器材,将其填入表 4-1-4 中。

表 4-1-4 **器材清单**

序号	名称	型号与规格	单位	数量	备注

3.进行决策

(1)小组成员针对各自的工作计划展开讨论,并选出最佳的工作计划。

(2)指导教师根据小组的工作计划给出评价。

(3)各小组成员根据指导教师的评价对工作计划进行调整。

(4)调整合格后的工作计划即为最终实施方案。

四、工作实施

根据最终实施方案展开活动。按实际操作过程,将操作内容、遇到的问题及解决办法等记录于表4-1-5中。

表4-1-5 工作实施过程记录表

序号	操作内容	遇到的问题及解决办法

五、考核评价

指导教师根据各小组表现情况完成考核评价记录表(见表4-1-6)。

表4-1-6 考核评价记录表

项目名称	评价内容	分值	评价分数		
			自评	互评	师评
职业素养考核项目	无迟到、无早退、无旷课	8分			
	仪容仪表符合规范要求	8分			
	具备良好的安全意识与责任意识	10分			
	具备良好的团队合作与交流能力	8分			
	具备较强的纪律执行能力	8分			
	保持良好的作业现场卫生	8分			
专业能力考核项目	积极参加教学活动,按时完成任务工单	16分			
	操作规范,符合作业规程	16分			
	操作熟练,工作效率高	18分			

续表

<table>
<tr><td rowspan="2">项目名称</td><td colspan="2" rowspan="2">评价内容</td><td rowspan="2">分　值</td><td colspan="3">评价分数</td></tr>
<tr><td>自　评</td><td>互　评</td><td>师　评</td></tr>
<tr><td colspan="3">合　计</td><td>100 分</td><td></td><td></td><td></td></tr>
<tr><td>总　评</td><td>自评(20%)+互评(20%)+师评(60%)=________</td><td>综合等级：________</td><td colspan="4">指导教师(签名)：________</td></tr>
</table>

参考知识

4.1.1　燃料电池电动汽车概述

1.燃料电池电动汽车的概念

燃料电池电动汽车是指用车载燃料电池装置产生的电力作为动力的汽车。目前,国内外汽车企业研究的主要是以氢气为燃料的燃料电池汽车,其工作原理是:在车载燃料电池中,利用电解水的逆反应,使氢气与空气中的氧气结合,产生驱动汽车所需的电能,依靠电机驱动汽车。

目前,车用燃料电池普遍为质子交换膜燃料电池,由两个电极和中间的电解质组成,电子通过外部电路传递至阴极,氢离子在催化剂的作用下和氧气反应生成水。在此反应过程中,电池的理论单体电压可达 1.2 V,形成了对外供电的电源。为了满足一定的输出功率和输出电压需求,通常将燃料电池单体按照串联的方式组合在一起,构成燃料电池堆。燃料电池堆和相应的辅助设备组合,便形成燃料电池系统。这样的燃料电池系统用作车辆动力源就是燃料电池发动机,燃料电池发动机的产业链如图 4-1-1 所示。

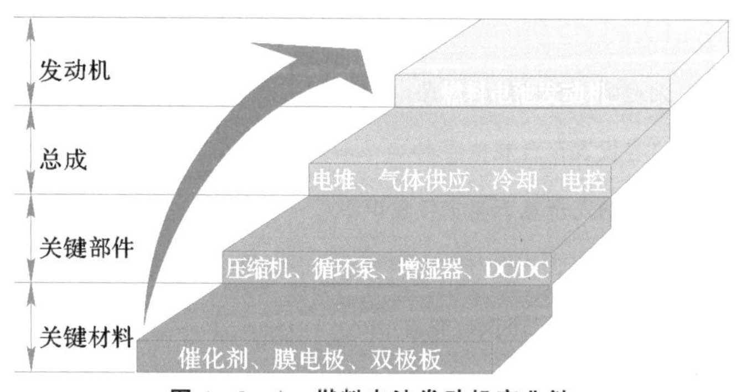

图 4-1-1　燃料电池发动机产业链

以氢气为燃料的燃料电池化学反应过程不会产生有害物质,只会排出水。因此,从环保和节能方面看,燃料电池汽车具有零排放、效率高、能源可再生等优势,可以说是汽车发展非常理想的车型。同时,燃料电池汽车还具备轻量化、续驶长、充能时间短的优势,被认为具有广阔的市场前景,成为当今全球汽车行业的研发热点。

2. 世界燃料电池汽车发展概况

燃料电池汽车的研发始于 20 世纪 90 年代的欧美,在 21 世纪初,以福特、通用等为代表的车企纷纷推出了大量的原型样车,进行了小规模的示范应用,验证了燃料电池技术应用于汽车领域的可行性。虽然当时的电堆寿命不足 2 000 h,电堆功率密度仅能达到 1 kW/L,然而坚定了汽车行业对燃料电池在本领域应用的信心,同时掀起了燃料电池汽车的研发热潮。

2022 年,全球共售出 5.6 万辆燃料电池汽车。其中,韩国现代 FCV 全球销量为 10 527 辆,同比上升 9%,其中本土销量为 10 164 辆,同比上升 20%,境外销量为 363 辆;美国国内 FCV 销量为 2 707 辆,与 2021 年同期相比下降 19%;日本丰田 FCV 全球销量为 3 924 辆,同比下降 34%;我国 FCV 销量为 3 367 辆,同比增长 112.30%。从各国燃料电池汽车销量来看,2022 年度,韩国的燃料电池汽车销量遥遥领先,约占全球销量的 18.79%,日本、中国、美国之间的销量较为接近。

2022 年 3 月,国家发改委、能源局联合发布了《氢能产业发展中长期规划(2021—2035 年)》,明确了氢能的能源属性和战略地位,并提出了 2025 年氢能车保有量达到 5 万辆的目标。与此同时,各地也制定了相应的推广规划和补贴政策,鼓励氢能在交通领域的应用。例如:广东省提出了 2025 年推广 1 万辆以上氢能车的目标,并给予每辆氢能车最高 30 万元的补贴;山东省提出了 2025 年推广 2 万辆以上氢能车的目标,并给予每辆氢能车最高 20 万元的补贴。

根据中汽协统计,2023 年 1 月—6 月,氢燃料电池汽车产销分别完成 1 987 辆和 1 845 辆,同比分别增长 78.9%和 85.4%,高于新能源汽车整体增速。其中,重卡占比达到 62.4%,客车占比为 28.8%,乘用车占比为 8.8%。从上保险量看,2023 年 1 月—6 月,氢燃料电池汽车累计上保险量为 2 132 辆,同比增长 97.5%。从地区分布看,广东、山东、河南、江苏、湖北等省份是氢燃料电池汽车的主要推广区域。

随着各国支持政策的变化,燃料电池乘用车技术研发的热点区域由欧美转移到日韩,而欧美则更专注燃料电池客车和燃料电池叉车等领域。自 2014 年开始,燃料电池汽车的研发取得了突破性进展,日韩以丰田的 Mirai 和现代的“途胜”SUV 为代表,欧美则以 Plug Power 公司在叉车领域的应用以及 UTC 公司在客车领域的应用为代表。

丰田的燃料电池汽车经过 22 年的研发与试运行,其 Mirai 车型于 2014 年 12 月开始销售。该车型采用的燃料电池电堆在体积、质量和成本方面均取得了显著的进步,氢燃料电池动力系统基本达到了和传统内燃机动力系统相当的技术水平。该车型续驶里程可达 502 km,驱动电机输出功率为 113 kW,百公里加速时间为 10 s,最大速度为 175 km/h，采用 70 MPa 高压储氢，储氢效率可达 5.7%，燃料电池电堆输出功率为 114 kW，电堆功率密度达到 3.1 kW/L。本田公司的燃料电池汽车经过了 20 年的研发，于 2016 年开始销售其新一代的 Clarity 车型。该车型的驱动功率可达 103 kW，最大速度为 160 km/h，续驶里程为 589 km，电堆的输出功率为 100 kW，体积功率密度为 3.1 kW/L，氢燃料加注时间约 3 min。

现代汽车公司于 2013 年 3 月生产下线 17 辆"途胜"ix35 燃料电池汽车，并于 2015 年制订了超过每年 1 000 辆规模的量产计划。美国通用汽车公司的燃料电池乘用车也进行了长期持续的示范运行，单车累计行驶里程已达到了 1.5×10^5 km。

现阶段，丰田和宝马、福特和尼桑、雷诺与戴姆勒、通用和本田纷纷组成燃料电池产业化合作联盟，共同攻关燃料电池汽车产业化技术，其他知名汽车厂商也都公布了燃料电池汽车的量产计划。

在公交客车领域，美国 UTC 公司 PureMotion 燃料电池系统经历了超过 18 000 h 的试运行，体现出了良好的耐久性，充分验证了燃料电池技术在公交客车领域应用的可行性。此外，在过去 10 年内，欧洲燃料电池客车示范运行里程超过 8×10^6 km，目前有 84 辆燃料电池客车在欧洲 8 个国家的 17 个城市运行。在燃料电池叉车领域，以 Plug Power 公司和 Nuvera 公司为代表，目前已有 7 700 辆燃料电池叉车进入了市场化运营阶段，形成了较强的竞争力。

4.1.2 燃料电池电动汽车的类型

燃料电池电动汽车按燃料特点可分为直接燃料电池电动汽车和重整燃料电池电动汽车。直接燃料电池电动汽车的燃料主要是氢气，重整燃料电池电动汽车的燃料主要有汽油、天然气、甲醇、甲烷、液化石油气等。

按氢燃料的存储方式可分为压缩氢燃料电池电动汽车、液氢燃料电池电动汽车和合金(碳纳米管)吸附氢燃料电池电动汽车。压缩氢燃料电池电动汽车是指氢气的储存采用压缩氢气，液氢燃料电池电动汽车是指氢气的储存采用液化氢，合金(碳纳米管)吸附氢燃料电池电动汽车是指氢气的储存采用合金(碳纳米管)储氢。

按多电源的配置不同可分为纯燃料电池驱动(PFC)的电动汽车，燃料电池与辅助蓄电池联合驱动(FC+B)的电动汽车，燃料电池与超级电容联合驱动(FC+C)的电动汽车，燃料电池、辅助蓄电池以及超级电容联合驱动(FC+B+C)的电动汽车。其中采用燃料电池与辅助蓄电池联合驱动(FC+B)的电动汽车使用较为广泛。

1. PFC 型燃料电池电动汽车

PFC 型燃料电池的电动汽车只有燃料电池一个动力源，汽车需要的所有功率都由燃料电池提供。纯燃料电池电动汽车的动力系统如图 4-1-2 所示。

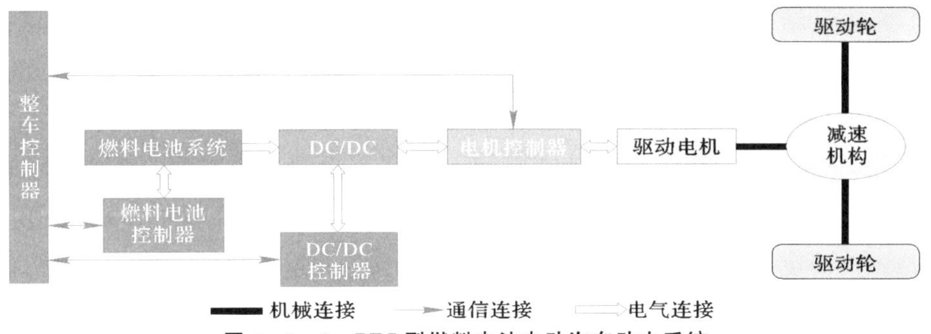

图 4-1-2 PFC 型燃料电池电动汽车动力系统

PFC 型燃料电池电动汽车在工作的过程中，将燃料电池中氢气和氧气反应产生的电能，通过 DC/DC 转化传给驱动电机，驱动电机将电能转换成机械能再传给减速机构，从而驱动汽车行驶。这种系统的特点是结构简单，部件少，系统控制和整体布置容易，有利于整车的轻量化；整体的能量传递效率高，有利于提高整车的燃料经济性。但燃料电池功率大、成本高，对燃料电池系统的动态性能和可靠性提出了很高的要求，不能进行制动能量回收。

因此，为了有效解决上述问题，必须使用辅助能量存储系统作为燃料电池系统的辅助动力源，与燃料电池联合工作，组成混合驱动系统共同驱动汽车。从本质上讲，这种结构的燃料电池电动汽车采用的是混合动力结构，它与传统意义上的混合动力结构的差别仅在于发动机是燃料电池而不是内燃机。在燃料电池混合动力结构汽车中，燃料电池和辅助能量存储装置共同向驱动电机提供电能，通过减速机构来驱动汽车。

2. FC+B 型燃料电池电动汽车

FC+B 型燃料电池电动汽车与 PFC 型燃料电池电动汽车结构有些不同，该类型汽车是在 PFC 型燃料电池电动汽车的结构上增加辅助动力电池，来联合驱动燃料电池电动汽车动力系统。在汽车制动时，驱动电机变成发电机，动力电池将储存回馈的能量。在燃料电池和动力电池联合功能时，燃料电池的能量输出变化较为平缓，随时间变化波动较小，而能量需求变化的高频部分由动力电池分担。FC+B 型燃料电池电动汽车的主要组成如图 4-1-3 所示。

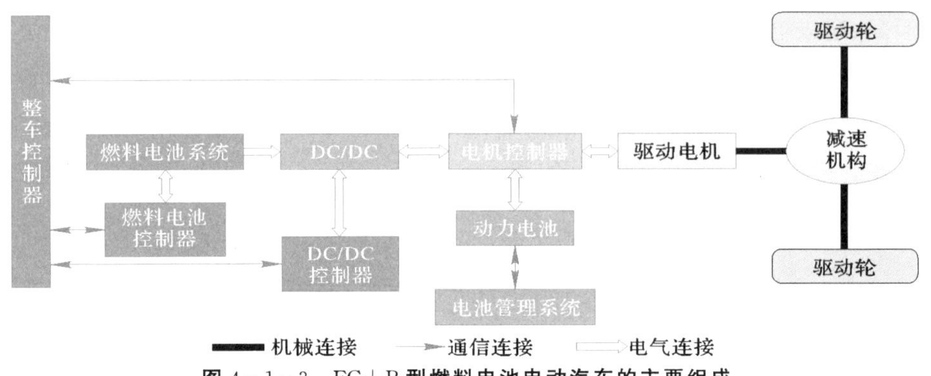

图 4-1-3 FC+B 型燃料电池电动汽车的主要组成

目前这种结构形式应用较为广泛，它解决了诸如辅助设备供电、水热管理系统供电、燃料电池堆加热、能量回收等问题。这种结构的主要优点是系统对燃料电池的功率要求较低，从而大大地降低了整车成本；燃料电池可以在比较好的、设定的工作条件下工作，工作时燃料电池的效率较高；系统对燃料电池的动态响应性能要求较低；汽车的冷起动性能较好；可以回收汽车制动时的部分动能。但这种结构形式由于动力电池的使用使得整车质量增加，动力性和经济性受到影响，这一点在能量复合型混合动力电动汽车上表现得更为明显；动力电池充放电过程会有能量损耗，系统变得复杂，系统控制和整体布置难度增加。

3. FC+C 型燃料电池电动汽车

FC+C 型燃料电池电动汽车与 FC+B 结构相似，只是把动力电池换成超级电容器。相对于动力电池，超级电容充放电效率高，能量损失小，循环寿命长，常规制动时再生能量回收率高，正常工作温度范围宽；超级电容瞬时功率比动力电池大，汽车启动更容易。燃料电池和超级电容器动力系统可以降低燃料电池的放电电流，发挥超级电容均衡负载的作用，提高整车的续驶里程及动力性。FC+C 型燃料电池电动汽车动力系统如图 4-1-4 所示。

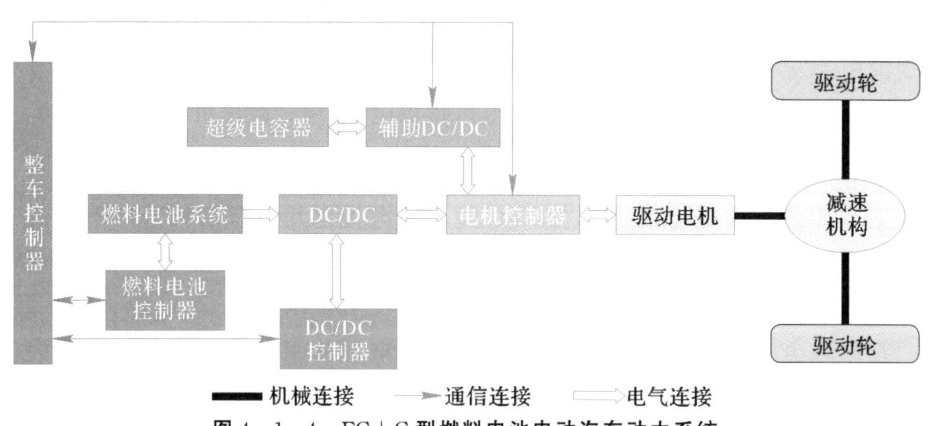

图 4-1-4 FC+C **型燃料电池电动汽车动力系统**

但是，超级电容器的比能量低，能量存储有限，峰值功率持续时间短，同时这种混合动力系统结构复杂，对系统各部件之间的匹配及控制要求高，这些成为制约燃料电池和超级电容器混合动力系统发展的关键因素。随着超级电容器技术的不断进步，这种结构将成为一种新的重要发展方向。

4. FC+B+C 型燃料电池电动汽车

FC+B+C 型燃料电池电动汽车燃料电池与动力电池和超级电容器联合驱动车辆行驶。FC+B+C 型燃料电池电动汽车主要组成如图 4-1-5 所示。这种结构与燃料电池+动力电池的结构相比优点更加明显，尤其是在部件效率、动态特性、制动能量回馈等方面。但是缺点也一样更加明显，增加了超级电容器，整个系统的质量将可能增加；系统更加复杂，系统控制和整体布置的难度也随之增大。

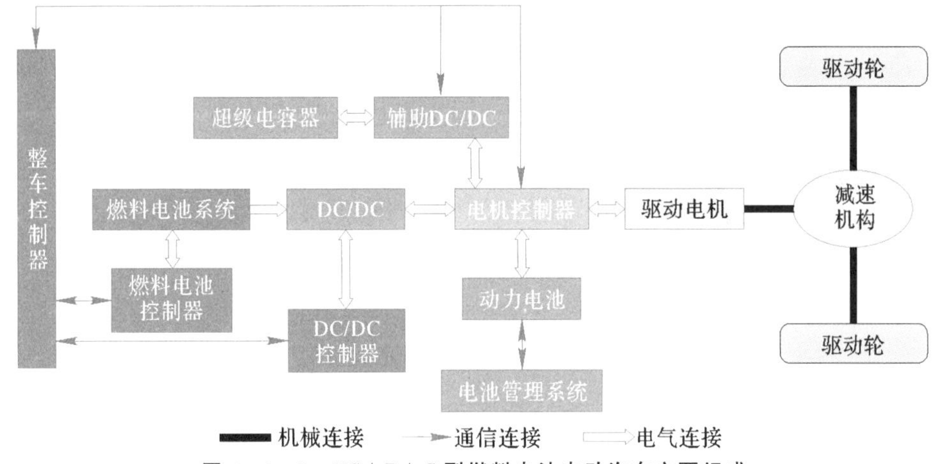

图 4-1-5 FC+B+C 型燃料电池电动汽车主要组成

FC+B+C 型燃料电池电动汽车在行驶过程中，燃料电池和超级电容一起为驱动电机提供能量，驱动电机将电能转化成机械能传给减速机构，从而驱动车辆行驶；在汽车制动时，驱动电机变成发电机，动力电池和超级电容储存回馈的能量。在燃料电池、动力电池和超级电容联合供电时，燃料电池能量输出较为平缓，随时间波动较小，而能量需求变化的低频部分由动力电池分担，能量需求变化的高频由超级电容承担。在这种结构中，各动力源的分工更加明确，因此它们的优势会得到更好的发挥。如果能够对系统进行很好的匹配和优化，那么这种结构带来的汽车良好的性能会具有很大的吸引力。

在三种混合驱动中，FC+B+C 组合被认为能够最大限度满足整车的启动、加速、制动的动力和效率需求，但成本最高，结构和控制也最为复杂。目前，燃料电池电动汽车动力系统的一般结构是 FC+B 组合，这是因为它具有以下特点。

(1)燃料电池单独或与动力电池共同提供持续功率，而且在车辆启动、爬坡和加速等有峰值功率需求时，动力电池提供峰值功率。

(2)在车辆起步和功率需求时，动力电池可以独立输出能量。

(3)动力电池技术比较成熟，可以在一定程度上弥补燃料电池技术上的不足。

4.1.3 燃料电池电动汽车的结构与工作原理

1. 燃料电池电动汽车的结构

典型的燃料电池电动汽车主要由燃料电池系统、高压储氢罐、辅助动力源、DC/DC 变换器、驱动电机和整车控制器等组成。氢燃料电池电动汽车的组成如图 4-1-6 所示。

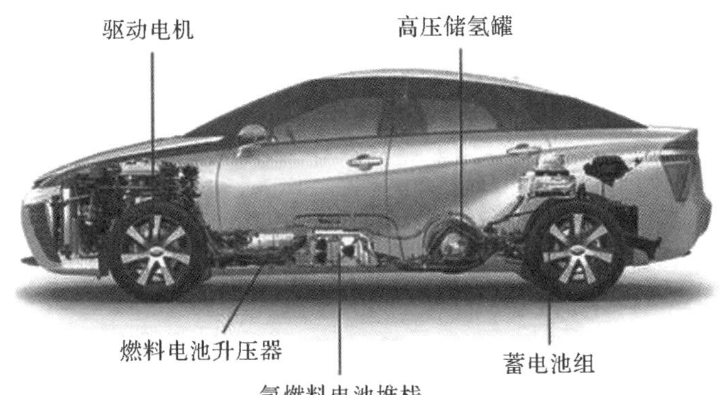

图 4-1-6 氢燃料电池电动汽车的组成

(1)燃料电池系统。燃料电池电动汽车中的燃料电池系统主要由燃料电池组、氢气供给系统、氧气供给系统、气体加湿系统、反应生成物的处理系统、冷却系统和电能转换系统等组成,只有这些辅助系统匹配恰当和运转正常,才能保证燃料电池系统正常运转,保证电能的输出。

(2)辅助动力源。在燃料电池电动汽车上,燃料电池发动机是主要动力源,另外还配备有辅助动力源。根据燃料电池电动汽车的设计方案的不同,其所采用的辅助动力源也有所不同,可以用蓄电池组、飞轮储能器或超大容量电容器等共同组成双电源系统。

在具有双电源系统的燃料电池电动汽车上,驱动电机的电源可以出现以下几种驱动模式。

1)车辆起动时,驱动电机的电源由辅助动力源提供。

2)车辆行驶时,由燃料电池系统提供驱动所需全部电能,多余的电能储存到辅助动力源中。

3)在车辆加速和爬坡时,若燃料电池系统提供的电能还不足以满足燃料电池电动汽车驱动功率要求,则由辅助动力源提供额外的电能,增大驱动电机的功率或转速,满足车辆的动力要求。此时,形成燃料电池系统与辅助动力源同时供电的双电源的供电模式。

此外,制动或下坡时驱动电机变为发电机,将回收的电能储存到辅助动力源。燃料电池发动机产生的剩余能量也存储到辅助动力源,同时通过 DC/DC 变换器向车辆的各种电子、电器设备提供所需的电能。

(3)高压储氢罐。高压储氢罐是储存气态氢的装置,用于给燃料电池供应氢气。为保证燃料电池汽车一次充满氢有足够的续驶里程,需要多个高压储氢罐来储存气态氢气。一般,轿车需要 2~4 个高压储气瓶,大客车需要 5~10 个高压储气瓶。

(4)DC/DC 变换器。燃料电池电动汽车采用的电源有各自的特性,燃料电池仅提供直流电,电压和电流随输出电流的变化而变化。燃料电池没有接受外电源的充电，电流的方向只是单向流动。燃料电池电动汽车中的 DC/DC 变换器主要实现以下三个功能。

1)调节燃料电池的输出电压。

2)调节整车能量分配。

3)稳定整车直流母线电压。

(5)驱动电机。燃料电池电动汽车驱动用的电机主要有直流电机、交流电机、永磁电机和开关磁阻电机等。电机的选型必须结合整车开发目标，综合考虑电机的特性。

(6)整车控制器。整车控制器是燃料电池电动汽车的大脑，由燃料电池管理系统、电池管理系统、驱动电机控制器等组成，它一方面接收来自驾驶员的需求信息(如点火开关、油门踏板、制动踏板、挡位信息等)，实现整车工况控制；另一方面基于反馈的实际工况(如车速、制动、电机转速等)以及动力系统的状况(燃料电池及动力蓄电池的电压、电流等)，根据预先匹配好的多能源控制策略进行能量分配调节控制。

2. 燃料电池电动汽车的工作原理

燃料电池电动汽车的工作原理是：作为燃料的氢在汽车搭载的燃料电池中，与大气中的氧气发生氧化还原化学反应，产生电能来驱动电动机工作，进而驱动汽车前进。在汽车起动和开始行驶时，动力蓄电池处于电量饱满状态，其能量输出可以满足汽车起动要求，由其为驱动电机提供能量，并对燃料电池进行预热，燃料电池动力系统不需要工作；当动力电池电量低于一定值时，燃料电池动力系统起动，由燃料电池动力系统为驱动系统提供能量，当车辆能量需求较大时，燃料电池动力系统与动力蓄电池同时为驱动系统提供能量，当车辆能量需求较小时，燃料电池动力系统为驱动系统提供能量的同时，还对动力蓄电池进行充电；当减速和制动时，进行能量回收，给动力蓄电池充电。氢燃料电池电动汽车的工作原理如图 4-1-7 所示。

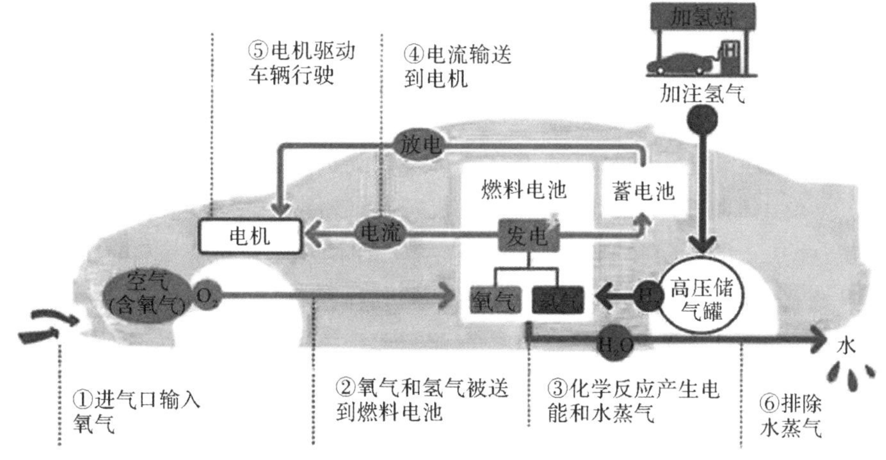

图 4-1-7　氢燃料电池电动汽车的工作原理

4.1.4 燃料电池电动汽车的关键技术及存在的问题

1.燃料电池电动汽车的关键技术

(1)整车总体设计。氢燃料电池电动汽车采用新的动力传动系统和电反馈制动系统。根据氢燃料电池混合动力电动汽车的特点,需要对车辆的设计进行调整。目前的车辆设计方法较为完善,主要侧重于燃料电池技术的开发和整体部署优化、动力系统的整体匹配、车辆管理、通信等关键技术。

(2)动力系统参数匹配。电动机的最大功率应满足爬坡、加速时的功率要求。在此过程中,作为发电机的电动机还必须满足整个车辆管理策略中的过充电功率保护需求。在设计最大和最小传动比时,必须考虑车辆的升力、离合器系数和最小稳定速度;根据车辆的最大升力和最小稳定速度计算最大传动系数;系统的最小传动比足以满足氢燃料电池的最大速度要求。

2.我国燃料电池电动汽车存在的问题

我国氢燃料电池汽车产业的发展起步较晚,但经过多年的努力和国家有关部门在政策和资金方面的大力支持,我国氢能源电池汽车产业发展取得了很大进步。目前,中国市场上的氢燃料电池汽车产业已开始规模化,形成了系统完整的产业链,但依然存在一些问题。

(1)新能源汽车在市场消费中存在不平衡的问题。我国新能源汽车消费在区域消费中存在着不平衡性。主要表现在东部地区经济发展水平较高,基础设施相对完善,环保消费意识明显增强,新能源消费活跃;西部地区由于经济发展滞后和基础设施不足,新能源消费受到限制,新能源汽车消费低;在农村地区,由于基础设施交通落后,新能源汽车在农村无法得到很好的发展。

(2)燃料电池技术发展水平有待提高。目前,我国氢燃料电池汽车产业发展中的技术、知识产权和专利主要集中在整车制造及相关行业,而与氢燃料电池相关的基础研究也存在相对落后的方面。对于新型燃料电池汽车产业的发展,燃料电池和汽车动力部件是关键和核心。在这方面,中国与世界领先水平仍有差距。例如,目前我国氢燃料电池的生产能力约为 2 kW,而国外先进水平已超过 3.1 kW。因此,下一步需要对氢燃料电池和电池组的基础研究进行更多的研究和探索。

(3)氢燃料电池汽车生产成本有待降低。与传统能源电池和传统汽车相比,氢燃料电池的释放基于更环保和高效的资源。然而,如何更有效地控制氢燃料电池的生产成本,降低汽车的整体生产成本,提高汽车的整体盈利能力,也值得关注。目前,中国自主生产的氢燃料电池汽车的生产成本接近总成本的 65%,这一比例仍然较高。

(4)氢能源供应体系有待健全。对于使用氢燃料电池的车辆,仅完成车辆的综合生产和销售是远远不够的,更重要的是如何实现系统的后期改进和氢气的便捷供应。尽管我国在氢能源的生产和运输方面取得了长足进展,但市场上现有的加氢站不仅规模小，而且缺乏统一的市场监管体系，导致氢气质量不符合使用要求或成本高，这严重阻碍了氢燃料电池汽车的发展。

任务4.2 燃料电池

任务驱动

氢燃料汽车作为真正零排放、零污染的电动汽车，逐渐受到人们的关注。作为燃料电池汽车的重要部件，燃料电池有哪几种类型？不同类型的燃料电池又有什么特点呢？

本任务要求学生掌握质子交换膜燃料电池、碱性燃料电池、磷酸燃料电池、熔融碳酸盐燃料电池、固体氧化物燃料电池、直接甲醇燃料电池的结构及工作原理。知识与技能要求见表4-2-1。

表4-2-1 知识与技能要求

任务内容	燃料电池	学习程度		
		识记	理解	应用
学习任务	质子交换膜燃料电池		●	
	碱性燃料电池		●	
	磷酸燃料电池		●	
	熔融碳酸盐燃料电池		●	
	固体氧化物燃料电池		●	
	直接甲醇燃料电池		●	
自我勉励				

任务工单 理解燃料电池的结构及工作原理

一、任务描述

通过对任务的学习，理解不同种类的燃料电池的结构和工作原理，能够描述各种燃料电池的优缺点。

二、学生分组

全班学生以5～7人为一组，各组选出组长并进行任务分工，将小组成员及分工情况填入表4-2-2中。

表 4-2-2 小组成员及分工情况

班级：________ 组号：________ 指导教师：________

小组成员	姓 名	学 号	任务分工
组 长			
组 员			

三、准备工作

1.资料获取

请各组组长组织组员收集相关资料，并回答以下问题。

引导问题 1：燃料电池主要由哪几部分构成？

引导问题 2：质子交换膜燃料电池的工作原理是什么？

引导问题 3：不同构型的燃料电池在原理上各有什么不同？

2.制订计划

(1)根据任务内容制订工作计划，将其填入表 4-2-3 中。

表 4-2-3 工作计划

序 号	工作内容	负责人

(2)列出完成工作计划所需要的器材,将其填入表4-2-4中。

表4-2-4 器材清单

序号	名称	型号与规格	单位	数量	备注

3.进行决策

(1)小组成员针对各自的工作计划展开讨论,并选出最佳的工作计划。

(2)指导教师根据小组的工作计划给出评价。

(3)各小组成员根据指导教师的评价对工作计划进行调整。

(4)调整合格后的工作计划即为最终实施方案。

四、工作实施

根据最终实施方案展开活动。按实际操作过程,将操作内容、遇到的问题及解决办法等填入表4-2-5中。

表4-2-5 工作实施过程记录表

序号	操作内容	遇到的问题及解决办法

五、考核评价

指导教师根据各小组表现情况完成考核评价记录表(见表4-2-6)。

表 4-2-6　考核评价记录表

项目名称	评价内容		分　值	评价分数		
				自　评	互　评	师　评
职业素养考核项目	无迟到、无早退、无旷课		8 分			
	仪容仪表符合规范要求		8 分			
	具备良好的安全意识与责任意识		10 分			
	具备良好的团队合作与交流能力		8 分			
	具备较强的纪律执行能力		8 分			
	保持良好的作业现场卫生		8 分			
专业能力考核项目	积极参加教学活动，按时完成任务工单		16 分			
	操作规范，符合作业规程		16 分			
	操作熟练，工作效率高		18 分			
合　计			100 分			
总　评	自评(20%)＋互评(20%)＋师评(60%)＝________	综合等级：________	指导教师(签名)：________			

▶参考知识

燃料电池是一种把燃料所具有的化学能直接转换成电能的化学装置，又被称为电化学发电器。它是继水力发电、热能发电和原子能发电之后的第四种发电技术。由于燃料电池是通过电化学反应把燃料的化学能转换成电能，不受卡诺循环效应的限制，因此效率高；另外，燃料电池用燃料和氧气作为原料，没有机械传动部件，故排放出的有害气体极少，使用寿命长。由此可见，从节约能源和保护生态环境的角度来看，燃料电池是最有发展前途的发电技术。

燃料电池根据其中使用的电解质种类的不同，可分为质子交换膜燃料电池(PEMFC)、碱性燃料电池(Alkaline Fuel Cell，AFC)、磷酸燃料电池(Phosphoric Acid Fuel Cell，PAFC)、熔融碳酸盐燃料电池(Molten Carbonate Fuel Cell，MCFC)、固体氧化物燃料电池(Solid Oxide Fuel Cell，SOFC)、直接甲醇燃料电池(Direct Methanol Fuel Cell，DMFC)等。

4.2.1　质子交换膜燃料电池

质子交换膜燃料电池(PEMFC)采用可传导离子的聚合膜作为电解质，所以也叫聚合物电解质燃料电池(Polymer Electrolyte Euel Cell，PEFC)、同体聚合物燃料电池(Solid Polymer Fuel Cell，SPFC)或固体聚合物电解质燃料电池(Solid Polymer Electrolyte

Fuel Cell,SPEFC),是目前应用最广泛的燃料电池。

PEMFC是一种将氢和氧转化为水并释放电能的电化学设备。PEMFC的结构示意图如图4-2-1所示。PEMFC由双极板(Bipolar Plate,BP)、气体扩散层(Gas Diffusion Layer,GDL)、催化剂层(Catalyst Layer,CL)和质子交换膜(Proton Exchange Membrane,PEM)组成一个"三明治",氢气进入阳极流道,通过阳极GDL向阳极CL扩散。在阳极CL中,氢分子被氧化成质子和电子,质子通过质子交换膜传导到阴极CL,而电子在穿过阳极CL和GDL后被阳极板所接收,并通过外部电路到达阴极。在阴极侧,氧气在阴极流道中流动,并被输送到阴极CL,在那里,质子、电子和氧气结合,同时产生电、水和热,生成的水由流道排出电池。

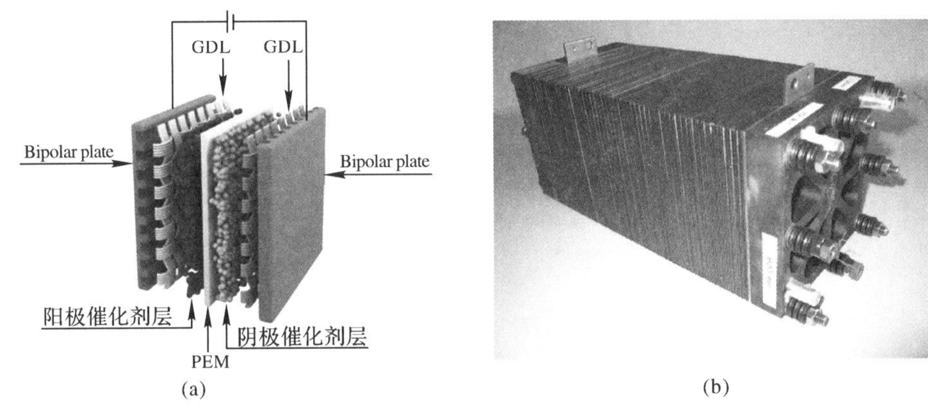

图4-2-1 质子交换膜燃料电池的结构

(a)PEMFC示意图;(b)质子交换膜燃料电池单体结构

1. 质子交换膜燃料电池的关键部件

(1)双极板。双极板又称为集流板、隔板,是PEMFC的核心部件之一,其上加工的流场结构能够直接影响反应气体传输、分布和电池的水热管理能力,对电池性能影响较大,因此,双极板流场结构设计对质子交换膜燃料电池性能的影响至关重要。另外,在电堆中会将极板的气体流道背面上加工冷却水流道,以供冷却水流通。综上所述,双极板的功能具有以下特性。

1)能将阳极生成电子传导至外电路最后回到阴极,故需具有良好的导电性。

2)隔离相邻两个电池之间的气体和液体,故需具有良好的气密性。

3)为整个电池组提供硬性支撑,故需具有良好的机械强度,并且质量轻。

4)将电池所产生的热量传导至冷却液流道,故需具有良好的导热性。

(2)气体扩散层。在催化剂层和双极板之间的层称为气体扩散层,尽管气体扩散层并不直接参与电化学反应,但在PEMFC中具有如下多个重要功能。

1)对膜电极(Membrane Electrode Assembly,MEA)提供机械支撑,防止其下坠至流道。

2)为反应所需的气体从流道扩散至催化剂层提供通道,并使气体进入整个反应区域。

3)将催化剂层和双极板的电路相连,使电子流动形成完整电路。

4)为产生的水从催化剂层到流道提供通道。

(3)催化剂层。催化剂层是燃料电池的核心部件之一,具有提高电池效能和耐久性、降低生产成本的作用。催化剂层内部包含以导电基底为支持的催化剂[如碳载铂(Pt/C)]、传导质子的聚合物电解质以及保证恰当孔隙率和构筑气相通道的疏水材料。其次,作为电化学反应场所的催化剂层,其性能优劣是决定质子交换膜燃料电池是否具备高性能和长寿命的重要因素,因此应具备的主要特点为提供催化剂的接触面积大、较高的电导率、优异的排水性能。

(4)质子交换膜。质子交换膜是燃料电池的核心部件之一,主要作用是将阴阳两极分开,避免氧气与氢气直接接触并防止电池短路,具有选择透过性,同时为质子和水的传输提供通道。目前市面使用的质子交换膜主要是由全氟磺酸离子聚合物组成的,其本质上是四氟乙烯与不同全氟磺酸单体的聚合物。该种质子交换膜具有电导率高、热稳定性强、化学性能稳定、机械强度高、柔韧性强等优点,可在强酸、强碱、强氧化剂介质和高温等苛刻条件下使用。

2.质子交换膜燃料电池的工作原理

质子交换膜燃料电池由阳极板、阳极气体扩散层、阳极催化剂层、质子交换膜、阴极催化剂层、阴极气体扩散层、阴极板组成。氢气首先在阳极板内流动,然后经由阳极气体扩散层扩散后,被传输至阳极催化剂层,在阳极催化剂层发生氧化反应生成质子和电子,质子以水合氢离子的形式通过质子交换膜从阳极传到阴极,同时电子经过外部电路被送至阴极。在阴极催化剂层上,氢气、氧气和电子发生化学反应生成水。阳极和阴极的催化剂层中都各含有一种催化剂,能加快阴阳极的化学反应。

阳极是燃料电池发生氧化反应的场所,阴极是氧化剂发生还原反应的场所。如图 4-2-2 所示,氢气作为燃料被输送到阳极,从气体扩散层进入催化剂层,在阳极催化剂的作用下,发生氧化反应,其反应式为

$$2H_2 \longrightarrow 4H^+ + 4e^-$$

阳极反应产生两个质子和两个电子,质子以水合氢离子的形式通过质子交换膜从阳极传到阴极,而电子则是从阳极经由外电路流经负载后再传输至阴极。在阴极中,氧气在催化剂作用下发生化学反应,其化学反应式如下:

$$4e^- + 4H^+ + O_2 \longrightarrow 2H_2O$$

氧气与通过质子交换膜传递过来的质子以及经过外电路传递过来的电子反应生成水,所以燃料电池的总反应为

$$2H_2 + O_2 \longrightarrow 2H_2O$$

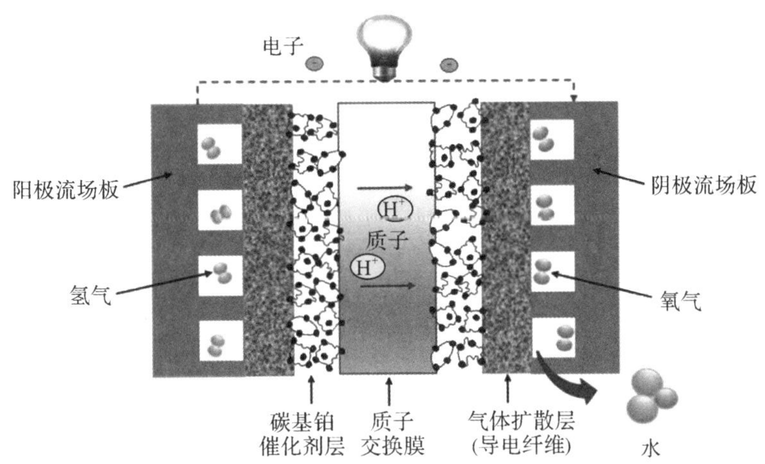

图 4-2-2 质子交换膜燃料电池的电化学反应原理图

在质子交换膜燃料电池中,氢气和氧气的氧化还原反应是在各自的电极上进行的,并不直接接触。基于阴阳极的化学反应,阳极侧失去电子,阴极侧得到电子,所以阴阳极的电势不相同,两个电极之间产生电势差,驱动电子从电势低的阳极向电势高的阴极移动,这就构成了外电路的电流,并且释放电能。我们可以从燃料电池反应的原理看出,燃料电池其实是一个能量转换装置。在使用时,外界持续不断地注入反应气体,燃料电池就能持续产生电能。

3. 质子交换膜燃料电池的特点

(1)PEMFC 的优点。

1)能量转化效率高。通过氢氧化合作用,直接将化学能转化为电能,不通过热机过程,不受卡诺循环的限制。

2)可实现零排放。其唯一的排放物是纯净水(及水蒸气),没有污染物排放,是环保型能源。

3)运行噪声低,可靠性高。PEMFC 电池组无机械运动部件,工作时仅有气体和水的流动。

4)维护方便。PEMFC 内部构造简单,电池模块呈现自然的“积木化”结构,使得电池组的组装和维护都非常方便,也很容易实现“免维护”设计。

5)发电效率受负荷变化影响很小,非常适于用作分散型发电装置(作为主机组),也适于用作电网的“调峰”发电机组(作为辅机组)。

6)氢气来源极其广泛,是一种可再生的能源资源,取之不尽,用之不竭。可通过石油、天然气、甲醇、甲烷等进行重整制氢,也可通过电解水制氢、光解水制氢、生物制氢等方法获取氢气。

7)氢气的生产、储存、运输和使用等技术目前均已非常成熟、安全、可靠。

(2)PEMFC 的缺点。

1)制作困难、成本高,全氟物质的合成和磺化都非常困难,而且在成膜过程中的水解、磺化容易使聚合物变性、降解，使得成膜困难，导致成本较高。

2)对温度和含水量要求高，Nafion 系列膜的工作温度为 70～90 ℃，超过此温度会使其含水量急剧降低，导电性迅速下降，阻碍了通过适当提高工作温度来提高电极反应速度和克服催化剂中毒的难题。

3)某些碳氢化合物，如甲醇等，渗透率较高，不适合用作直接甲醇燃料电池的质子交换膜。

4.2.2 碱性燃料电池

碱性燃料电池(AFC)以强碱(如氢氧化钾、氢氧化钠)为电解质，以氢气为燃料，以纯氧或脱除微量二氧化碳的空气为氧化剂，以对氧电化学还原具有良好催化活性的 PV/C、Ag、Ag－Au、Ni 等为电催化剂制备的多孔气体扩散电极为氧化极，以 Pt－Pd/C、P/C、Ni 或硼化镍等具有良好催化氢电化学氧化的电催化剂制备的多孔气体电极为氢电极，以无孔炭板、镍板或镀镍甚至镀银、镀金的各种金属(如铝、镁、铁等)板为双极板材料，在板面上可加工各种形状的气体流动通道构成双极板。

1. 碱性燃料电池的工作原理

碱性燃料电池的工作原理如图 4－2－3 所示，所使用的电解质为水溶液或稳定的氢氧化钾基质，且电化学反应也与羟基(－OH)从阴极移动到阳极与氢反应生成水和电子略有不同。这些电子用来为外部电路提供能量，然后才回到阴极与氧和水反应生成更多的羟基离子。

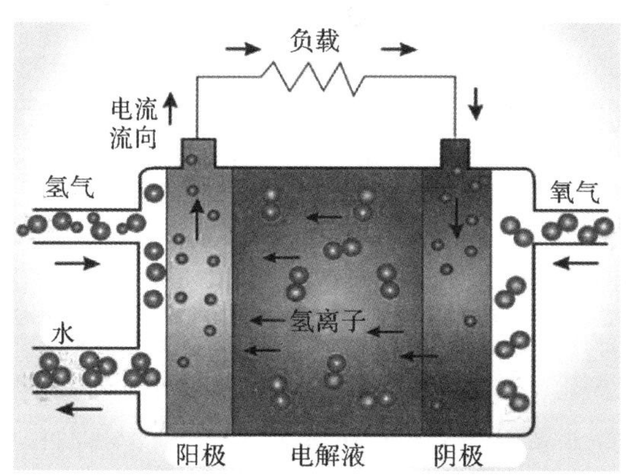

图 4－2－3 碱性石棉膜型氢氧燃料电池的工作原理

阳极反应：$H_2+2OH^- \longrightarrow 2H_2O+2e^-$

阴极反应：$O_2+2H_2O+4e^- \longrightarrow 4OH^-$

总的反应：$2H_2+O_2 \longrightarrow 2H_2O$

2. 碱性燃料电池的特点

碱性燃料电池的工作温度大约为 80 ℃。因此，其启动速度快，但其电力密度却比质子交换膜燃料电池的密度低得多，在汽车中使用显得相当笨拙。不过，它们是燃料电池中生产成本最低的一种电池，因此可用于小型的固定发电装置。如同质子交换膜燃料电池一样，碱性燃料电池对污染催化剂的一氧化碳和其他杂质也非常敏感。此外，其原料不能含有二氧化碳，因为二氧化碳能与氢氧化钾电解质反应生成碳酸钾，降低电池的性能。

与基于酸性电解质的燃料电池技术相比，AFC 的优点如下：首先，碱性电解质的腐蚀性小于酸性电解质，非铂催化剂和金属极板可获得应用，大幅度降低了燃料电池的成本，金属极板代替石墨极板，可减小电堆体积，在一定程度上提高电堆的体积功率密度。其次，燃料不仅限于高纯氢气，也可使用含微量 NH_3 的氢气、N_2H_4、$NaBH_4$ 等与酸性电解质不兼容的高能量密度燃料。这一优点可降低燃料成本，以相对安全的现有的液体燃料供应网络代替尚待建设的高成本的氢气供应网络。

AFC 的缺点是须采用纯氧或过滤掉二氧化碳（CO_2）的空气为氧化剂。阿波罗太空飞船的 AFC 电源采用纯氢纯氧操作，但作为地面应用，空气中的 CO_2 会与氢氧化钾（KOH）电解质反应生成碳酸钾（K_2CO_3），引起两个不利的效应：其一为碳酸化的电解质的离子传导效率降低，燃料电池内阻增大。其二为常温下 K_2CO_3 溶解度较低，K_2CO_3 会在空气电极的微孔中沉淀出来，破坏电极的防水性，导致液体电解质泄露，使得燃料电池失效。可过滤空气中的 CO_2 或者 KOH 电解质循环再生克服此缺点，但这些措施都会增加燃料电池系统的复杂性和成本。

4.2.3 磷酸燃料电池

磷酸燃料电池(PAFC)是以磷酸为导电电解质的酸性燃料电池。磷酸燃料电池的工作温度要比质子交换膜燃料电池和碱性燃料电池的工作温度略高，位于 150～200 ℃，但仍需电极上的白金催化剂来加速反应。

PAFC 的电池片由基材及肋条板触媒层组成的燃料极、保持磷酸的电解质层、与燃料极具有相同构造的空气极构成。在燃料极，燃料中的氢原子释放电子成为氢离子，氢离子通过电解质层，在空气极与氧离子发生反应生成水。将数枚单电池片进行叠加，每数枚电池片中叠加入为降低发电时内部热量的冷却板，从而构成输出功率稳定的基本电池堆。再加上用于上下固定的构件、供气用的集合管等构成 PAFC 的电池堆。磷酸燃料电池堆的结构如图 4-2-4 所示。

1. 磷酸燃料电池的工作原理

磷酸燃料电池的工作原理如图 4-2-5 所示，磷酸燃料电池中采用的是浓度为 97.5%的磷酸电解质，它在常温下是固体状态，且相变温度为 42 ℃。氢气燃料从阳极输入电池内部，在催化剂的作用下，氢气分子（H_2）被氧化成为质子（H^+），与此同时，一个氢气分子释放出两个电子。氢质子在电解质中和磷酸组合成为水合质子，然后向正极移动。电子通过外部电路后运动至正极，而水合质子（H_3O^+）通过磷酸电解质之后到达正极。因此在正极上，电子、水合质子（H_3O^+）和氧气在催化剂的作用下发生化学反应生成水。具体的电极反应表达如下。

阴极和阳极发生的电化学反应分别为

$$H_2 \longrightarrow 2H^+ + 2e^-$$

$$O_2 + 4H^+ + 4e^- \longrightarrow 2H_2O$$

总的电化学反应为

$$2H_2 + O_2 \longrightarrow 2H_2O$$

从总反应式可以知道，磷酸燃料电池在电化学反应过后的生成物只有水。从图4-2-5中可以看到，氢质子可以直接穿过磷酸电解质抵达阴极，而电子只有通过外接电路之后才能最终到达阴极，当阴阳两极通过外接电路连接的时候，电子会从负极开始途经外接负载然后抵达正极，这样就产生了直流电流。经过理论分析和数值计算可以知道每一个单电池的电压是 1.23 V，当外接负载时，输出电压一般达不到 1.23 V，正常都在 0.5～1 V 之间。如果想要获得能够满足实际需要的输出电压，只需要将多个单电池串联组合即可。

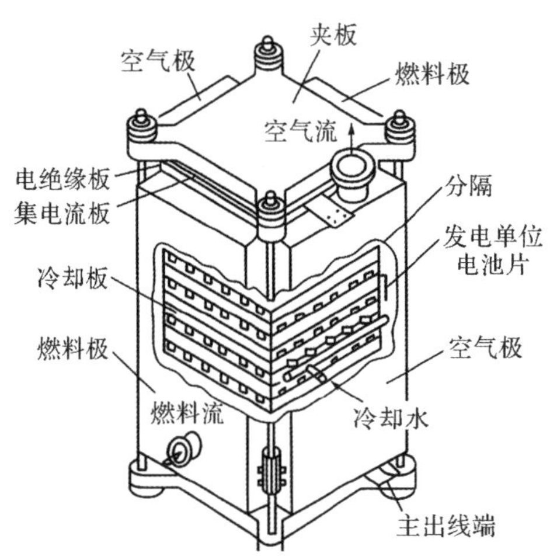

图 4-2-4　磷酸燃料电池堆的结构

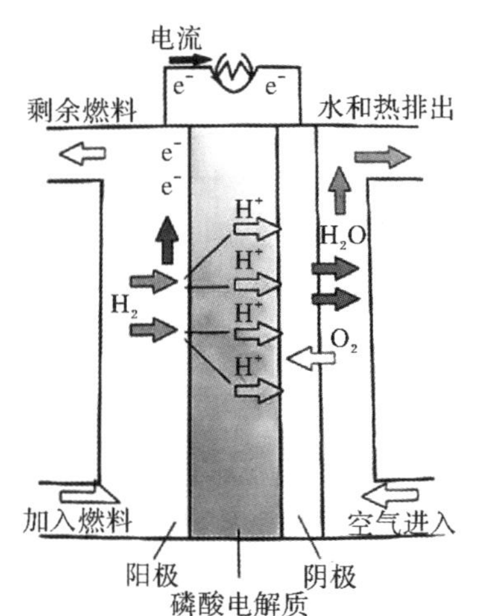

图 4-2-5　磷酸燃料电池的工作原理

2. 磷酸燃料电池的特点

目前来说，五大类燃料电池中磷酸燃料电池运用领域最广、发展速度最快。在 150～200 ℃的工作范围内，排出的水可以转化为蒸汽，用于空气和水加热（热电联产），可使效率提高 70%。PAFC 具有 CO 耐受性，可以耐受约 1.5%的 CO 浓度，这拓宽了它们可使用的燃料选择范围。若使用汽油，则必须除去硫。在较低温度下，磷酸是一种不良的离子导体，阳极中铂电催化剂的 CO 中毒变得严重。然而，它们对 CO 的敏感性远低于质子交换膜燃料电池和碱性燃料电池。磷酸燃料电池具有很多优点，比如它的构造很简单、电解质挥发性很低以及性能非常稳定等，所以 PAFC 不仅可以应用于大规模发电，还可以作为便携式动力电池。

4.2.4 熔融碳酸盐燃料电池

熔融碳酸盐燃料电池(MCFC)是由多孔陶瓷阴极、多孔陶瓷电解质隔膜、多孔金属阳极、金属极板构成的燃料电池,其电解质是熔融态碳酸盐。

1.熔融碳酸盐燃料电池的工作原理

单体的MCFC一般是平板型的,由电极(阳极、阴极)板、电解质板、氧化剂流通道和上下隔板组成,如图4-2-6所示。单体的上下为隔板/电流采集板,中间部分是电解质隔板,电解质板的两侧为多孔的阳极极板和阴极极板,其电解质是由钠(Na)和钾(K)碳酸盐组成的液体电解质(熔融碳酸盐)。

MCFC的电解质为熔融碳酸盐,一般为碱金属Li、K、Na、Cs的碳酸盐混合物,隔膜材料是$LiAiO_2$,正极和负极分别为添加锂的氧化镍和多孔镍,MCFC的工作原理如图4-2-7所示。

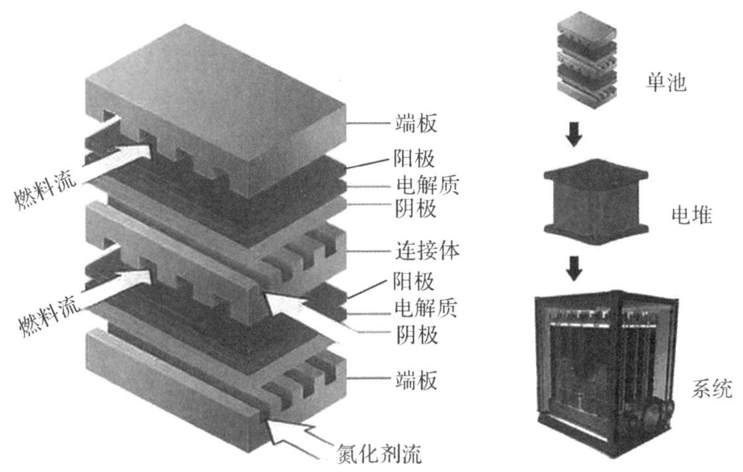

图4-2-6 熔融碳酸盐燃料电池结构

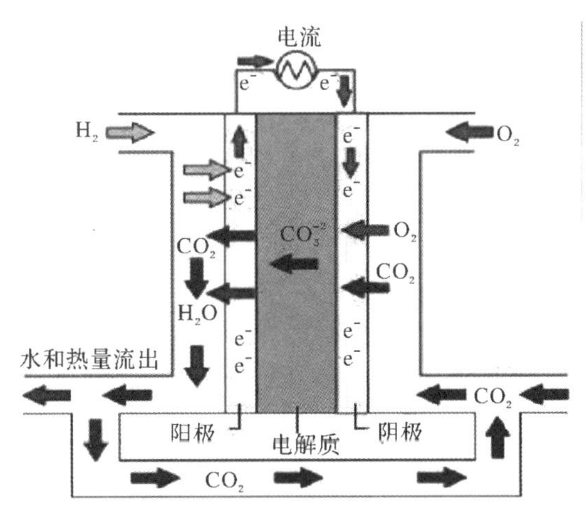

图4-2-7 熔融碳酸盐燃料电池工作原理

MCFC 的电池反应如下。

阴极反应：$O_2+2CO_2+4e^- \longrightarrow 2CO_3^{2-}$

阳极反应：$2H_2+2CO_3^{2-} \longrightarrow 2CO_2+2H_2O+4e^-$

总的电化学反应：$2H_2+O_2+2CO_2(c) \longrightarrow 2H_2O+2CO_2(a)+2E^0+Q^0$。其中 a、c 分别表示阳极、阴极，$E^0$ 表示基本发电量，Q^0 表示基本放热量。

由上述反应可知，MCFC 的导电离子为 CO_3^{2-}，CO_2 在阴极为反应物，而在阳极为产物。实际上电池工作过程中 CO_2 在循环，即阳极产生的 CO_2 返回到阴极，以确保电池连续工作。通常采用的方法是将阳极室排出来的尾气经燃烧消除其中的 H_2 和 CO，再分离除水，然后将 CO_2 返回到阴极循环使用。

2. 熔融碳酸盐燃料电池的特点

MCFC 是在 600 ℃及以上温度下运行的高温燃料电池。MCFC 开发用于天然气、沼气（由厌氧消化或生物质气化产生）和用于电力、工业、军事应用的煤基发电厂。MCFC 是高温燃料电池，由于它们在 650 ℃及以上的极高温度下运行，非贵金属可用作阳极和阴极的催化剂，从而降低成本。提高效率是 MCFC 比 PAFC 显著降低成本的另一个原因，熔融碳酸盐燃料电池可以达到接近 60%的效率，当余热被捕获和使用时，整体燃料效率可高达 85%，大大高于磷酸燃料电池 37%～42%的效率。与碱性、磷酸和聚合物电解质膜燃料电池不同，MCFC 不需要外部重整器即可将能量密度更高的燃料转化为氢气。由于 MCFC 运行时的高温，这些燃料通过内部重整的过程在燃料电池本身内转化为氢气，这也降低了成本。熔融碳酸盐燃料电池不易 CO 或 CO_2 中毒，它们甚至可以使用碳氧化物作为燃料，这使得它们对于用煤制成的气体作为燃料更具吸引力。由于 MCFC 需要将 CO_2 与氧化剂一起输送到阴极，因此它们可用于从其他化石燃料发电厂的烟气中电化学分离二氧化碳以进行封存。当前 MCFC 技术的主要缺点是耐用性，这些电池运行的高温和使用的腐蚀性电解质会加速组件的损坏和腐蚀，从而缩短电池寿命。科学家目前正在探索用于组件的耐腐蚀材料以及燃料电池设计，以增加电池寿命而不降低性能。

4.2.5 固体氧化物燃料电池

固体氧化物燃料电池（SOFC）属于第三代燃料电池，采用诸如掺杂氧化钇（Y_2O_3）的氧化锆（ZrO_2）之类的固态氧化物作为电解质，可以直接利用由化石能源、生物质能转化得到的碳氢化合物气体作为燃料，经过外部或内部重整反应和电极内的电化学反应，将燃料的化学能转化为电能。固体氧化物燃料电池是几种燃料电池中理论能量密度最高的一种，被普遍认为是在未来会与 PEMFC 一样得到广泛普及应用的一种燃料电池。

1. 固体氧化物燃料电池的类型

由于 SOFC 的全固态结构，因此在其结构与外形设计上可有多种选择，可以根据不同的使用要求和所处环境进行设计。设计时应以性能可靠、便于放大和维修以及价格合理为原则。目前,常见的设计有平板式、管式和瓦楞式。每种设计都各具特色,分别介绍如下。

(1)平板式 SOFC。平板式 SOFC 结构如图 4-2-8 所示,阳极、电解质、阴极形成三层平板式的结构,然后将双面刻有气道的连接板置于两个三层板之间,构成串联电堆结构,燃料气和氧化气垂直交叉从连接板上下两个面的气道中分别流过。

平板式 SOFC 的优点是电池结构及制备工艺简单,成本低;电流通过连接体的路径短,电池输出功率密度较高,性能好。但是,其高温无机密封比较困难,由此导致了较差的热循环性能,影响平板式 SOFC 长期工作的稳定性。随着 SOFC 运行温度的低温化,不锈钢等合金材料也可应用到连接体,这在一定程度上降低了对密封等其他材料的要求。

(2)管式 SOFC。管式 SOFC 最早是由美国西屋公司开发出来的,也是目前应用较成功的 SOFC 构型,其结构如图 4-2-9 所示。该结构是阴极、电解质、阳极由内至外依次分布形成管式。管式 SOFC 相对于平板式 SOFC 的最大优势是单管组装简单,无须高温密封,可依赖自身结构分隔燃料气和氧化气在管的内外,而且易于以串联或并联的方式将各单管电池组装成大规模的燃料电池系统,在机械应力和热应力方面也比较稳定,但管式 SOFC 的电流沿着环形电极流动,电流的传输路径长,导致电池的欧姆损耗较大,功率密度偏低。

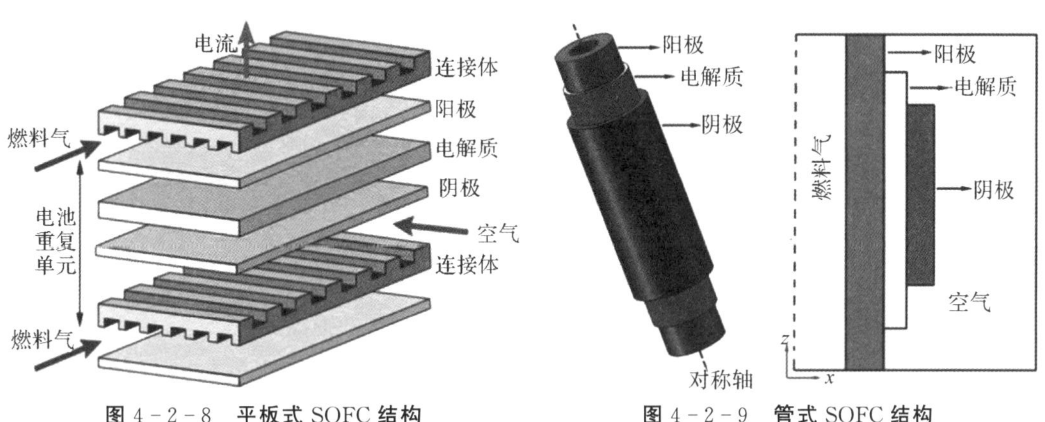

图 4-2-8 平板式 SOFC 结构　　图 4-2-9 管式 SOFC 结构

(3)瓦楞式 SOFC。瓦楞式 SOFC 与平板式 SOFC 在结构上相似,主要区别在于瓦楞式 SOFC 将三合一的夹层平板结构板(PEN 板)制成了瓦楞型,瓦楞式 SOFC 自身就可以形成所需的气体通道,无须像平板式 SOFC 那样在连接体两侧刻有气道,如图 4-2-10 所示。瓦楞式 SOFC 无须支撑结构,体积小,质量轻,有效反应面积比平板式大,内阻小,电池输出功率密度及效率均得到一定提升,且无须采用高温封接,结构牢固,可靠性高。然而,由于电解质陶瓷材料本身脆性较大,其瓦楞式结构使得制备工艺要求非常高,一次烧结成型存在一定的难度,目前尚处在实验阶段。

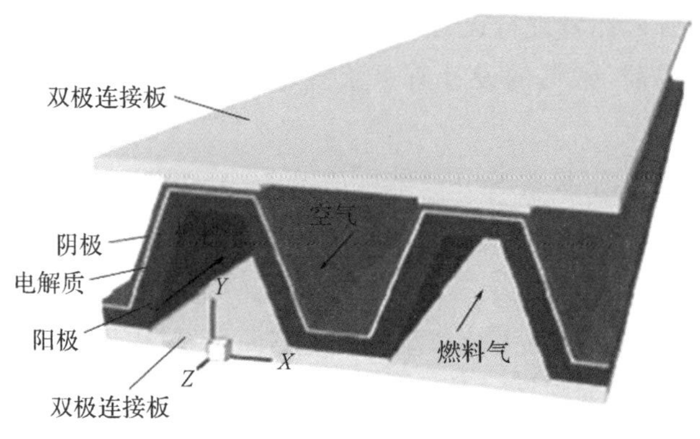

图 4-2-10 瓦楞式 SOFC 结构

2. 固体氧化物燃料电池的工作原理

SOFC 具有“三明治”结构，由多孔阳极层、致密电解质层、多孔阴极层三层组成，其中电解质为固体氧化物材料。不同于普通化学反应，电池中的燃料气和氧化气并不直接接触，而是分别发生半电化学反应，二者空间上互相分隔，通过电极传输电子，通过电解质传输离子。整个工作过程主要有五个步骤：反应物输送到燃料电池、反应物在气道内传输、在电极与电解质交界面上发生电化学反应、离子和电子传导、生成物排出。

阳极为燃料发生氧化的场所，阴极为发生还原的场所，两极都含有加速电极电化学反应的催化剂。工作时相当于直流电源，其阳极为电源负极，阴极为电源正极，其工作原理如图 4-2-11 所示。

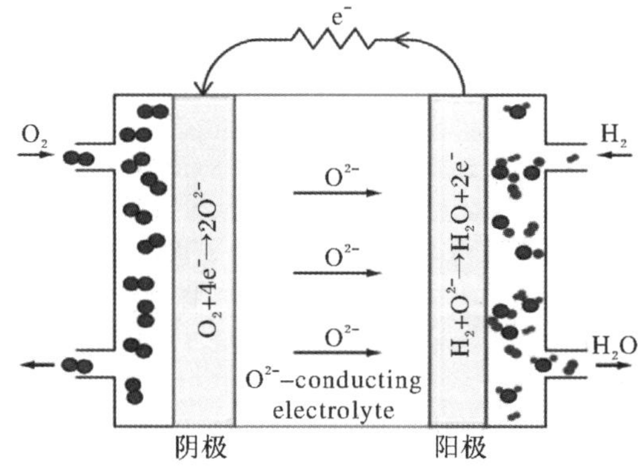

图 4-2-11 固体氧化物燃料电池的工作原理

在阴极(空气电极)上，氧分子得到电子，被还原成氧离子，即

$$O_2 + 4e^- \longrightarrow 2O^{2-}$$

氧离子在电池两侧氧浓度差驱动力的作用下，通过电解质中的氧空位迁移到阳极(燃料电极)上与燃料进行氧化反应，用 H_2、CO、CH_4 作燃料时，阳极反应分别为

$$H_2 + O^{2-} \longrightarrow H_2O + 2e^-$$

$$CO + O^{2-} \longrightarrow CO_2 + 2e^-$$

$$CH_4 + 4O^{2-} \longrightarrow 2H_2O + CO_2 + 8e^-$$

阳极反应放出的电子通过外电路回到阴极并对外做功，生成的产物从阳极排出。以 H_2 为例，电池的总反应为

$$2H_2 + O_2 \longrightarrow 2H_2O$$

在固体氧化物燃料电池的阳极一侧持续通入燃料气，具有催化作用的阳极表面吸附燃料气体，并通过阳极的多孔结构扩散到阳极与电解质的界面。在阴极一侧持续通入氧气或空气，具有多孔结构的阴极表面吸附氧，由于阴极本身的催化作用，使得 O_2 得到电子变为 O^{2-}。通常以固体氧化物作为电解质，在较高温度下才具有传递氧离子的能力，在化学势的作用下，O^{2-} 进入起电解质作用的固体氧离子导体，由于浓度梯度引起扩散，最终到达固体电解质与阳极的界面，与燃料气体发生反应，失去的电子通过外电路回到阴极。

3. 固体氧化物燃料电池的特点

SOFC 除了具备一般燃料电池的高效率、低污染等优势外，还有如下几个特点。

(1)燃料供应灵活。SOFC 可以使用各种碳氢燃料（H_2、CH_4、CO、汽油、天然气等），与 MCFC 和 PAFC 的燃料需求类似，而 AFC 和 PEMFC 则依赖高纯度氢气供应，氢气的压缩、储运都不容易解决，且供应网络不成熟。

(2)高品质余热利用。燃料电池将燃料转为电能的同时会释放一部分热能，对于高温工作的 SOFC 和 MCFC 余热温度高，热电联供能量利用率可高达 80%以上，而 PAFC、AFC 和 PEMFC 等低温燃料电池余热利用经济性不高。

(3)电池寿命长。SOFC 全固态结构，无电解质的蒸发与泄漏问题，也不必考虑由液态电解质所引起的腐蚀和流失等问题，使用寿命较长。德国尤利希研究中心开发的一款高温燃料电池从 2007 年 8 月开始工作，目前已经连续工作超过 7×10^4 h，MCFC 也达到 4×10^4 h，而低温的 PEMFC 目前仅有 5 000 h 寿命。

(4)电池成本低。通用公司 SOFC 成本已降到 388 美元/kW，很接近火力发电机组的成本，而 PEMFC 或 DMFC 因为需用贵金属催化剂和使用高纯度氢气，成本比较高，通用公司的 PEMFC 成本为 1 500 美元/kW，MCFC 约 1 715 美元/kW。

(5)开机时间长。因为高温运行，SOFC 需加热才能使用，因此启动速度较慢，大型 SOFC 机组启动需数小时之久，而室温型的 AFC 和 PEMFC 都只要打开电源就可使用。

SOFC 也存在一些不足之处，比如：氧化物电解质材料为陶瓷材料，质脆易断裂，电堆组装较困难；高温热应力作用会引起电池龟裂，所以主要部件的热膨胀率应严格匹配；等等。

早期研发的 SOFC 的工作温度较高，一般为 800～1 000 ℃。目前科学家已经成功研发出中温固体氧化物燃料电池，其工作温度一般为 800 ℃。SOFC 的能量密度

高、燃料范围广和结构简单等优点是其他燃料电池无法比拟的。随着 SOFC 的生产成本和操作温度进一步降低，能量密度的增加和启动时间进一步缩短，可以预见，SOFC 在今后的燃料电池电动汽车发展中有比较广阔的前景。

4.2.6 直接甲醇燃料电池

直接甲醇燃料电池（DMFC）是一种质子交换燃料电池，甲醇直接用作燃料，而不需要通过重整器重整甲醇、汽油及天然气等再取出氢以供发电，属于低温燃料电池。

DMFC 单电池主要由膜电极、双极板、集流板和密封垫片组成。由催化剂层和质子交换膜构成的膜电极是燃料电池的核心部件，燃料电池的所有电化学反应均通过膜电极来完成。质子交换膜的主要功能是传导质子阻隔电子，同时作为隔膜防止两极燃料的互串。催化剂的主要功能是降低反应的活化能，促进电极反应迅速进行。使用较多的是 Pt 基负载型催化剂，如 Pt/C 催化剂或 PtM/C 合金催化剂等。

1. 直接甲醇燃料电池的工作原理

直接甲醇燃料电池的工作原理与质子交换膜燃料电池的工作原理基本相同，如图 4-2-12 所示。不同之处在于直接甲醇燃料电池的燃料为甲醇（气态或液态），但氧化剂仍为空气和纯氧。从阳极通入的甲醇在催化剂的作用下解离为质子，并释放出电子，质子通过质子交换膜传输至阴极，与阴极的氧气结合生成水。在此过程中产生的电子通过外电路到达阴极，形成传输电流并带动负载。与普通的化学电池不同的是，燃料电池不是一个能量存储装置，而是一个能量转换装置，理论上只要不断地向其提供燃料，它就可向外电路负载连续输出电能。

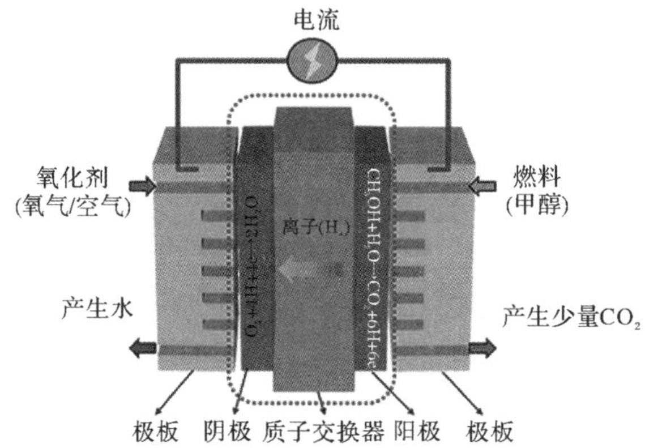

图 4-2-12　直接甲醇燃料电池的工作原理

阳极和阴极发生的电化学反应分别为

$$CH_3OH + H_2O \longrightarrow CO_2 + 6H^+ + 6e^-$$

$$3O_2 + 12e^- + 6H_2O \longrightarrow 12OH^-$$

总的电化学反应为

$$CH_3OH + \frac{3}{2}O_2 \longrightarrow CO_2 + 2H_2O$$

2. 直接甲醇燃料电池的特点

(1)DMFC 的优点。

1)高能量密度。甲醇作为燃料具有较高的能量密度,可以在相对较小的体积中存储更多的能量。

2)简单的燃料供应系统。与其他燃料电池不同,DMFC 只需要提供纯净的甲醇燃料,不需要氢气供应系统,这降低了燃料供应和储存的复杂性。

3)高效率。DMFC 具有较高的能量转化效率,能够将甲醇燃料直接转化为电能,减少了能量的损失。

(2)DMFC 的缺点。

1)较低的能量密度。虽然甲醇作为燃料具有较高的能量密度,但其能量密度相比于传统的化石燃料仍然较低,因此 DMFC 的续驶能力较差。

2)甲醇的毒性。甲醇是一种有毒物质,对人体和环境具有潜在的危害,在使用和储存过程中需要特殊的安全措施。

3)催化剂的寿命问题。DMFC 使用催化剂促进甲醇氧化反应,但催化剂的寿命有限,需要定期更换和维护。

六种燃料电池的主要特征参数比较见表 4-2-7。

表 4-2-7 六种燃料电池的主要特征参数比较

类 别	质子交换膜燃料电池	碱性燃料电池	磷酸燃料电池	熔融碳酸盐燃料电池	固体氧化物燃料电池	直接甲醇燃料电池
燃料	H_2	H_2	H_2	CO、H_2	CO、H_2	CH_3OH
电解质	固态高分子膜	碱溶液	液态磷酸	熔融碳酸锂	固体二氧化锆	固态高分子膜
工作温度/℃	≈80	60~120	170~210	60~650	≈1 000	≈80
氧化剂	空气或氧	纯氧	空气	空气	空气	空气或氧
电极材料	C	C	C	Ni-M	Ni-YSZ	C
催化剂	Pt	Pt、Ni	Pt	Ni	Ni	Pt
腐蚀性	中	中	强	强	无	中
寿命/h	100 000	10 000	15 000	13 000	7 000	100 000
特征	比功率高、运行灵活、无腐蚀	效率高、对 CO_2 敏感、有腐蚀	效率较低、有腐蚀	效率高、控制复杂、有腐蚀	效率高、运行温度高、有腐蚀	比功率高、进行温度低、无腐蚀
效率/%	>60	60~70	40~50	>60	>60	>60
启动时间	几分钟	几分钟	2~4 h	>10 h	>10 h	几分钟
主要应用领域	航天、军事、汽车、固定式用途	航天、军事	大客车、中小电厂、固定式用途	大型电厂	大型电厂、热站、固定式用途	航天、军事、汽车、固定式用途

任务4.3 车载储氢

任务驱动

随着氢燃料电池汽车的发展，氢被视为连接化石能源和可再生能源的重要桥梁。氢能具有储量丰富、来源广泛、能量密度高、可循环利用、温室气体及污染物零排放等特点，是公认的清洁能源，有助于解决能源危机、环境污染及全球变暖等问题。氢在常温常压下为气态，密度仅为空气的7.14%。基于氢燃料电池车必须满足高效、安全、低成本等要求，车载储氢技术的改进是氢燃料电池车发展的重中之重。目前，车载储氢怎样才能做到储氢量大、安全、寿命长呢？车载储氢技术都有哪些呢？

本任务要求学生熟悉燃料电池汽车车载储氢的方法，熟悉每种方法的技术原理以及优缺点，知识与技能要求见表4-3-1。

表4-3-1 知识与技能要求

任务内容	车载储氢	学习程度		
		识记	理解	应用
学习任务	高压气态储氢		●	
	低温液态储氢		●	
	高压低温液态储氢		●	
	金属氧化物储氢		●	
	有机液体储氢		●	
自我勉励				

任务工单 理解车载储氢技术

一、任务描述

通过任务的学习，熟悉不同车载储氢技术的工作原理，能够对不同车载储氢方式的优缺点以及应用情况有所认知。

二、学生分组

全班学生以5～7人为一组，各组选出组长并进行任务分工，将小组成员及分工情况填入表4-3-2中。

表4-3-2 小组成员及分工情况

班级：________ 组号：________ 指导教师：________

小组成员	姓 名	学 号	任务分工
组 长			
组 员			

三、准备工作

1.资料获取

请各组组长组织组员收集相关资料，并回答以下问题。

引导问题1：衡量车载储氢技术的性能参数有哪些？

引导问题2：目前的车载储氢技术有哪几种？

引导问题3：不同的车载储氢技术有什么优缺点？

2.制订计划

(1)根据任务内容制订工作计划，将其填入表4-3-3中。

表 4－3－3　工作计划

序　号	工作内容	负责人

(2)列出完成工作计划所需要的器材,将其填入表 4－3－4 中。

表 4－3－4　器材清单

序　号	名　称	型号与规格	单　位	数　量	备　注

3.进行决策

(1)小组成员针对各自的工作计划展开讨论,并选出最佳的工作计划。

(2)指导教师根据小组的工作计划给出评价。

(3)各小组成员根据指导教师的评价对工作计划进行调整。

(4)调整合格后的工作计划即为最终实施方案。

四、工作实施

根据最终实施方案展开活动。按实际操作过程,将操作内容、遇到的问题及解决办法等填入表 4－3－5 中。

表 4－3－5　工作实施过程记录表

序　号	操作内容	遇到的问题及解决办法

五、考核评价

指导教师根据各小组表现情况完成考核评价记录表(见表 4-3-6)。

表 4-3-6 考核评价记录表

<table>
<tr><td rowspan="2">项目名称</td><td rowspan="2">评价内容</td><td rowspan="2">分 值</td><td colspan="3">评价分数</td></tr>
<tr><td>自 评</td><td>互 评</td><td>师 评</td></tr>
<tr><td rowspan="6">职业素养
考核项目</td><td>无迟到、无早退、无旷课</td><td>8 分</td><td></td><td></td><td></td></tr>
<tr><td>仪容仪表符合规范要求</td><td>8 分</td><td></td><td></td><td></td></tr>
<tr><td>具备良好的安全意识与责任意识</td><td>10 分</td><td></td><td></td><td></td></tr>
<tr><td>具备良好的团队合作与交流能力</td><td>8 分</td><td></td><td></td><td></td></tr>
<tr><td>具备较强的纪律执行能力</td><td>8 分</td><td></td><td></td><td></td></tr>
<tr><td>保持良好的作业现场卫生</td><td>8 分</td><td></td><td></td><td></td></tr>
<tr><td rowspan="3">专业能力
考核项目</td><td>积极参加教学活动,按时完成任务工单</td><td>16 分</td><td></td><td></td><td></td></tr>
<tr><td>操作规范,符合作业规程</td><td>16 分</td><td></td><td></td><td></td></tr>
<tr><td>操作熟练,工作效率高</td><td>18 分</td><td></td><td></td><td></td></tr>
<tr><td colspan="2">合 计</td><td>100 分</td><td></td><td></td><td></td></tr>
<tr><td>总 评</td><td>自评(20%)+互评(20%)+师评(60%)=________</td><td>综合等级:________</td><td colspan="3">指导教师(签名):________</td></tr>
</table>

▶参考知识

目前,氢燃料电池车车载储氢技术主要包括高压气态储氢、低温液态储氢、高压低温液态储氢、金属氢化物储氢及有机液体储氢等。衡量储氢技术的性能参数有体积储氢密度、质量储氢密度、充放氢速率、充放氢的可逆性、循环使用寿命及安全性等,其中质量储氢密度、体积储氢密度及操作温度是主要评价指标。为了达到并超过柴/汽油车的性能要求,众多研究机构对车载储氢技术提出了新标准,其中美国能源部(Department of Energy,DOE)公布的标准最具权威性。DOE 先后提出车载储氢技术研发目标,其终极目标必须达到质量储氢密度(即储氢质量分数)为 7.5%,体积储氢密度为 70 g/L,操作温度为 40~60 ℃。

4.3.1 高压气态储氢

在车载储氢中,增加内压、减小罐体质量、提高储氢容量是储氢容器的发展方向。高压气态储氢是一种最常见、应用最广泛的储氢方式,其利用气瓶作为储存容器,通过高压压缩方式储存气态氢。目前，高压气态储氢容器主要分为纯钢制金属瓶（Ⅰ型）、钢制内胆纤维缠绕瓶（Ⅱ型）、铝内胆纤维缠绕瓶（Ⅲ型）及塑料内胆纤维缠绕瓶（Ⅳ型）。由于高压气态储氢容器Ⅰ型、Ⅱ型质量储氢密度低、氢脆问题严重，难以满足车载质量储氢密度要求；而Ⅲ型、Ⅳ型瓶由内胆、碳纤维强化树脂层及玻璃纤维强化树脂层组成，明显减少了气瓶质量，提高了单位质量储氢密度，因此，车载储氢瓶大多使用Ⅲ型、Ⅳ型。储氢瓶类型及性能见表 4-3-7。

表 4-3-7　储氢瓶类型及性能

类 型	工作压力/(MPa)	产品重容比/($kg \cdot L^{-1}$)	使用寿命/年	体积储氢密度/($g \cdot L^{-1}$)	车载使用情况	成 本	发展情况
Ⅰ	17.5～20.0	0.90～1.30	15	14.28～17.23	否	低	国内外发展成熟
Ⅱ	26.3～30.0	0.60～0.96	15	14.28～17.23	否	中等	国内外发展成熟
Ⅲ	30～70	0.35～1.00	15～20	40.40	是	最高	国外技术成熟，国内开发产品
Ⅳ	70 以上	0.30～0.50	15～20	48.50	是	高	国外技术成熟，国内开发产品
Ⅴ							国内外均处于理论研究阶段

储氢瓶的纤维复合材料壳体和塑料内衬材质不同，塑料会随着工作时间延长而老化，内衬和纤维缠绕层发生分离，氢气分子质量小，易从内衬材料分子孔隙中渗出，如图 4-3-1 中氢气泄漏路径①；另外，塑料内衬和金属瓶口因材质不同很难获取严格的密封性，氢气分子也容易以图 4-3-1 中路径②的方式泄漏。在密闭空间氢气泄漏有可能发生爆炸事故，所以对储氢瓶的密封性以及密封件材质的选择至关重要。

Ⅲ型瓶以锻压铝合金为内胆，外面包覆碳纤维，使用压力主要有 35 MPa、70 MPa 两种。中国车载储氢中主要使用 35 MPa 的Ⅲ型瓶，70 MPa 瓶也已研制成功并小范围应用。2010 年，浙江大学成功研制了 70 MPa 轻质铝内胆纤维缠绕储氢瓶，解决了高抗疲劳性能的缠绕线形匹配、超薄(0.5 mm)铝内胆成型等关键技术，其单位质量储氢密度达 5.7%，实现了铝内胆纤维缠绕储氢瓶的轻量化。目前，70 MPa 的Ⅲ型瓶使用标准《车用压缩氢气铝内胆碳纤维全缠绕气瓶》(GB/T 35544—2017)已经颁布，并在小范围应用于轿车中。Ⅳ型瓶是轻质高压储氢容器的另一个发展方向，美国 Quantum 公司、Hexagon Lincoln 公司、通用汽车公司，以及日本丰田汽车公司等国外企业，已成功研制多种规格的纤维全缠绕高压储氢瓶，其高压储氢瓶设计制造技术处于世界领先水平。其中，丰田汽车 Mirai 的高压储氢瓶即采用Ⅳ型瓶，如图 4-3-2 所示，其由三层结构组成:内层为高密度聚合物,中层为耐压的碳纤维缠绕层,表层则是保护气瓶和碳纤维树脂表面的玻璃纤维强化树脂层。Ⅳ型瓶的使用压力为70 MPa,质量储氢密度为5.7%。

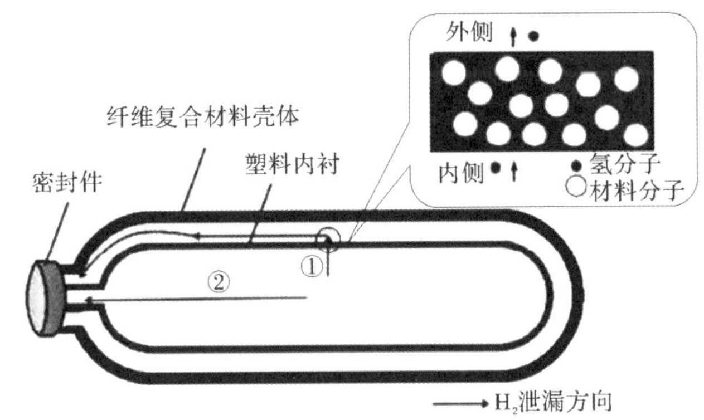

图4-3-1 氢气从储氢瓶中泄漏示意图

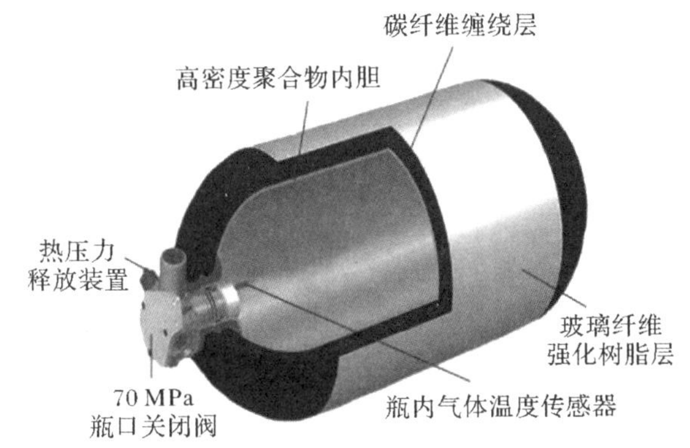

图4-3-2 Ⅳ型瓶轻质高压气态储氢瓶模型图

高压气态储氢以气瓶为储存容器,其优点是成本低、能耗少,可以通过减压阀调节氢气释放速度,充气、放气速度快,动态响应好,能在瞬间开关氢气,满足氢燃料电池车车用要求。同时,其工作温度范围较宽,可在常温至零下几十度的环境下正常工作。

尽管Ⅳ型储氢瓶相较其他类型的储氢瓶具有多种优势,但要想做到大规模量产仍需攻克关键技术难题:第一,在高压气态储氢技术中,氢气与储氢瓶质量比值系数过低,导致氢气在运输过程中存在运输成本高、运输风险大等缺点;第二,碳纤维作为储氢瓶的关键材料,技术壁垒相对较高,目前国产碳纤维机械性能不能满足储氢材料的要求,资源仍需从日本大量进口,增大了储氢瓶制造成本;第三,Ⅲ型储氢瓶由金属内胆上的密封面与瓶阀密封,与Ⅲ型储氢瓶密封结构设计不同的是,Ⅳ型储氢瓶需要考虑金属与塑料之间的密封。

目前,高压气态储氢是工程化程度最高的储氢技术,高压气态储氢瓶常用压力值为35 MPa和70 MPa。值得注意的是,仅靠提高储氢压力来提高储氢密度,储氢设备材质、结构的要求以及成本也会随之提高。在达到高储氢密度的同时，轻质量、低成本也是高压气态储氢技术的重要发展方向。

4.3.2 低温液态储氢

液氢是一种高能、低温的液态燃料，其沸点为－252.65 ℃、体积储氢密度为 70 g/L，其密度是气态氢的 845 倍，是高压气态储氢的数倍。通常情况下，低温液态储氢是将氢气压缩后冷却至－252 ℃以下，使之液化并存放于绝热真空储存器中。与高压气态储氢相比，低温液态储氢的质量储氢密度、体积储氢密度均有大幅度提高。如果从质量储氢密度、体积储氢密度角度分析，低温液态储氢是较理想的储氢技术。但是，容器的绝热问题、氢液化能耗是低温液态储氢面临的两大技术难点：①低温液态储氢必须使用特殊的超低温容器，若容器装料和绝热性能差，则容易加快液氢的蒸发损失；②在实际氢液化中，其耗费的能量占总能量的 30%。目前，低温液态储氢已应用于车载系统中，如 2000 年美国通用公司已在轿车上使用了长度为 1 m、直径为 0.14 m 的液体储罐，如图 4－3－3 所示，其总质量为 90 kg，可储氢 4.6 kg，质量储氢密度、体积储氢密度分别为 5.1%、36.6 g/L。但低温液态储氢技术存在成本高、易挥发、运行过程中安全隐患多等问题，商业化难度大。今后，低温液态储氢还需向着低成本、低挥发、质量稳定的方向发展。

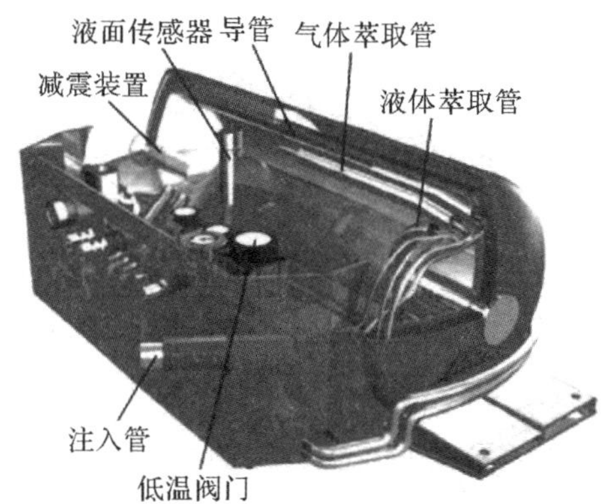

图 4－3－3 美国通用公司在轿车上应用的低温液态储氢罐模型图

4.3.3 高压低温液态储氢

高压低温液态储氢是在低温下增加压力的一种储存方式。在高压下，液氢的体积储氢密度随压力升高而增加，如在－252 ℃下液氢的压力从 0.1 MPa 增至 23.7 MPa 后，其体积储氢密度从 70 g/L 增至 87 g/L，质量储氢密度也达到了 7.4%。美国加利福尼亚州的劳伦斯利沃莫尔国家实验室研发了新型高压低温液态储氢罐，如图 4－3－4 所示，外罐长度为 129 cm、直径为 58 cm。该储氢罐内衬为铝，外部缠绕碳纤维，外套保护由高反射率的金属化塑料和不锈钢组成，储氢罐和保护套之间为真空状态。现有的低温液态储氢罐仅能维持介质2～4天无挥发，将新研发的高压低温液态储氢罐安装在混合动力车上进行测试，结果表明有效降低了液氢的挥发，可以保持6天无挥发。与常压液态储氢相比，高压低温液态储氢的氢气挥发性小、体积储氢密度更大，但成本、安全性等问题亟须解决。

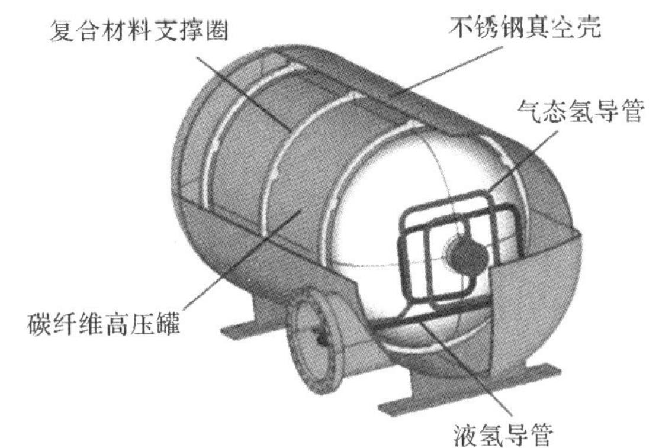

图4-3-4 美国劳伦斯利沃莫尔国家实验室研发的新型高压低温液态储氢罐模型图

4.3.4 金属氢化物储氢

金属氢化物储氢是利用过渡金属或合金与氢反应，以金属氢化物形式吸附氢，然后加热氢化物释放氢，其反应方程式为

$$aM+0.5bH_2 \rightleftharpoons MaHb+\Delta Q$$

式中：M为过渡金属或合金；ΔQ为反应热，单位是kJ。

当金属单质作为储氢材料时，能获得较高的质量储氢密度，但释放氢气的温度高，一般超过300 ℃。为了降低反应温度，目前主要使用$LaNi_5$、$Ml_{0.8}Ca_{0.2}Ni_5$、Mg_2Ni、$Ti_{0.5}V_{0.5}Mn$、FeTi、Mg2Ni等AB_5、A_2B、AB型合金，如表4-3-8所示，合金储氢材料的操作温度均偏低，质量储氢密度为1%～4.5%。

表4-3-8 合金储氢材料的储氢性能

合　金	放氢温度/℃	压力/MPa	质量储氢密度/(%)
L_aNi_5	22	0.10	1.37
FeTi	60	0.50	1.89
Mg_2Ni	−18	0.10	3.59
$CeNi_4Zr$	20～60	3.20	4.00
$CeNi_4Cr$	20～60	3.10	4.30
$LaNi_{4.5}Sn_{0.5}$	25	0.75	0.96
$Zr_{0.9}Ti_{0.1}Cr_{0.8}Ni_{0.4}$	100	0.10	2.00
$Ti_{0.5}V_{0.5}Mn$	−13	35.00	1.90

续表

合　金	放氢温度/℃	压力/MPa	质量储氢密度/(%)
$Ti_{0.47}V_{0.465}Mn$	33	12.00	1.53
$Ml_{0.8}Ca_{0.2}Ni_5$	20	30.00	1.60

由于储氢合金具有安全、无污染、可重复利用等优点，已在燃气内燃机汽车、潜艇、小型储氢器及燃料电池车中开发使用。浙江大学成功开发了燃用氢-汽油混合燃料城市节能公共汽车，其使用的是 $M_{10.8}Ca_{0.2}Ni_5$ 合金储氢材料，在汽油中掺入质量分数为 4.5%的氢，使内燃机效率提高 14%，节约汽油 30%。日本丰田汽车公司采用储氢合金提供氢的方式，汽车速度高达 150 km/h，行驶距离超过 300 km。虽然金属氢化物储氢在车上已有应用，但与 2017 年 DOE 制定的储氢密度标准相比，差距仍较大。将其发展成为商业车载储氢还需进一步提高质量储氢密度、降低分解氢的温度与压力、延长使用寿命等。同时，车载储氢技术不仅与储氢金属材料有关，还与储罐的结构有关，需要解决储罐的体积膨胀、传热、气体流动等问题。

4.3.5 有机液体储氢

有机液体储氢材料是利用不饱和有机物液体的加氢和脱氢反应来实现储氢。某些有机物液体可以可逆吸放大量氢，且反应高度可逆、安全稳定、易运输，可以利用现有加油站加注有机液体。目前，常用储氢的有机液体包括苯、甲苯、萘、咔唑及四氨基吡啶等。传统有机物(苯、甲苯、萘)的质量储氢密度为 5.0%～7.5%，达到规定标准，但反应压力在 1～10 MPa，反应温度为 350 ℃左右，需要贵金属催化剂。可见，有机液体储氢技术操作条件较苛刻，导致该储存技术成本高、寿命短。

传统有机液体氢化物脱氢的温度高、压力高，难以实现低温脱氢，制约了其大规模应用和发展。采用不饱和芳香杂环有机物储氢，其质量、体积储氢密度较高，最重要的是可有效降低加氢和脱氢反应温度，如咔唑和四氨基吡啶的脱氢反应温度为 170 ℃，比传统有机液储氢材料的脱氢温度低，如表 4-3-9 所示。聚力氢能公司成功开发出一种稠杂环有机分子，将其作为有机液体储氢材料，可逆储氢量达到了 5.8%，在 160 ℃下 150 min 即可实现全部脱氢，在 120 ℃下 60 min 即可全部加氢，且循环寿命高、可逆性强，其储存、运输方式与石油相同，80 L 稠杂环有机分子液体产生的氢气可供普通车行驶 500 km。2017 年，中国扬子江汽车与武汉氢阳能源联合开发了一款城市客车，利用有机液体储氢技术，加注 30 L 的氢油燃料(有机液态储氢)，可行驶 200 km。有机液体储氢技术极具应用前景，其储氢容量高、运输方便安全，可以利用传统的石油基础设施进行运输、加注。目前，有机液体储氢技术的理论质量储氢密度最接近 DOE 的目标要求，该技术进一步发展的关键是提高低温下有机液体储氢介质的脱氢速率与效率、催化剂反应性能，改善反应条件，降低脱氢成本。

表 4-3-9 不同有机液体储氢材料的储氢特性

有机液体氢化物	理论质量储氢密度/(%)	催化剂	脱氢温度/℃
苯	7.2	0.5% Pt～0.5% C_a/Al_2O_3	300
甲苯	6.2	10% Pt/AC 0.1% K·～0.6% Pt/Al_2O_3	298 320
萘	7.3	10% Pt/AC 0.8% Pt/Al_2O_3	320 340
咔唑	6.7	5% Pd/C	170
四氨基吡啶	5.8	10% Pd/SiO_2	170

4.3.6 各种储氢方式对比

目前各种储氢技术均已在车载中应用，但是我国技术水平与国外还存在一定的差距：①国外乘用车已经开始使用质量更轻、成本更低、质量储氢密度更高的Ⅳ型瓶，而中国Ⅳ型瓶还处于研发阶段，成熟产品只有 35 MPa 和 70 MPa 的Ⅲ型瓶，如表 4-3-10 所示，其中 70 MPa 的Ⅲ型瓶在乘用车样车上应用。②中国制造的Ⅲ型瓶的主要原材料为碳纤维，由于研发起步晚、原材料性能差等原因，国产碳纤维还不能满足车用储氢瓶的要求，主要依赖进口。③国外液氢储罐已在汽车上应用，而中国还未实现。通用汽车、福特汽车、宝马汽车等都推出了使用车载液氢储罐供氢的概念车，而中国可以自行生产液氢，但尚未将其应用于车载氢系统。

表 4-3-10 国内外储氢性能参数

国　别	生产公司	型　号	容积/L	质量/kg	压力/MPa	质量储氢密度/(%)
国外	Hexagon Lincoln. Inc	Ⅳ	64	43.0	70	6.0
	丰田 Mirai 汽车公司	Ⅳ	60	42.8	70	5.7
国内	北京天海工业有限公司	Ⅲ	140	80.0	35	4.2
		Ⅲ	165	88.0	35	4.2
		Ⅲ	54	54.0	70	>5.0
	北京科泰克科技有限责任公司	Ⅲ	140	—	35	4.0
		Ⅲ	65	—	70	>5.0
	斯林达安科新技术有限公司	Ⅲ	128	67.0	35	4.0
		Ⅲ	52	52.0	70	>5.0
	中材科技股份有限公司	Ⅲ	140	78.0	35	4.0
		Ⅲ	162	88.0	35	4.0
		Ⅲ	320	—	35	—

各种储氢技术的优缺点如表 4－3－11 所示。从技术成熟度方面分析，高压气态储氢最成熟、成本最低，是现阶段主要应用的储氢技术，在行驶里程、行驶速度及加注时间等方面均能与柴/汽油车相媲美，但如果对氢燃料电池汽车有更高要求时，该技术不适用。从质量储氢密度方面分析，液态储氢、有机液体储氢的质量储氢密度最高，能达到 DOE 的标准，但两项技术均存在成本高等问题，且操作、安全性等比气态储氢差。从成本方面分析，液态储氢、金属氢化物储氢及有机液体储氢成本均较高，目前不适合推广。

表 4－3－11　不同车载储氢技术的质量储氢密度及优缺点对比

储氢技术	质量储氢密度/(%)	优　点	缺　点
高压气态储氢	5.7	技术成熟，成本低	质量储氢密度低
低温液态储氢	5.7	质量储氢密度高	易挥发，成本高
高压低温液态储氢	7.4	质量储氢密度高	成本高，安全性差
金属氢化物储氢	4.5	安全，操作条件易实现	成本高，质量储氢密度低
有机液体储氢	7.2	质量储氢密度高	成本高，操作条件苛刻

车载储氢技术取得了快速发展，高压气态储氢、低温液态储氢、高压低温液态储氢、金属氢化物储氢及有机液体储氢已在车载储氢中应用，其中气态储氢技术已经大规模商业化应用。但车载储氢技术仍存在不足，如质量储氢密度低、成本高等，尚未完全达到 DOE 对车载储氢系统提出的要求。储氢技术将继续向着 DOE 目标发展，同时，还需不断探索开发新的储氢技术，如碳纳米管、石墨烯、有机骨架材料等纳米材料储氢，将为新能源汽车领域开拓新的局面，为全球的低碳经济做出贡献。

任务 4.4　典型燃料电池电动汽车实例

▶任务驱动

相比燃油、锂电池车，氢燃料电池车具有更长的续驶里程、更快的充能速度、更强的低温性能等优势。近年来，政府、产业、行业、企业及相关专业机构等多方进行了积极的推动和努力，我国氢能产业和燃料电池汽车的发展正驶上“快车道”。那么，目前我国氢燃料电池电动汽车发展如何呢？有哪些量产车型？丰田汽车是起步最早的氢燃料电池汽车，新车型有什么特点呢？

本任务要求学生熟悉国内外量产的氢燃料电池电动汽车的车型，了解每款车型的优缺点，知识与技能要求如表 4－4－1 所示。

表 4-4-1 知识与技能要求

任务内容	典型燃料电池电动汽车实例	学习程度		
		识记	理解	应用
学习任务	我国燃料电池汽车			●
	美国燃料电池汽车			●
	丰田燃料电池汽车			●
	本田燃料电池汽车			●
实训任务				
自我勉励				

任务工单 了解燃料电池电动汽车

一、任务描述

通过学习，熟悉氢燃料电池电动汽车国内外的量产车型，能够对这些车型进行优缺点认知描述。

二、学生分组

全班学生以 5～7 人为一组，各组选出组长并进行任务分工，将小组成员及分工情况填入表 4-4-2 中。

表 4-4-2 小组成员及分工情况

班级：________ 组号：________ 指导教师：________

小组成员	姓　名	学　号	任务分工
组　长			
组　员			

三、准备工作

1.资料获取

请各组组长组织组员收集相关资料，并回答以下问题。

引导问题 1:我国目前量产的氢燃料电池的车型有哪些?

引导问题 2:丰田新款燃料电池电动汽车有什么特点?

引导问题 3:本田氢燃料电池电动汽车的发展历程是怎样的?

2.制订计划

(1)根据任务内容制订工作计划，将其填入表 4-4-3 中。

表 4-4-3　**工作计划**

序　号	工作内容	负责人

(2)列出完成工作计划所需要的器材，将其填入表 4-4-4 中。

表 4-4-4　**器材清单**

序　号	名　称	型号与规格	单　位	数　量	备　注

3.进行决策

(1)小组成员针对各自的工作计划展开讨论，并选出最佳的工作计划。

(2)指导教师根据小组的工作计划给出评价。

(3)各小组成员根据指导教师的评价对工作计划进行调整。

(4)调整合格后的工作计划即为最终实施方案。

四、工作实施

根据最终实施方案展开活动。按实际操作过程，将操作内容、遇到的问题及解决办法等填入表 4-4-5 中。

表 4-4-5 工作实施过程记录表

序 号	操作内容	遇到的问题及解决办法

五、考核评价

指导教师根据各小组表现情况完成考核评价记录表(见表 4-4-6)。

表 4-4-6 考核评价记录表

项目名称	评价内容	分 值	评价分数		
			自 评	互 评	师 评
职业素养考核项目	无迟到、无早退、无旷课	8 分			
	仪容仪表符合规范要求	8 分			
	具备良好的安全意识与责任意识	10 分			
	具备良好的团队合作与交流能力	8 分			
	具备较强的纪律执行能力	8 分			
	保持良好的作业现场卫生	8 分			
专业能力考核项目	积极参加教学活动，按时完成任务工单	16 分			
	操作规范，符合作业规程	16 分			
	操作熟练，工作效率高	18 分			
合 计		100 分			
总 评	自评(20%)+互评(20%)+师评(60%)=________	综合等级：________	指导教师(签名)：________		

参考知识

4.4.1 我国燃料电池电动汽车简介

1. 红旗 H5 - FCEV

2021 年，红旗 H5 - FCEV 首发亮相，该车基于燃油版 H5 进行打造，整体造型变化不大，如图 4 - 4 - 1 所示。红旗 H5 - FCEV 采用的是由中国一汽自主开发的型号为 CAFS300P50 - 1 的燃料电池发动机，发电机额定功率和最大功率分别为 50 kW 和 54 kW。新车配备 2 个储氢罐，可存储氢气 4 kg，0～100 km/s 耗氢量小于 0.82 kg，NEDC 工况下续驶里程约为 520 km。红旗 H5 氢燃料版的车身外壳采用了轻量化材料，进一步降低了车辆的整体质量，有助于提升续驶性能。这是中国第一款成功点火的氢燃料车，不插电、不烧油、零污染。

图 4 - 4 - 1 红旗 H5 - FCEV

为了更好地满足用户的日常出行需求，红旗 H5 氢燃料版配备了快速氢气充填系统，用户可以在短时间内完成氢气充填，类似于传统燃油汽车的加油过程，非常便捷。另外，红旗公司还在全国范围内逐步建设了氢燃料站，为用户提供更加便利的加氢服务，进一步推动氢能源的普及和应用。

2. 长安“深蓝”C385

长安汽车发布了全新数字化纯电品牌“深蓝”。随后，长安深蓝又公布了旗下首款车型 C385，新车将有纯电版、增程版、氢燃料电池版(见图 4 - 4 - 2)三个版本。

图 4 - 4 - 2 “深蓝”C385 燃料电池版

其中,纯电版采用了单电机后驱,峰值功率 190 kW,0～100 km/h 加速仅为 5.9 s,CLTC 综合续驶 700 km;增程混动车型 CLTC 综合续驶 1 200 km、纯电动综合续驶 200 km 以上;氢燃料电池车型 CLTC 综合续驶 700 km。

"深蓝"C385 作为国内首款量产自主氢燃料电池系统轿车,实现了超高发电效率及超长电堆寿命。续驶方面,氢燃料电池版深蓝 C385 续驶达到了 700 km 以上,其补能时间仅需 3 min,馈电氢耗低至 0.65 kg/100 km。氢燃料电池版"深蓝"C385 采用体积更小、功率更大的水气异侧电堆设计,配合工况模式智能感知算法、新一代高活性铂合金催化剂梯度涂覆,实现了超高发电效率及超长电堆寿命。该系统发电效率可达成 1 kg 氢气发电 20.5 kW·h,并实现 3 min 超快补能。

3. 上汽大通 FCV80

在国内,上汽大通推出了首款搭载氢燃料的宽体轻客车型汽车 FCV80,如图 4-4-3 所示,与传统的燃油锂电池混动力不同,它还是一款可插电式双动力源燃料电池汽车。FCV80 采用了燃料电池汽车最常用的质子交换膜燃料电池技术,不仅在国内领先,而且成为国际轻客(同等级别)中第一款绿色环保燃料电池汽车。

FCV80 的氢气储存罐大约能装下 6 kg 的氢气,3～5 mm 即可充满。电池容量为 14.3 kW·h,最高续驶里程可达 500 km,目前已经实现在上海、佛山、抚顺等地商业化运营。

图 4-4-3 **上汽大通** FCV80

4.4.2 美国部分燃料电池汽车简介

1. 美国通用汽车部分燃料电池汽车

美国通用汽车公司研发了多种型号的燃料电池汽车,研发的 Hydrogen 系列燃料电池汽车包括 Hydrogen 1、Hydrogen 3、Hydrogen 4 等,Hydrogen 系列燃料电池汽车在不断改进中得到发展和完善。

(1)Hydrogen 1。Hydrogen 1 燃料电池汽车是通用汽车公司在 Zafire 燃料电池汽车底盘上改装的燃料电池汽车,可乘坐 5 人,总质量为 1 575 kg,最高车速为 140 km/h,0～96.6 km/h 的加速时间为 19 s,一次充满液氢的续驶里程可达 400 km。Hydrogen 1 采用液态氢为燃料,质子交换膜燃料电池发动机的持续功率为 80 kW,最大功率为

120 kW，装备镍氢电池组为辅助电源。交流电机输出功率为 55～60 kW，电机通过单级减速器带动前轮行驶。

(2)Hydrogen 3。Hydrogen 3 燃料电池汽车，可乘坐 5 人，总质量为 1 590 kg，最高车速为 160 km/h，0～96.6 km/h 的加速时间为 19 s，一次充满液氢的续驶里程可达 270 km。Hydrogen 3 采用 75 MPa、4.6 kg 的液态氢为燃料，质子交换膜燃料电池发动机的持续功率为 94 kW，最大功率为 120 kW，质量比 Hydrogen 1 的燃料电池发动机减少 100 kg。用纯燃料电池的电源驱动车辆，省略了镍氢电池组为辅助电源。交流电机输出功率为 60 kW，电机通过减速比为 8.67∶1的单级减速器带动前轮行驶。

(3)Hydrogen 4。Hydrogen 4 燃料电池汽车，最高车速为 160 km/h，0～96.6 km/h 的加速时间为 12 s，一次充满液氢的续驶里程可达 300 km。Hydrogen 4 采用液态氢为燃料，质子交换膜燃料电池发动机的最大功率为 93 kW，交流电机输出功率为 73 kW，电机通过单级减速器带动前轮行驶。

2. 美国福特汽车部分燃料电池汽车

美国福特汽车公司部分燃料电池汽车主要有 P2000FCEV、Focus - SUV、Airstream Concept 等。福特汽车公司的燃料电池汽车采用了不同形式的汽车底盘进行研究和开发。

(1)福特汽车公司 P2000FCEV 燃料电池汽车。P2000FCEV 燃料电池汽车是在 Conter/Mondio 轿车底盘上研发出来的燃料电池汽车，可乘坐 5 人，总质量为 907 kg，最高车速为 128 km/h，0～96.6 km/h 的加速时间为 12.3 s，一次充满液氢的续驶里程可达 160 km。P2000FCEV 采用 25 MPa 的氢气为燃料，装备 Ballard 公司的 3 个 Mark 质子交换膜燃料电池发动机，每个燃料电池发动机的功率为 25 kW，最大总功率为 75 kW。装备镍氢电池组为辅助电源。采用 Ecoster 公司的三相交流电机，电机的功率为 67 kW，转矩为 190 N · m。

(2)福特汽车公司 Focus - SUV 燃料电池汽车。福特汽车公司 Focus - SUV 燃料电池汽车是在 Focus - SUV 底盘上改装出来的燃料电池 SUV。总质量为 1 727 kg，最高车速为 128 km/h，一次充满液氢的续驶里程可达 250 km。Focus 燃料电池采用 25 MPa 的氢气为燃料，装备 Ballard 公司的 Mark900 型质子交换膜燃料电池发动机，输出电压为 385 V，最大总功率为 75 kW。装备总电压为 300 V 的镍氢电池组为辅助电源，采用功率为 67 kW、转矩为 190 N · m 的三相交流电机为驱动电机。

(3)福特汽车公司 Airstream Concept 燃料电池汽车。福特汽车公司 Airstream Concept 燃料电池汽车是一种“即插”(相当于 Plug-in)燃料电池汽车，以 336 V 总电压的锂离子动力电池组为主要电源，燃料电池发动机只是在动力电池组的 SOC 下降到允许的最低点时，才起动燃料电池发动机为动力电池组补充电能。

4.4.3 丰田燃料电池电动汽车简介

1996 年，丰田推出了第一款燃料电池概念车 FCHV - 1，这是一款改装自 RAV4，采用了10 kW的PEMFC和金属储氢装置的FCEV，又称EVS13。该车的续驶里程达到了250 km。

1997年，丰田紧接着推出了第二款燃料电池车型——FCHV-2。该车同样改装自RAV4，搭载了25 kW的PEMFC，并且使用了甲醇重整燃料电池，使其续驶里程达到了500 km。

2001年3月，丰田推出了第三款燃料电池车型——FCHV-3。这次丰田不再使用RAV4，改为用汉兰达改装。该车采用了功率高达90 kW的PEMFC，依然采用了金属储氢装置。另外，丰田在FCHV-3上参考普锐斯的动力系统，使用了镍氢电池作为辅助电池系统。

2001年6月，丰田推出了FCHV-3的改进版——FCHV-4。该车最大的特点是使用了高压储氢罐的方式储氢，共采用4个25 MPa的高压气罐，每个气罐体积达到了34 L，此举让FCHV的储氢系统质量减少了250 kg，达到了100 kg的级别。由于当时压力较低，FCHV的续驶里程反而减少到了250 km。

2002年，丰田推出了在FCHV-4上改进的FCHV，得到了日本政府的认证，并开始在日本和美国进行小范围的销售。并且在2005年，丰田的FCHV得到了日本政府的型式认证。

2008年，丰田推出了FCHV-adv，该车基于汉兰达平台改装，使用了4个70 MPa的储氢罐，行驶里程达到了760 km。

丰田Mirai(见图4-4-4)作为世界首批量产的氢燃料电池车，自2014年推出以来，全球销量已超过2万台。现今第二代Mirai也由广汽丰田引进内地市场。

图4-4-4 丰田Mirai底盘结构和燃料电池结构

氢燃料电池最大功率为128 kW，驱动电机最大功率为134 kW，峰值扭矩为300 N·m，0～100 km/h加速时间为9.2 s，车辆最大速度为175 km/h。

第二代Mirai的储氢罐由三层结构打造而成，从里到外分别是树脂、碳纤维、玻璃纤维，数量由第一代的2个增加至3个。氢气罐以T形布置，如图4-4-5所示，最长的纵向氢气罐安装在车辆地板下方，两个较小的氢气罐横向布置在后排座椅和行李厢下方。灌装压力为 70 MPa 高压，总量可储存 5.6 kg 氢气燃料，相较于上一代氢气搭载量提升约 20%，能耗降低约 10%，理想状态下可行驶 781 km。氢能源汽车呼吸的是空气，加入的是氢气，排放的只有水。第二代 Mirai 有三种情况可以排水：第一是按 H_2O 的排水按钮，第二是熄火后自动排水，第三是水箱满了后自动排水。

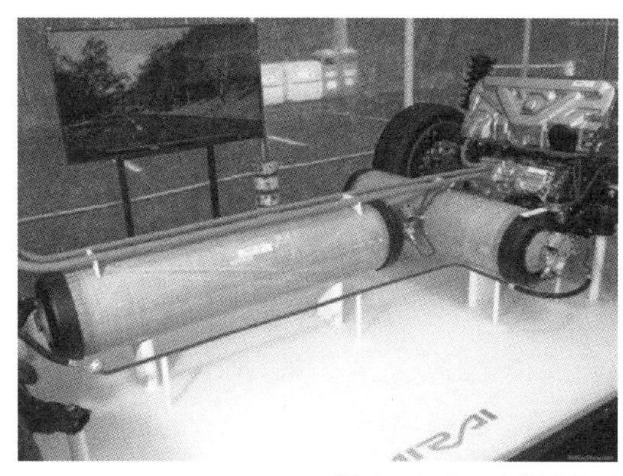

图 4-4-5　丰田 Mirai 的 3 个 70 MPa 的储氢罐

4.4.4　本田燃料电池电动汽车简介

1999 年 9 月 6 日，本田汽车有限公司推出了 FCX-V1 和 FCX-V2(见图 4-4-6、图 4-4-7)两款由燃料电池驱动的原型车。这两款原型车均采用本田专为电动汽车设计的 EV Plus 车身，以及本田自己的小型驱动电机和控制系统。其中 FCX-V1 使用了来自巴拉德的固体聚合物燃料电池(PEFC)，输出功率达到了 60 kW，储氢系统使用了合金储氢罐(La-Ni5)。FCX-V2 则使用了本田自产的甲醇重整器和自制的 PEFC，功率也是 60 kW。这两款车均使用了电池作为辅助系统。

图 4-4-6　FCX-V1

图 4-4-7　FCX-V2

2000 年 9 月，本田推出了 FCX-V3，如图 4-4-8 所示。FCX-V3 最显著的变化是使用了来自 Civic GX 的 25 MPa 的高压储氢罐。辅助电池系统则由电池换成了超级电容器，FCX-V3 的续驶里程达到了 180 kW。

2001 年 9 月，本田推出了 FCX-V4 燃料电池动力汽车，如图 4-4-9 所示。本田对于 FCX-V4 进行了全新的设计，最值得注意的变化是该车使用了 35 MPa 的高压储氢罐，续驶里程也由 180 km 上升到 300 km。2002 年 7 月 24 日，本田 FCX 成为世界第一个获得政府认证的燃料电池汽车。

图 4-4-8 FCX-V3

图 4-4-9 FCX-V4

2003 年 10 月，本田推出了配备 FC Stack 的 FCX，新一代的燃料电池组性能优良、结构紧凑，可在低温下运行，是世界上第一个采用冲压金属双极板和新开发的电解质膜的燃料电池系统。其功率提高到了 80 kW，汽车续驶里程也增加到了 450 km。

2007 年 11 月，本田在洛杉矶车展上推出了 FCX Clarity 燃料电池汽车，如图 4-4-10 所示。该车由本田 V Flow 燃料电池组提供动力，功率为 100 kW，使用 35 MPa 的高压储氢罐，锂离子电池作为电池辅助系统，续驶里程达到 620 km。

本田在 2016 年 3 月开始在日本销售全新燃料电池汽车(Clarity Fuel Cell，FCV)，即本田 FCV clarity，如图 4-4-11 所示。该车使用了本田自研的燃料电池系统，功率达到了 103 kW，储氢罐压力达到了 70 MPa，续驶里程高达 750 km(JC08 工况)。本田自研的燃料电池系统非常紧凑，前舱可将燃料电池系统完全容纳。

图 4-4-10 FCX Clarity

图 4-4-11 FCV clarity

2023 年 7 月 5 日，本田新一代燃料电池系统在 2023 国际氢能与燃料电池汽车大会暨展览会上展出，如图 4-4-12 所示。

图 4-4-12 FCVC 2023

项目5　新能源汽车充电系统

项目导读

随着新能源汽车的快速发展和人们环保意识的提升，电动汽车成为人们关注的焦点之一。作为电动汽车能量获取的主要来源，电动汽车充电系统起着不可或缺的作用。

本项目主要介绍新能源汽车充电系统的基本术语、充电技术、充电方法、充电模式。

能力目标

【知识目标】

(1)了解新能源汽车充电系统的基本术语及其含义。

(2)了解充电系统的充电方法。

(3)掌握充电系统的几种充电模式。

【技能目标】

(1)能够正确选用充电方法。

(2)能够正确对新能源汽车动力电池进行充电。

【素质目标】

(1)具有良好的工作作风和精益求精的工匠精神。

(2)养成团结协作、认真负责的职业素养。

任务5.1　新能源汽车充电系统概述

▶任务驱动

理想汽车4S店的顾客想要了解新能源汽车充电的相关信息，销售顾问委派实习生负责接待并就新能源汽车充电进行介绍，假定你是该实习生，你需要准备哪些资料？

本任务要求学生掌握新能源汽车充电系统的基本概念、常见的充电方法和几种充电模式。知识与技能要求如表 5-1-1 所示。

表 5-1-1 知识与技能要求

<table>
<tr><td rowspan="2">任务内容</td><td rowspan="2">新能源汽车充电系统基本概念</td><td colspan="3">学习程度</td></tr>
<tr><td>识记</td><td>理解</td><td>应用</td></tr>
<tr><td rowspan="4">学习任务</td><td>新能源汽车充电系统基本术语的概念</td><td>●</td><td></td><td></td></tr>
<tr><td>新能源汽车对充电装置的要求</td><td>●</td><td></td><td></td></tr>
<tr><td>新能源汽车充电方法及注意事项</td><td></td><td>●</td><td></td></tr>
<tr><td>新能源汽车的几种充电模式</td><td>●</td><td></td><td></td></tr>
<tr><td>实训任务</td><td>探析充电系统的充电方式及其优缺点</td><td></td><td></td><td>●</td></tr>
<tr><td>自我勉励</td><td colspan="4"></td></tr>
</table>

任务工单 阐述新能源汽车充电系统

一、任务描述

收集新能源汽车充电系统相关资料，对资料内容进行学习和讨论，熟知新能源汽车充电系统的基本概念，分析几种常见的充电方法、充电模式、充电方式及其优缺点和充电注意事项，将分析结果制作成 PPT，并提交给指导教师。

二、学生分组

全班学生以 5～7 人为一组，各组选出组长并进行任务分工，将小组成员及分工情况填入表 5-1-2 中。

表 5-1-2　小组成员及分工情况

班级：________　　　　组号：________　　　　指导教师：________

小组成员	姓　名	学　号	任务分工
组　长			
组　员			

三、准备工作

1. 资料获取

请各组组长组织组员收集相关资料，并回答以下问题。

引导问题 1：常见的充电装置的类型有哪些？对充电装置的要求有哪些？

引导问题 2：常用的充电方法有哪些？分别有什么特点？

引导问题 3：充电方式有哪些？优缺点是什么？

引导问题 4：新能源汽车有哪几种充电模式？

2. 制订计划

（1）根据任务内容制订工作计划，将其填入表 5-1-3 中。

表5-1-3 工作计划

序号	工作内容	负责人

(2)列出完成工作计划所需要的器材,将其填入表5-1-4中。

表5-1-4 器材清单

序号	名称	型号与规格	单位	数量	备注

3.进行决策

(1)小组成员针对各自的工作计划展开讨论,并选出最佳的工作计划。

(2)指导教师根据小组的工作计划给出评价。

(3)各小组成员根据指导教师的评价对工作计划进行调整。

(4)调整合格后的工作计划即为最终实施方案。

四、工作实施

根据最终实施方案展开活动。按实际操作过程,将操作内容、遇到的问题及解决办法等填入表5-1-5中。

表5-1-5 工作实施过程记录表

序号	操作内容	遇到的问题及解决办法

五、考核评价

指导教师根据各小组表现情况完成考核评价记录表(见表 5-1-6)。

表 5-1-6　考核评价记录表

项目名称	评价内容	分　值	评价分数		
			自　评	互　评	师　评
职业素养考核项目	无迟到、无早退、无旷课	8 分			
	仪容仪表符合规范要求	8 分			
	具备良好的安全意识与责任意识	10 分			
	具备良好的团队合作与交流能力	8 分			
	具备较强的纪律执行能力	8 分			
	保持良好的作业现场卫生	8 分			
专业能力考核项目	积极参加教学活动,按时完成任务工单	16 分			
	操作规范,符合作业规程	16 分			
	操作熟练,工作效率高	18 分			
合　计		100 分			
总　评	自评(20%)+互评(20%)+师评(60%)=________	综合等级:________	指导教师(签名):________		

▶参考知识

5.1.1　新能源汽车充电系统的基本术语

1. 交流充电

交流充电(AC Charging)通常称为慢充,电动汽车通过充电线束(家用或充电桩慢速充电线束)与 220 V 家用交流插座或交流充电桩相连,充电系统将 220 V 交流电转换为直流电,对动力电池进行电能补给。

2. 直流充电

直流充电(DC Charging)通常称为快充,也称为应急充电,是用大功率、较大的直流电(150～400 A)为新能源汽车动力电池进行充电的一种方式。一般使用 380 V 三相交流电通过 IGBT 功率变换后,将高压、大电流直流电通过母线给动力蓄电池进行充电。

3. 充电站

充电站指具有特定控制和通信功能,将电能传送到电动汽车的设施总称,能够以快充或慢充方式对电动汽车进行充电，如图 5-1-1 所示。

图 5-1-1 充电站

4. 充电机

充电机(Charger)指将电气设备或其他电能供应设备输出的交流电转变成直流电充电的设备。车载充电机安装在车辆上，非车载充电机安装在直流充电桩内。

5. DC/DC 变换器

如图 5-1-2 所示，DC/DC 变换器主要对电压、电流实现变换，在新能源汽车中起能量转换和传递的作用。DC/DC 变换器分为单向 DC/DC 和双向 DC/DC。单向 DC/DC 的能量只能单向流动，而双向 DC/DC 在保持变换器两端的直流电压极性不变的前提下，根据需要改变电流方向，进行能量的双向流动，可实现能量回收。

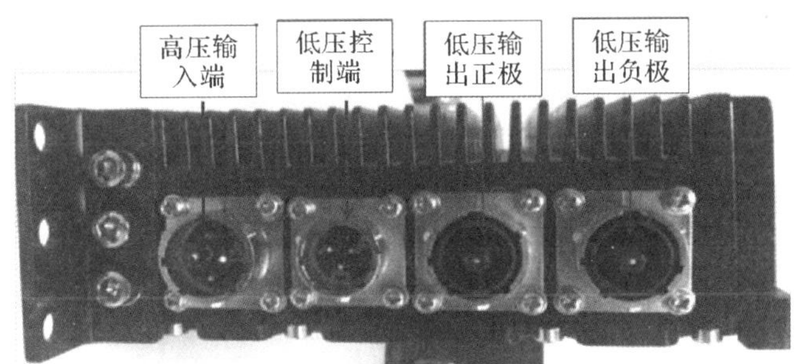

图 5-1-2 DC/DC 变换器结构

6. 高压控制盒

高压控制盒指整车高压电的电源分配与控制装置，如图 5-1-3 所示。类似于低压电路系统中的电器熔断器，高压控制盒由高压继电器、高压熔丝、芯片等组成，实现控制模块间信号通信，确保整车高压用电安全。

7. 充电接口

充电接口(Charge Connector)包括供电接口和车辆接口，如图 5-1-4 所示。供电接口分为供电插头和供电插座。车辆接口指安装在电动汽车及插电式混合动力汽车上的电气插座，通常位于保护盖后面。充电端口或充电插口的技术标准必须与插入车辆的充电插头一致，如此才能进行充电。目前国际上充电接口标准暂未统一，我国在 2016 年 1 月 1 日统一实施了国内新能源汽车充电接口标准，规定了充电插头的形状、电路和通信协议。

图 5-1-3　高压控制盒

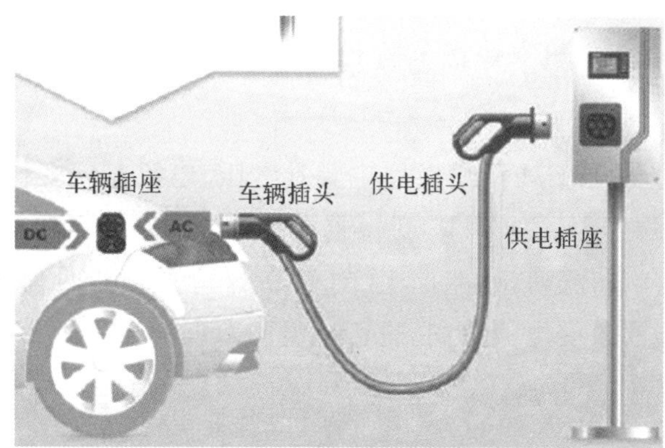

图 5-1-4　新能源汽车充电接口

8. 充电电缆

充电电缆(Charging Cable)是连接电池内部单元和外部设备、进行能量传递的桥梁，对于电池的性能和可靠性至关重要。充电电缆采用高导电材料，提高充电效率，具备过载保护和短路保护等功能，确保电池和设备的安全。此外，电缆还应具有良好的耐高温和耐腐蚀性能，能够适应各种复杂的环境条件。

9. 充电桩

充电桩(Charging Station)是一种为电动汽车提供电量补充的补能固定装置，通常安装在车库、工作地点、停车装置或公共区域，可调整电压、电流为各种型号的电动汽车充电，一般提供常规充电和快速充电两种充电方式。

10. 电动汽车供电设备

电动汽车供电设备(Electric Vehicle Service Equipment，EVSE)在额定电压下为电动汽车电池充电，EVSE 通常被称为充电站，它在电动汽车、电网和其他能源之间提供可靠和安全的连接。

11.充电装置

充电装置是新能源汽车重要系统之一，其功能是将电网的电能转化为蓄电池的电能。充电装置的性能直接影响充电效率和安全。

(1)新能源汽车充电装置的类型。

1)车载充电装置。车载充电装置是安装在电动汽车上，采用地面交流电网或车载电源对电池组进行充电的装置，如图 5-1-5 所示。车载充电机具有为电动汽车动力电池安全、自动充满电的功能，充电器依据电池管理系统提供的数据，动态调节充电电流或电压参数，执行相应的动作，将 220 V 交流电转换为动力电池的直流电，实现电池电量的补给。车载充电机除需提供充电功能外，还应满足小型化、轻量化、高可靠性、高效率的要求。

2)非车载充电装置。非车载充电装置即地面充电装置，主要包括专用充电机、专用充电站、公共场所通用充电机及充电站等，如图 5-1-6 所示。非车载充电装置可满足各种新能源车型的充电方式，通常非车载充电机的功率、体积和质量均比较大，充电速度较快。

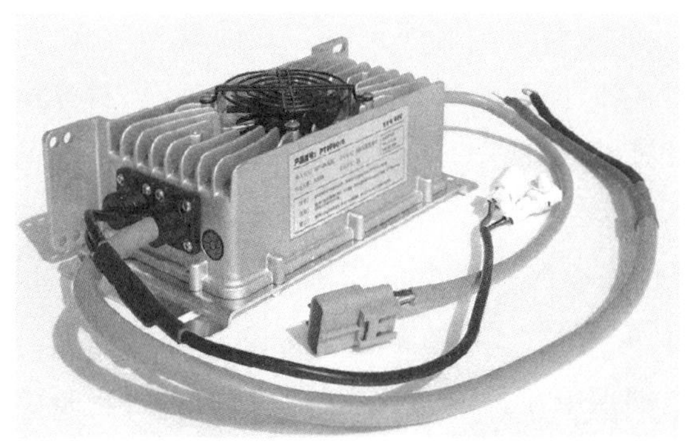

图 5-1-5 车载充电机

图 5-1-6 非车载充电装置

(2)新能源汽车对充电装置的要求。

1)安全性。电动汽车充电时，要确保人员的人身安全和蓄电池组的安全。

2)使用经济、方便。质优价廉的充电设备有助于降低成本，提高运行效益，促进电动汽车的商业化推广，此外，充电装置应能智能充电，无需操作人员过多干预充电过程。

3)对供电电源污染要小。采用电力电子技术的充电设备是一种高度非线性设备，会对供电网及其他用电设备产生有害的谐波污染，且由于功率因数低，在充电负载增加时，对供电网的影响也不容忽视。

5.1.2 新能源汽车充电技术

1.充电方法

新能源汽车蓄电池充电方法有恒流充电、恒压充电、恒功率充电和脉冲充电，可根据具体情况选择一种充电或几种组合的方法，现代智能型蓄电池充电器可设置不同的充电方法。

(1)恒流充电法。恒流充电是指在充电过程中充电电流保持不变的一种充电方法。该方法适应性较强，能使蓄电池完全充满电，延长蓄电池的使用寿命，但在充电过程中需不断调整充电电压，蓄电池充满电所需时间较长。恒流充电分为涓流充电、小电流充电、标准电流充电和高速率电流充电。

涓流充电，即补偿自放电，又称为维护充电，是用来弥补电池在充满电后由于自放电而造成的容量损失。涓流充电的电流过小，充电效率非常低，一般电池的充电状态显示电量达到100%时，电池实际上未达到真正的饱和状态，此时只能用涓流充电方式进行补充充电，使电池达到最佳的饱和状态。

恒流充电模式是最常用的充电模式，特点是控制简单，设备简单，仅适用于部分蓄电池(如 Ni/MH)，不能将蓄电池组完全充满电，充电效率低。

分级恒流充电模式是在普通恒流充电方式的基础上发展而来的，在初期用较大的电流进行充电，充电一定时间或充电电压达到一定值后改用较小电流，再充电一定时间或充电电压达到另一更高值后改用更小的电流。这种充电方式的效率较高，所需充电时间较短，充电效果也比较好，并且对延长蓄电池组使用寿命有利，但对充电机系统有较高的要求。分级恒流充电模式适用于 Ni/MH 蓄电池和锂离子蓄电池的前期充电。

(2)恒压充电法。恒压充电是指充电过程中保持充电电压不变的充电方法。恒压充电时间较短，充电过程中无须调整电压，充电电流随蓄电池电动势的升高而减小，适合用于给蓄电池补充充电，但在充电初期电流大，会对极板造成冲击，对极板造成不利影响，不利于延长蓄电池的使用寿命，且不能将蓄电池完全充满。

低压恒压浮充模式不同于通常的将均充和浮充分开进行的方式，而是充电电源一直按照稳压限流的方式工作，蓄电池在浮充状态下渐渐补足失去的能量，直到充电至终止电压。这种充电方式具有原理简单、实现方便的特点，但有可能会导致蓄电池欠充，而且长时间充电会损害蓄电池组，加速蓄电池自放电，适用于锂离子蓄电池。

梯度恒压充电模式综合了恒流充电方式和恒压充电方式的优点，在充电时根据电流衰减情况逐步提供充电电压，电流呈阶梯方式下降。在充电初期(1～3 h)，蓄电池电压呈直线上升；在充电中期(3～7 h)，充电电流接近指数衰减(3 h 为临界值)；在充电后期(8～12 h)，当充电电流小于设定值时，终止充电或转入涓流充电阶段。

合理的充电电压应在蓄电池即将充足时使其充电电流趋于零。如果电压过高，会造成充电初期充电电流过大和过充电；如果电压过低，则会使蓄电池充电不足。充电初期若充电电流过大，则应适当调低充电电压，待蓄电池电动势升高后再将充电电压调整到规定值。

(3)恒功率充电法。恒功率充电是在充电过程中保持充电功率不变的充电方法。充电前期,充电电压不断上升,电压上升到一定值后保持不变,同时充电电流不断下降,直到充电完成。

恒功率充电的充电速度快,可在较短的时间内将大容量的电池充满,充电效率高,充电时间短,充电损耗低。但恒功率充电的充电电压较高,电池受冲击较大,影响电池寿命,且充电时由于充电功率较大,会产生大量的热量,会引起电池过热,影响电池寿命和安全性。

(4)脉冲充电法。脉冲充电是先用脉冲电流对电池充电,然后让电池短时间、大脉冲放电,在整个充电过程中使电池反复充、放电。该方法的优点是充电时间可大大缩短,缺点是对蓄电池的寿命有一定的影响,且脉冲快速充电机价格贵,适用于电池集中、充电频繁、要求应急的场合。

2.充电方式

现有的新能源汽车的充电方式有交流充电、直流充电、快换电池及无线充电四种充电方式。

(1)交流充电方式。交流充电方式也称为慢充充电或常规充电方式,指用充电连接线将新能源汽车和交流充电装置连接进行充电的方式。交流充电以家用设备为主,是目前最常用的一种充电方式,几乎所有的纯电动汽车都可以采用这种方式进行充电。根据充电装置的不同,交流充电又可以分为两类:充电适配器充电和交流充电桩充电。

1)充电适配器充电。如图5-1-7所示,这种充电方式是使用家庭用220 V交流电进行充电,需要将随车配置的交流充电适配器的三相插头插入家庭用电插座,充电枪插入电动汽车慢充接口即可进行充电。充电电流有16 A和32 A两种,16 A电流充电时间一般在6～8 h。32 A电流充电时间一般在4～6 h。因此用户在使用该类充电方式时一定要注意所用插座允许使用的最大电流,以免发生危险。

2)交流充电桩充电。如图5-1-8所示,这种充电方式是将充电连接线直接连接交流充电桩进行充电,连接线可以连接交流公共充电桩和车辆。优点是交流充电采用较小的恒压或恒流电流进行充电。此种充电方式设备费用较低,使用的场景非常广泛。由于充电速率较低,充满后的电池几乎没有虚电,且充电过程中热量较低,有利于延长电池的寿命。缺点是交流充电在采用交流充电桩或一般家用插座充电时,需要车载充电机与交流充电枪对接,基于充电安全性规定,充电功率不高于7 kW,功率小,效率低,一般新能源汽车充满电需要5～8 h,最长充电时间达到30 h以上。

图 5-1-7　充电适配器充电

图 5-1-8　交流充电桩充电

(2)直流充电方式。直流充电方式也称为快速充电方式,如图 5-1-9 所示,是指将交流电流通过充电桩转化为直流电流,给动力电池充电的方式,特点是高电压、大电流、充电时间短(约 1 h)。一般在大型充电站多采用这种充电方式。直流充电方式以 150～400 A 的高充电电流可在短时间内为蓄电池充满电,可解决续驶里程不足时的电能补给问题,但对电池寿命影响较大。由于充电电流较大,直流充电方式对技术、安全性要求也较高。

由于充电时,直流充电的电压一般都大于电池电压,因此对动力电池组的耐压性和安全性提出更高要求。目前电动汽车使用最多的就是锂电池。锂元素是比钠还要活跃的金属元素之一,快充易使锂元素太过活跃,使电池中的电解液发生沉淀、产生气泡;充电电流过大,会使电池过热,甚至会导致电池爆炸等安全事故的发生。

直流充电方式仅适用于有快充功能的车辆,目前市场上约 80%的车型都可以使用直流电充电,部分微型新能源车或混合动力新能源车(例如宏光 MINIEV、长安 Lumin、QQ 等)无法使用直流充电。

(3)快换电池充电方式。如图 5-1-10 所示,快换电池充电方式是通过直接更换车载电池进行电能补充的方式,即在动力电池电量耗尽时,用充满电的动力电池更换已经耗尽的动力电池。蓄电池组快速更换可在充电站、换电站完成,时间与燃油汽车加油时间相近,需要 5～10 min,快换电动汽车蓄电池不需现场充电,但需要电动汽车的车载蓄电池实现标准化,即蓄电池的外形、容量等参数完全统一,同时,还要求新能源汽车的构造设计能满足更换蓄电池的方便性、快捷性。换电站的主要设备是蓄电池拆卸、安装设备,蓄电池组质量较大,更换蓄电池的专业化要求较强,需配备专业人员借助专业机械来快速完成蓄电池组的更换。

图 5－1－9　直流充电

图 5－1－10　换电技术

与快速充电相比，换电技术可以提高新能源汽车能量补给速度，能量补给时间缩短，换电停车场所需场地小，换下来的电池在充电时可采用恒流充电、优化电流充电而延长电池寿命；换电技术要求电池的规格要统一，因此制造成本低、回收利用方便。其缺点是技术更新只能更改壳体内部的设计，而且由于电池需要经常拆卸，固定电池的螺栓多次拆装后安全性会大打折扣。

目前国内一些车企（如蔚来）正在研制新能源汽车换电技术，特斯拉在中国推出了新能源汽车换电平台。换电技术使新能源汽车达到了和传统燃油汽车加油相近的补能速度，但目前仅在公共交通领域和物流领域得到了普及，相较公共充电桩超百万台的保有量来说，还有很长的一段路要走。

(4)无线充电方式。无线充电技术与传统的充电技术不同，充电装置与接受装置间无须直接接触就可完成充电，如图 5－1－11 所示。无线充电技术源于无线电力输送技术（也称无线能量传输或无线电能传输），主要通过电磁感应、电磁共振、射频、微波、激光等方式实现非接触式的电力传输。根据在空间实现无线电力传输供电距离的不同，可分为短程、中程和远程传输三大类。

无线充电技术是先借助转换装置将直流电转换为电磁波，再通过天线发射，穿过空间后由接收端的天线接收，然后通过整流器转换回直流电被电池接收。目前主要采用感应耦合方式，即充电电源和汽车接受装置之间不直接接触，采用分离的高频变压器组合，通过感应耦合传输能量。对电动汽车蓄电池而言，最理想的情况是汽车在路上巡航时充电（如图 5－1－12 所示），即所谓的移动感应式充电（Mobile Inductive Charging，MAC）。这样，电动汽车用户就没有必要去寻找充电站、停放车辆并花费时间去充电了。目前这项技术仍然处于研发和探索阶段。

无线充电技术的优点如下：无须使用电缆连接车辆与充电设施就可以直接进行充电，由于不使用高压电缆，所以比有线充电更加安全；传统的充电系统需要充电桩，会占据更多地面空间，无线充电设施可以埋入地下，受环境和场景的影响比较小；无须考虑不同国家和地区充电桩、电缆无法兼容匹配的问题；无线充电设施的成本要低于充电桩，后期的维护成本也大大降低了。

无线充电技术的缺点是有些充电方式会对长期处于充电区的人员造成一定的伤害。在目前技术条件下，电磁感应式的传输效率较低，功率较低。要真正解决电动汽车供能持久性问题，需要长期地探索与研究无线充电技术和充电设备。

图 5-1-11　感应式充电示意图

图 5-1-12　移动感应式充电

5.1.3　新能源汽车充电模式

1. 充电模式 1

充电模式 1 即直接连接充电，是指将交流电网通过电缆组件直接连接车上充电设备（一般为车载充电机），如图 5-1-13 所示。将电动汽车连接到交流电网（电源）时，在电源侧使用了符合标准要求的插头插座和相线、中性线和接地保护的导体，这种模式充电保护较弱，充电较慢。

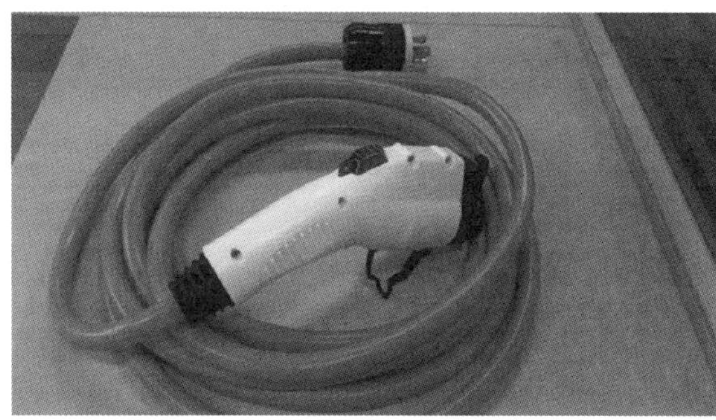

图 5-1-13　直接连接充电

2. 充电模式 2

充电模式 2 即采用交流适配器连接充电，是指采用交流适配器将电网（一般为家用电 220 V 插座）与车上充电设备（一般为车载充电机）进行连接充电。如图 5-1-14 所示，将新能源汽车连接到交流电网（电源）时，在电源侧使用了符合标准要求的插头插座和相线、中性线和接地保护的导体，并且在充电连接时使用了缆上控制保护装置。

采用该模式进行充电的费用较低，但充电速度较慢。为了保障充电模式 2 的充电安全，使用单相供电和《家用和类似用途插头插座 第 1 部分：通用要求》（GB 2099.1—2021）

及《家用和类似用途插头插座 型式、基本参数和尺寸》(GB/T 1002—2011)定义的标准插头插座。此外,充电模式 2 应具备剩余电流保护功能:在使用 16 A 插座时,交流供电电流不能超过 13 A,最大充电功率限制在 2.86 kW;在使用 10 A 插座时,交流供电电流不能超过 8 A,最大充电功率限制在 1.76 kW。

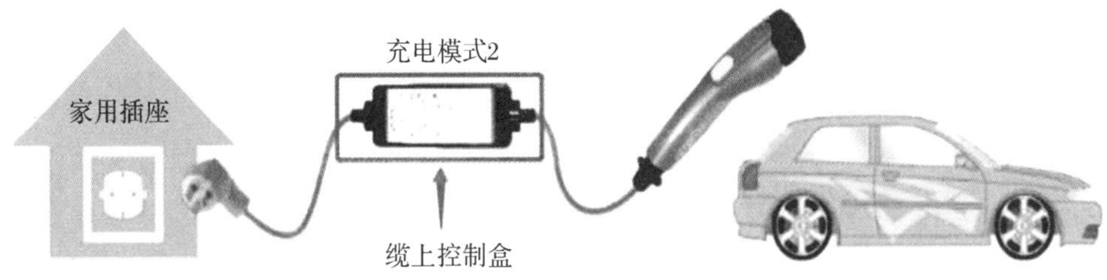

图 5-1-14 充电模式 2 连接示意图

3. 充电模式 3

充电模式 3 即交流充电桩充电,充电速度较直流充电桩慢,如图 5-1-15 所示。将新能源汽车连接到交流电网(电源)时,使用专用供电设备将新能源汽车与交流电网直接连接,并且在专用供电设备上安装了控制导引装置。这种模式采用了交流充电桩连接车辆进行充电,采用线缆组件连接车上充电设备(一般为车载充电机),具备剩余电流保护功能,采用单相供电时,电流应不大于 32 A,采用三相供电时,电流应不大于 64 A。

4. 充电模式 4

充电模式 4 即直流充电桩充电,如图 5-1-16 所示。将电动汽车连接到交流电网或直流电网时,使用了带控制导引功能且固定连接至电网的直流供电设备。采用直流充电桩连接车辆进行充电用时短,但不利于延长电池使用寿命。

图 5-1-15 交流充电模式

图 5-1-16 直流充电模式

5.1.4 新能源汽车的充电注意事项

1. 充电环境要求

(1)交流充电时,当电池温度高于 50 ℃或低于 -20 ℃时,或直流充电时,当电池温度高于 55 ℃或低于－10 ℃时，车辆将不能正常充电，需做电池降温或保温处理。当环境温度低于 0 ℃时，充电时间要比正常时间长，充电能力较低。

(2)选择在相对较安全的环境下充电，如避免有液体、火源等环境。雨天情况下，如果有遮雨棚，不建议进行充电动作，如果没有遮雨棚，为防止线路短路，不允许进行充电工作。如果在充电时发现车里散发出不同寻常的气味或者冒烟，须立即停止充电。

2. 充电注意事项

(1)当组合仪表中的电量表指针指向表盘中的红色区域时，表示动力电池电量低，要尽快充电。一船不宜在电量完全耗尽后再进行充电，否则会影响动力电池的使用寿命。

(2)充电前确保车辆、供电设备和充电连接装置的充电端口内没有水或外来物，金属端子没有生锈、腐蚀造成的破坏或影响。

(3)车辆正在充电时，为了避免造成人身伤害，不要接触充电端口，当有闪电时，不要给车辆充电或触摸车辆，闪电击中可能导致充电设备损坏，引起人身伤害。

(4)停止充电时应先断开交流充电连接装置的车辆插头，再断开电源端供电插头。为了避免对充电设备造成破坏，禁止在充电插座塑料口盖打开的状态下关闭充电口盖板，禁止用力拉或者扭转充电电缆，禁止使充电设备承受撞击，禁止把充电设备放在靠近加热器或其他热源处。充电结束后，不要用湿手或站在水里去断开充电连接装置，否则可能引起电击，造成人身伤害。

(5)车辆行驶前需断开充电连接装置，否则车辆不能正常行驶。

任务 5.2　新能源汽车充电系统组成

▶任务驱动

在熟悉新能源汽车充电系统的概念、基本术语，理解新能源汽车充电技术的要求，了解新能源汽车充电方式的现状与发展趋势之后，你知道新能源汽车充电系统的构成是什么、各部件的基本原理是什么、各个时期又有哪些新动态吗？新能源汽车车载充电机有哪几种，有什么特点？车载充电机与充电电源的连接形式有哪几种？车载充电机的工作流程是什么？……

本任务要求学生掌握新能源汽车充电系统的组成，熟悉充电系统各部分的工作原理及其特点，知识与技能要求见表 5-2-1。

表 5-2-1 知识与技能要求

任务内容	掌握新能源汽车充电系统的组成	学习程度		
		识记	理解	应用
学习任务	了解新能源汽车的基本构成		●	
	了解充电桩的种类、结构及原理	●		
	了解充电机的种类、结构、原理、应用场景	●		
	掌握新能源汽车充电口的位置、结构		●	
实训任务	会测量新能源汽车充电口端子	●		
	会为充电机设置不同的充电方法	●		
自我勉励				

任务工单 分析新能源汽车充电技术及发展趋势

一、任务描述

查找新能源汽车充电系统相关资料，阐述常见的几种充电桩的结构、原理、功能，对资料内容进行学习和讨论，分析不同充电桩的发展现状和特点，找到不同类型新能源汽车的充电口的位置，查找充电机的相关资料，熟悉充电机的结构、原理、功能和工作流程，并将结果制作成 PPT，提交给指导教师。

二、学生分组

全班学生以 5～7 人为一组，各组选出组长并进行任务分工，将小组成员及分工情况填入表 5-2-2 中。

表 5-2-2 小组成员及分工情况

班级：________ 组号：________ 指导教师：________

小组成员	姓 名	学 号	任务分工
组 长			
组 员			

三、准备工作

1. 资料获取

请各组组长组织组员收集相关资料，并回答以下问题。

引导问题 1：新能源汽车充电系统由什么构成？不同充电方式的构成有什么不同？

引导问题 2：充电桩的类型有哪些？有什么特点？

引导问题 3：充电机的作用是什么？

2. 制订计划

(1)根据任务内容制订工作计划，将其填入表 5-2-3 中。

表 5-2-3　**工作计划**

序　号	工作内容	负责人

(2)列出完成工作计划所需要的器材，将其填入表 5-2-4 中。

表 5-2-4　**器材清单**

序　号	名　称	型号与规格	单　位	数　量	备　注

3. 进行决策

(1)小组成员针对各自的工作计划展开讨论，并选出最佳的工作计划。

(2)指导教师根据小组的工作计划给出评价。

(3)各小组成员根据指导教师的评价对工作计划进行调整。

(4)调整合格后的工作计划即为最终实施方案。

四、工作实施

根据最终实施方案展开活动。按实际操作过程,将操作内容、遇到的问题及解决办法等填入表 5-2-5 中。

表 5-2-5 工作实施过程记录表

序 号	操作内容	遇到的问题及解决办法

五、考核评价

指导教师根据各小组表现情况完成考核评价记录表(见表 5-2-6)。

表 5-2-6 考核评价记录表

<table>
<tr><td rowspan="2">项目名称</td><td rowspan="2">评价内容</td><td rowspan="2">分 值</td><td colspan="3">评价分数</td></tr>
<tr><td>自 评</td><td>互 评</td><td>师 评</td></tr>
<tr><td rowspan="6">职业素养
考核项目</td><td>无迟到、无早退、无旷课</td><td>8 分</td><td></td><td></td><td></td></tr>
<tr><td>仪容仪表符合规范要求</td><td>8 分</td><td></td><td></td><td></td></tr>
<tr><td>具备良好的安全意识与责任意识</td><td>10 分</td><td></td><td></td><td></td></tr>
<tr><td>具备良好的团队合作与交流能力</td><td>8 分</td><td></td><td></td><td></td></tr>
<tr><td>具备较强的纪律执行能力</td><td>8 分</td><td></td><td></td><td></td></tr>
<tr><td>保持良好的作业现场卫生</td><td>8 分</td><td></td><td></td><td></td></tr>
<tr><td rowspan="3">专业能力
考核项目</td><td>积极参加教学活动,按时完成任务工单</td><td>16 分</td><td></td><td></td><td></td></tr>
<tr><td>操作规范,符合作业规程</td><td>16 分</td><td></td><td></td><td></td></tr>
<tr><td>操作熟练,工作效率高</td><td>18 分</td><td></td><td></td><td></td></tr>
<tr><td colspan="2">合 计</td><td>100 分</td><td></td><td></td><td></td></tr>
<tr><td>总 评</td><td>自评(20%)+互评(20%)+师评(60%)=________</td><td>综合等级:________</td><td colspan="3">指导教师(签名):________</td></tr>
</table>

参考知识

5.2.1 充电系统基本构成

新能源汽车充电系统主要由充电桩、充电线束、车载充电机、高压控制盒、动力电池、DC/DC 转换器、低压蓄电池以及各种高压线束和低压控制线束等组成，如图 5-2-1 所示。

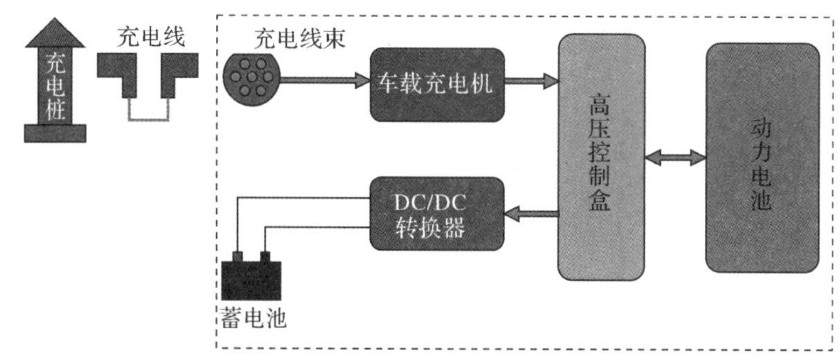

图 5-2-1 新能源汽车充电系统组成

5.2.2 充电系统的主要组成部件

新能源汽车充电系统主要由充电桩、车载充电机、充电接口和充电线构成。

1. 充电桩

充电桩是新能源汽车充电系统最基本的配套设施。电动汽车充电桩按安装方式分为落地式充电桩、挂壁式充电桩，按应用场景分为公共充电桩、私人充电桩、专用充电桩，按充电接口分为一桩一充、一桩多充，按充电方式分为交流充电桩、直流充电桩、交直流一体式充电桩。

充电桩内部结构主要由充电模块、交流配电单元、监控单元、防雷单元、熔断器、继电器等构成，外部结构由充电枪、高压绝缘检测板、显示屏等组成。其中，充电模块又称功率模块，是充电桩的核心，充电模块内部可以进行交直流转换、直流放大隔离，充电模块的性能直接决定了充电桩的输出能力，是影响充电桩性能的重要部件，其成本占充电桩建设总成本的 40%左右。

(1)交流充电桩。交流充电桩俗称“慢充”，是固定安装在新能源汽车外，与交流电网连接，为新能源汽车车载充电机(固定安装在新能源汽车上的充电机)提供交流电源的供电装置，如图 5-2-2 所示。交流充电桩输出单相/三相交流电，通过车载充电机转换成直流电给电池充电。单相充电桩的最大额定功率在 7 kW 左右，主要适用于为小型乘用车(纯电动汽车或可插电混合动力电动汽车)充电，根据车辆配置电池容量，充满电的时间一般需要 3～8 h。三相交流充电桩的最大额定功率为 44 kW，充电较快，半小时充电达到电池容量的80%。

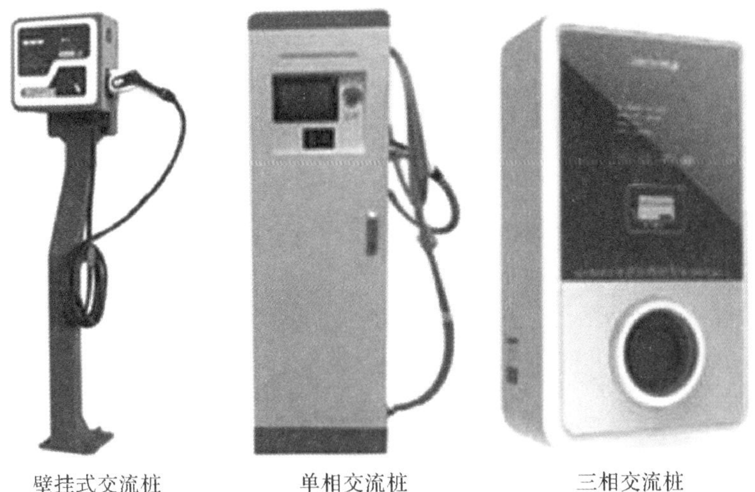

图5-2-2 交流充电桩

交流充电桩基本组成有继电器(接触器)、控制器引导电路、漏电保护电路、过流过压保护电路、防雷模块、智能电表、主控模块、显示器等。

交流充电桩电气系统原理图如图5-2-3所示。

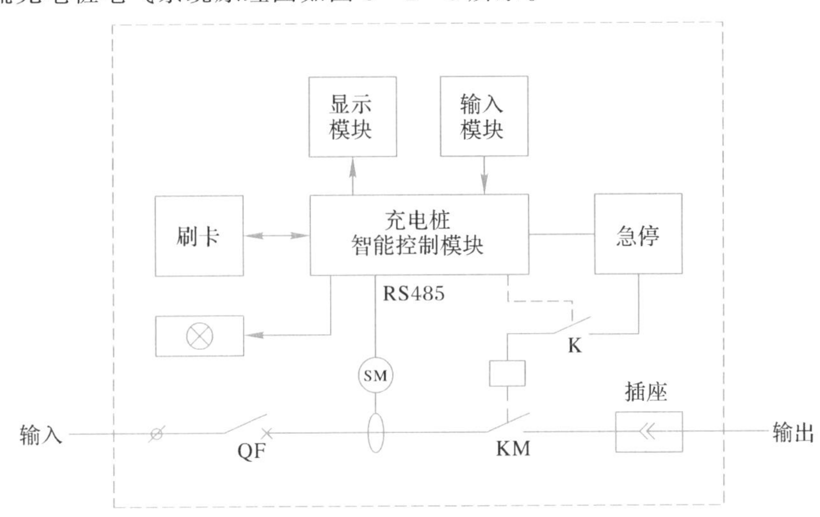

图5-2-3 交流充电桩电气系统原理图

(2)直流充电桩。直流充电桩俗称“快充”，是固定安装在电动汽车外，与交流电网连接，为动力电池提供直流电源的供电装置，如图5-2-4所示。直流充电桩由继电器(接触器)、控制器引导电路、漏电保护电路、过流过压保护电路、防雷模块、智能电表、主控模块、非车载充电机等组成。直流充电桩的输入电压采用三相四线AC 380 V±15%，频率为50 Hz，输出为可调直流电，直接为电动汽车的动力电池充电，功率较大，充电速度较快。

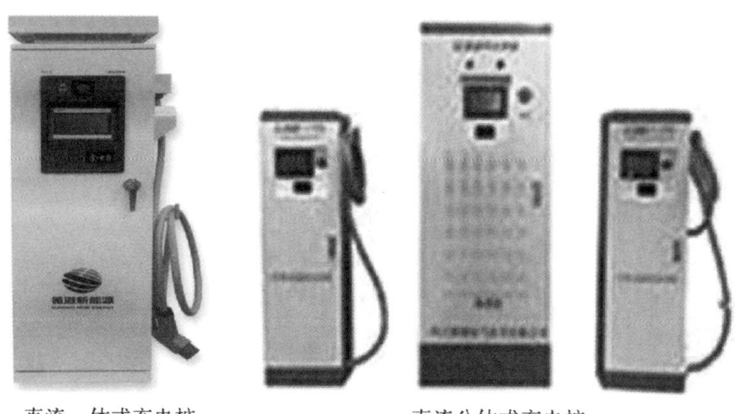
直流一体式充电桩　　直流分体式充电桩

图 5-2-4　直流充电桩

直流充电桩电气系统原理图如图 5-2-5 所示。

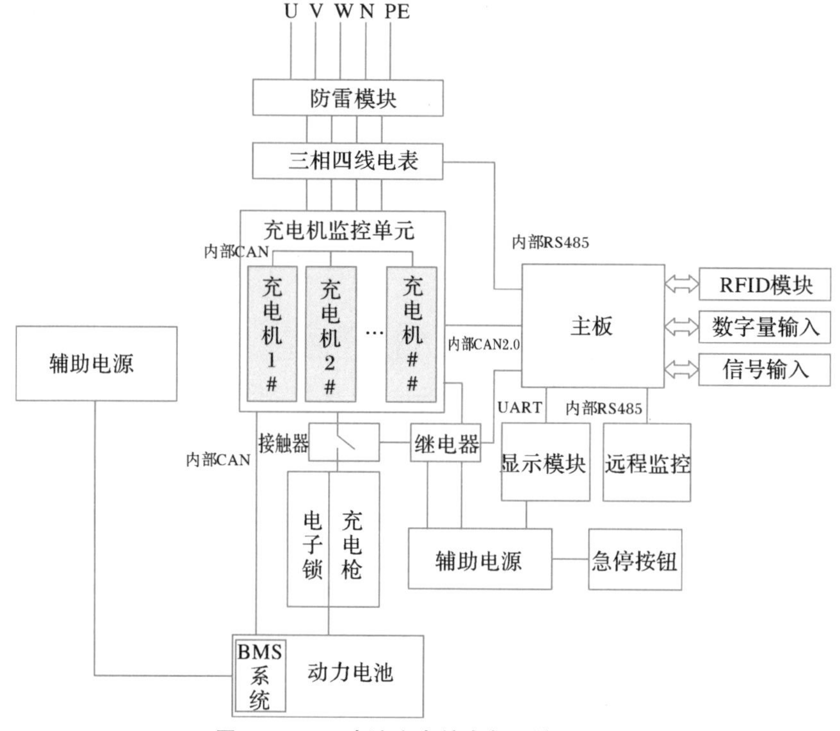

图 5-2-5　直流充电桩电气系统原理图

直流充电桩的快充能力要求更大功率的充电模块，主要通过高压化来实现大功率电能输出，这对充电模块的质量和数量都提出了更高的要求。随着功率等级的提升，充电模块的内部结构设计难度和内部元件集成化难度也随之提高，要求在保证充电模块能够适配高电压平台的同时也要保证其安全性和可靠性。

2. 车载充电机

车载充电机(On-board Charger)是固定安装在电动汽车上，将公共电网的电能变换为车载储能装置所要求的直流电，并给车载储能装置充电的装置，如图5-2-6所示。相对于传统工业电源，车载充电机具有效率高、体积小、耐受恶劣工作环境等特点。车载充电机除要提供充电功能外，还应满足小型化、轻量化、高可靠性、高效率的要求。比亚迪E5将车载充电器、DC/DC转换器、高压控制盒集成于一体称为高压电控总成(或称为三合一)，如图5-2-7所示。

图5-2-6 车载充电机

图5-2-7 比亚迪E5高压电控总成

(1)车载充电机的功能。

1)车载充电机能够将输入的220 V交流电转换成直流电输出，能在安全的环境下为新能源汽车动力电池充满电。

2)车载充电机工作时，可以通过高速CAN网络与充电桩、BMS、VCU等部件进行通信，能够判断电池的连接状态、获得电池组和单体电池在充电前和充电过程中的数据。

3)车载充电机根据动力电池需求可调节输出功率。

4)具备交流输入过压保护、欠压警告、过流保护和直流输出过流保护、短路保护功能等完善的安全防护措施。

5)对电池具有保护作用。在充电时，能保证电池温度、充电电压和电流低于规定值，能限制单体电池电压，能根据BMS的要求实时调整充电电流。

6)充电联锁功能，保证充电机与动力电池连接分开以前车辆不能启动。

7)高压互锁功能，当有危害人身安全的高电压时，模块锁定无输出。

(2)车载充电机与充电电源的连接形式。

1)连接方式A(现已停用)。如图5-2-8所示，连接方式A是充电电缆与车辆构成一个整体，与充电插座分开。车辆通过带有控制和保护装置(IC-CPD)的线缆，直接与交流电网相连，电源侧使用16 A插座时，实际电流不能超过13 A，使用10 A插座时，电流不能超过8 A。

2)连接方式B。如图5-2-9所示，中间的充电电缆是活动的，线缆上面没有集成IC-CPD，充电控制导引电路在充电桩内部，只适用于充电电流小于32 A的场景，充电速度较慢。

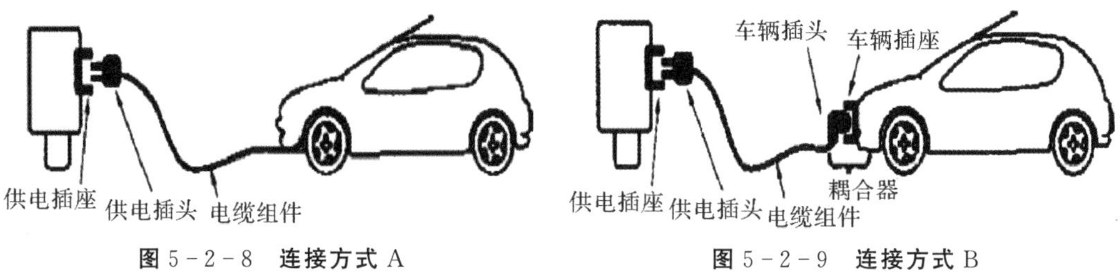

图 5-2-8 连接方式 A　　图 5-2-9 连接方式 B

3)连接方式 C。如图 5-2-10 所示,车辆通过交流充电桩直接与交流电网连接,充电控制导引电路集成在充电桩内部。充电可以使用单相或者三相供电:单相供电时,最大电流不能超过 32 A;三相供电时,最大电流不能超过 63 A。

(3)车载充电机的结构。车载充电机上共有 3 个接口,分别为交流输入端、直流输出端、低压通信端,交流输入端主要与慢充口连接,直流输出端主要与动力电池连接,低压通信端主要与低压电池和相关控制单元连接,同时还与控制系统进行通信,如图 5-2-11 所示。

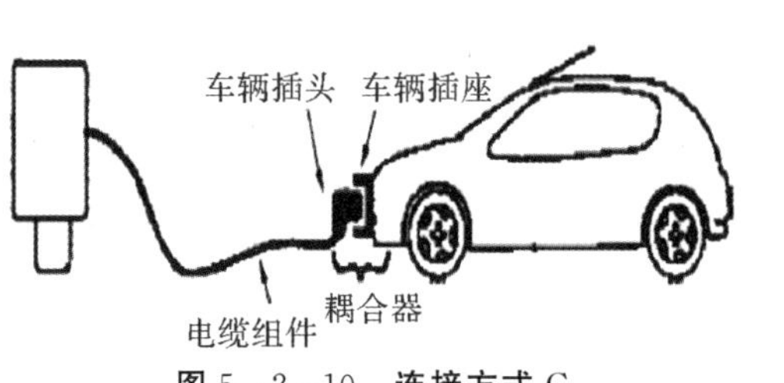

图 5-2-10 连接方式 C

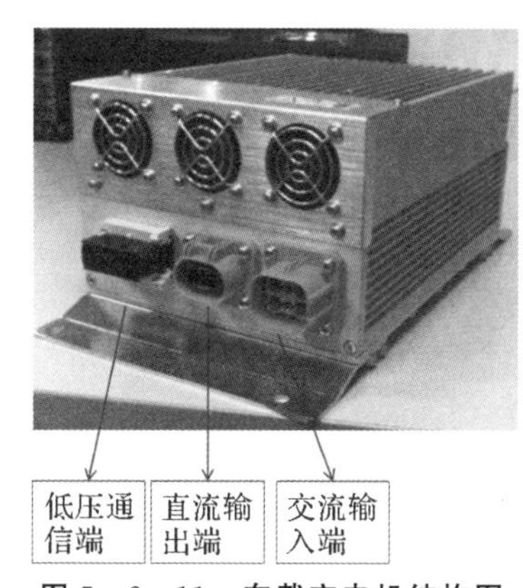

图 5-2-11 车载充电机结构图

充电过程中由车载充电机提供电池管理系统、充电接触器、仪表盘、冷却系统等低压用电电源。车载充电机连接示意图如图 5-2-12 所示。

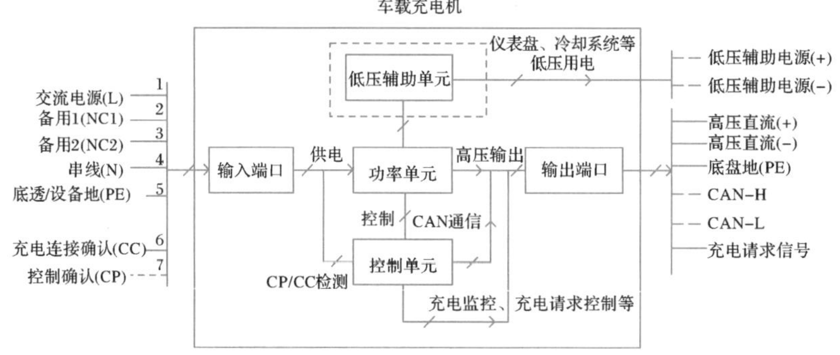

图 5-2-12 车载充电机连接示意图

1)输入端接口。输入端接口包括 7 个 PIN 口,包括高压电源连接、高压中性线、车辆底盘地线、低压信号的充电连接确认和充电控制等。标准的输入端接口采用工频单相输入 220 V 电压，但如果功率需要，也可以启用两个备用 PIN 口（PIN 口：NC1，NC2），实现 380 V 输入。

2)控制单元。采样输出电流和电压，经过处理后将实时值传递给 PID 控制回路，由控制器比较测量值与期望值之间的差距，再将调节要求传递给脉冲宽度调制(Pulse Width Modulation，PWM)技术回路，用脉冲宽度变化去控制高压回路中功率器件的开闭时间的长短，最终实现输出电流和电压尽量接近于主控系统要求的数值。

3)低压辅助单元。低压辅助单元是一个标准低压电源，输出电压为 12 V 或者 24 V，用于充电期间，给新能源汽车上的用电器供电，比如电池管理系统、热管理系统、汽车仪表等。

4)功率单元。功率单元一般包括输入整流、逆变电路和输出整流 3 个部分，将输入的工频交流电转化成动力电池系统能够接受的适当电压的直流电。

5)输出端口。输出端口包括低压辅助电源正负极两个 PIN 口、高压充电回路正负极两个 PIN 口、底盘地、通信线 CANH 和 CANL（还可以有 CAN 屏蔽）、充电请求信号线。其中，高压端两个 PIN 口与电池包相连；充电请求信号线用于充电机的输入端口与外部电源之间完成充电连接确认以后，通过“充电请求信号”线向车辆控制器发送充电请求信号，同时或延时一小段时间后，用低压辅助电源给整车供电。

车载充电机内部由主电路、控制电路、线束及标准件组成。主电路如图 5-2-13 所示，前端主要是全桥电路＋PFC 电路，将交流电转换为恒定电压的直流电，后端为 DC/DC 变换器，将前端转出的直流高压电变换为合适的电压及电流供给动力电池。

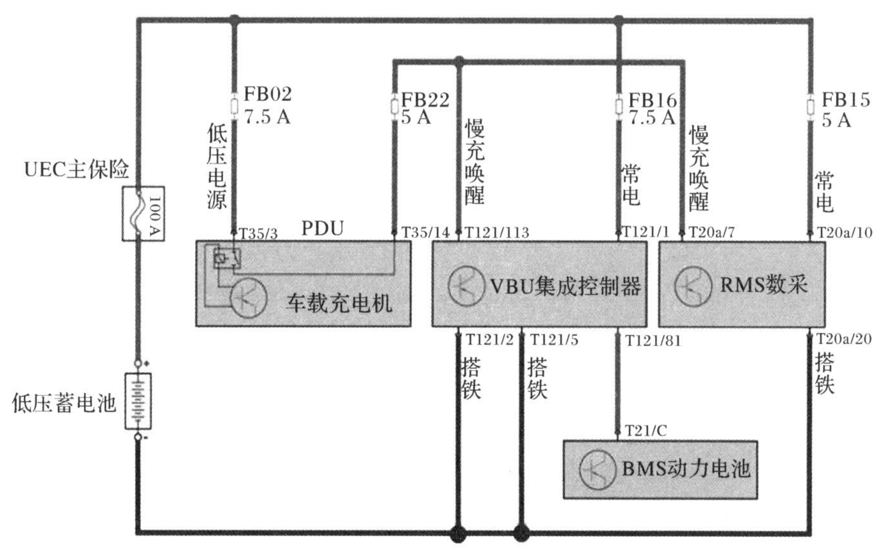

图 5-2-13 车载充电机内部主电路图

控制电路如图 5-2-14 所示，作用是控制 MOS 管的开关，与 BMS 之间通信，监测充电机状态，与充电桩握手，等等。线束及标准件用于主电路及控制电路的连接，元器件及电路板的固定。

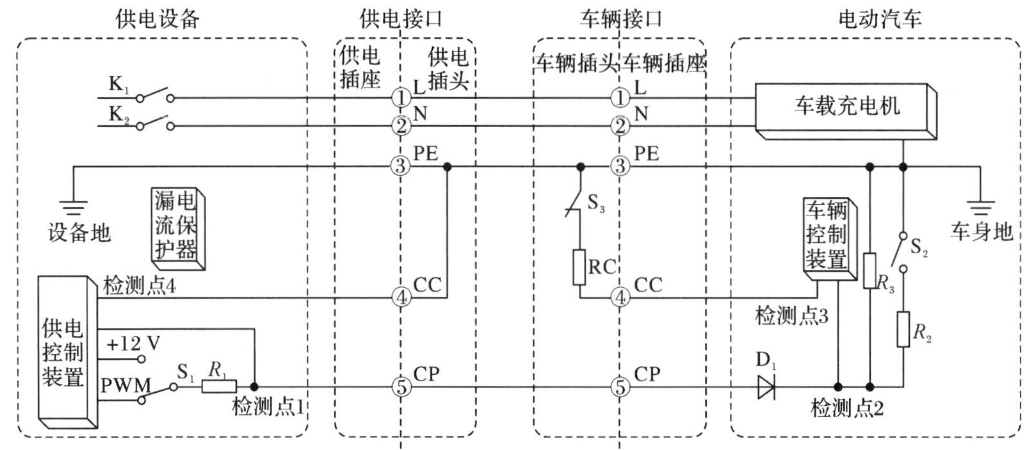

图 5-2-14　车载充电机内部控制电路图

(4)车载充电机的工作原理。如图 5-2-15 所示，车辆交流充电时，将工频 50 Hz 单相或三相交流电经充电设施及充电连接装置传输至车载充电机，经车载充电机整流、滤波等处理后转换为直流电，为车载储能装置充电。充电设施通过 PWM 告知电动汽车允许最大可用电流，该电流不应超过其额定电流、连接点额定电流、电源额定电流中的最小值。

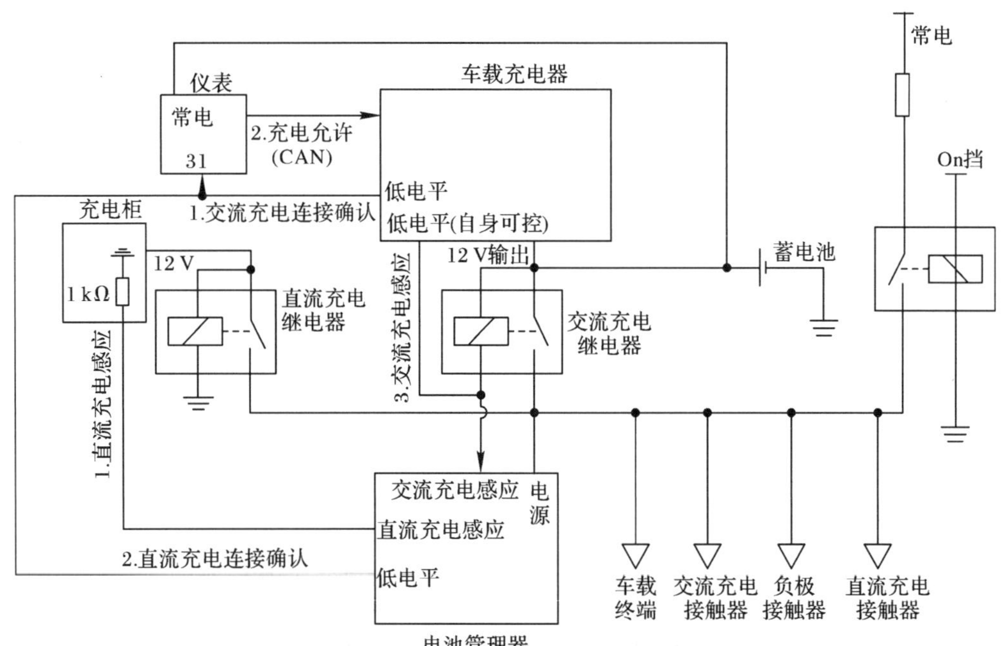

图 5-2-15　比亚迪 E6 充电控制原理图

(5)车载充电机工作流程如图 5-2-16 所示。

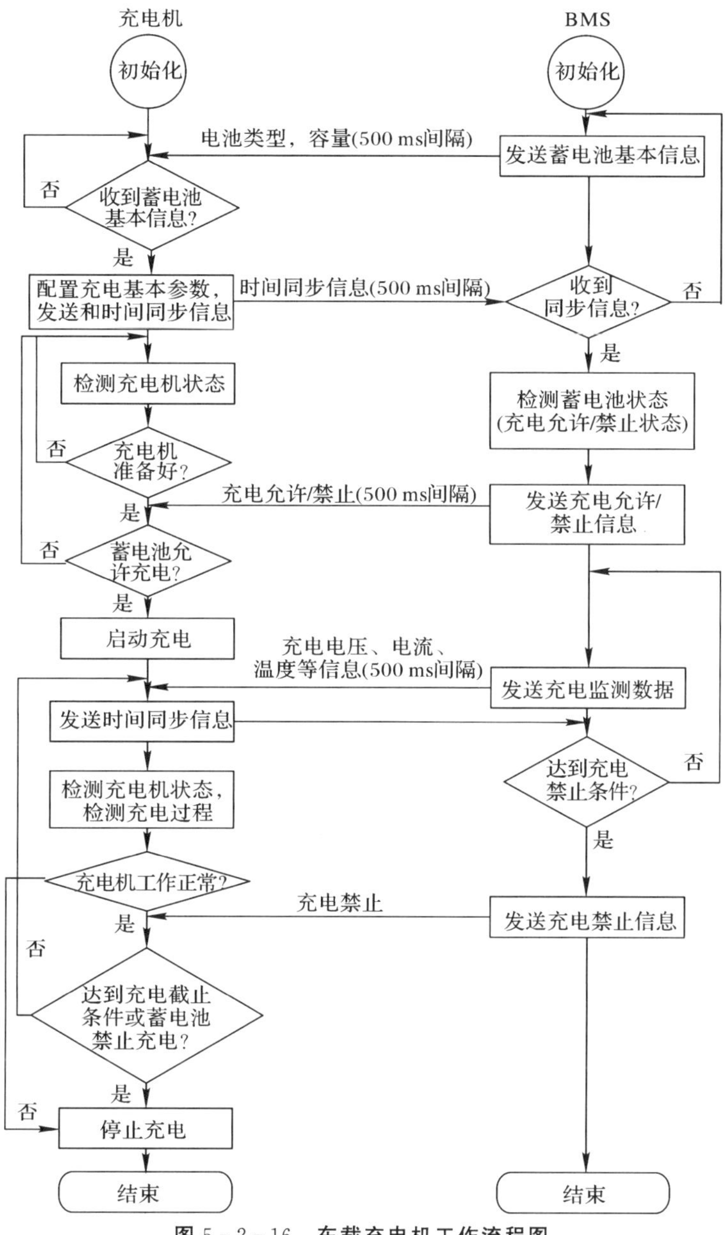

图 5-2-16 车载充电机工作流程图

3. 充电接口

充电接口是指用于连接活动电缆和电动汽车的充电部件，它由充电插座和充电插头两部分组成，是传导式充电机的必要设备，充电插头在充电过程中与充电插座进行结构耦合，从而实现电能的传输。《电动汽车传导充电用连接装置 第2部分：交流充电接口》(GBT 20234.2—2015)和《电动汽车传导充电用连接装置 第3部分：直流充电接口》(GBT 20234.3—2015)两个国家标准，对充电接口进行了规范。

(1)直流充电口。早期的部分车型快充口安装在前机舱内，每次快充时需要开前机舱盖,目前大部分车型的快充口都设置在前中网车标的后方。有的新能源汽车的快充口和慢充口一起位于车辆右后轮上侧,比如 ARCFOX - 1;有的新能源汽车没有快充功能,比如比亚迪秦混动。

比亚迪新能源汽车快充接口如图 5 - 2 - 17 所示,各端子含义见表 5 - 2 - 7。

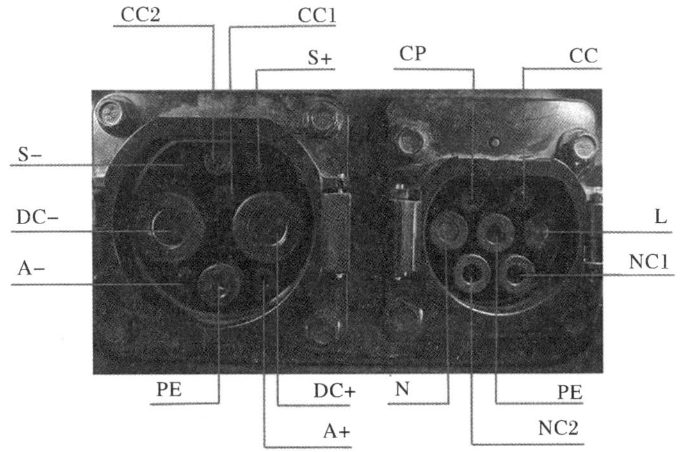

图 5 - 2 - 17　比亚迪 E5 直流与交流充电口

表 5 - 2 - 7　比亚迪 E5 直流充电枪口定义

触头编号/标识	额定电压和额定电流	功能定义
DC+	750 V/1 000 V 80 A/125 A/200 A/250 A	直流电源正,连接直流电源正与电池正极
DC−	750 V/1 000 V 80 A/125 A/200 A/250 A	直流电源负,连接直流电源正与电池负极
PE	—	保护接地(Protective Earthing,PE),连接供电设备底线和车辆电平台
S+	0～30 V　2 A	充电通信 CAN - H,连接非车载充电机与电动汽车的通信线
S−	0～30 V　2 A	充电通信 CAN - L,连接非车载充电机与电动汽车的通信线
CC1	0～30 V　2 A	充电连接确认
CC2	0～30 V　2 A	充电连接确认
A+	0～30 V　2 A	低压辅助电源正,充电机为电动汽车提供的低压辅助电源
A−	0～30 V　2 A	低压辅助电源负,充电机为电动汽车提供的低压辅助电源

(2)交流充电口。比亚迪新能源汽车慢充接口如图 5 - 2 - 17 所示,各端子含义见

表 5-2-8。

表 5-2-8 比亚迪 E5 交流充电枪口定义

触头编号/标识	功能定义
L	A 相
NC1	B 相
NC2	C 相
N	中性线
PE	地线
CC	充电连接信号线
CP	充电控制信号线

4. 充电线

快充的充电线一般直接与快速充电桩合为一体。慢速充电随车配置的充电线主要有两种，一种是适合在家里充电使用的家用交流慢速充电线（见图 5-2-18），另一种是适合在小型充电站与交流充电桩配合使用的慢速充电线（见图 5-2-19）。

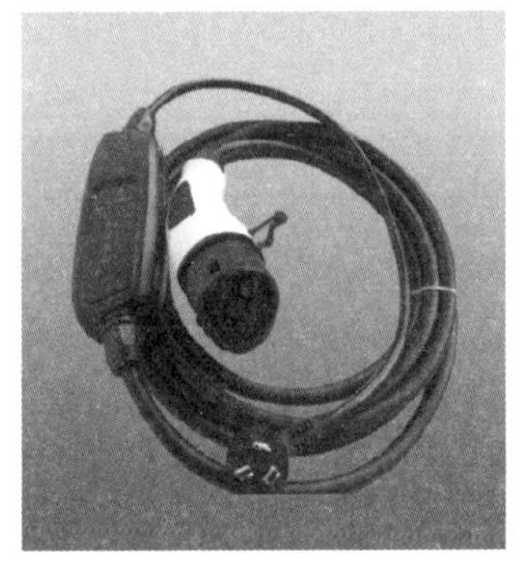

图 5-2-18 家用交流慢速充电线

图 5-2-19 交流充电桩慢速充电线

任务 5.3 新能源汽车的充电过程

▶任务驱动

新能源汽车专业的学生在比亚迪汽车 4S 店实习，该店接待了一位顾客。据顾客反映，该比亚迪新能源汽车已行驶 1 000 km，在给车辆充电的时候无法进行慢充充电，希望该店进行维修。假定你是该实习生，你需要做哪些准备工作？

本任务要求学生掌握新能源汽车快充、慢充的充电过程和常规的充电流程，知识与技能要求见表 5-3-1。

表 5－3－1　知识与技能要求

任务内容	新能源汽车的充电过程	学习程度		
		识记	理解	应用
学习任务	了解新能源汽车的充电过程		●	
	了解快速充电的工作原理	●		
	了解慢速充电的工作原理	●		
实训任务	会为新能源汽车选择合适的充电方式			
	会对新能源汽车进行充电	●		
自我勉励				

任务工单　新能源汽车的充电过程

一、任务描述

收集新能源汽车充电过程的相关资料，对资料内容进行学习和讨论，掌握新能源汽车的充电原理。通过对任务的学习，熟悉新能源汽车充电的过程，了解快速充电、慢速充电的特点，能够根据需要对新能源汽车进行合理的充电。

二、学生分组

全班学生以 5～7 人为一组，各组选出组长并进行任务分工，将小组成员及分工情况填入表 5－3－2 中。

表 5－3－2　小组成员及分工情况

班级：________　　组号：________　　指导教师：________

小组成员	姓　名	学　号	任务分工
组　长			
组　员			

三、准备工作

1.资料获取

请各组组长组织组员收集相关资料,并回答以下问题。

引导问题 1:为什么要进行预充电?其工作原理是什么?

引导问题 2:快充、慢充的充电流程是什么?

引导问题 3:慢充充电有什么优缺点?

2.制订计划

(1)根据任务内容制订工作计划,将其填入表5-3-3中。

表 5-3-3 **工作计划**

序　号	工作内容	负责人

(2)列出完成工作计划所需要的器材,将其填入表5-3-4中。

表 5-3-4 **器材清单**

序　号	名　称	型号与规格	单　位	数　量	备　注

3.进行决策

(1)小组成员针对各自的工作计划展开讨论,并选出最佳的工作计划。

(2)指导教师根据小组的工作计划给出评价。

(3)各小组成员根据指导教师的评价对工作计划进行调整。

(4)调整合格后的工作计划即为最终实施方案。

四、工作实施

根据最终实施方案展开活动。按实际操作过程，将操作内容、遇到的问题及解决办法等填入表 5-3-5 中。

表 5-3-5 工作实施过程记录表

序号	操作内容	遇到的问题及解决办法

五、考核评价

指导教师根据各小组表现情况完成考核评价记录表(见表 5-3-6)。

表 5-3-6 考核评价记录表

项目名称	评价内容		分值	评价分数		
				自评	互评	师评
职业素养考核项目	无迟到、无早退、无旷课		8分			
	仪容仪表符合规范要求		8分			
	具备良好的安全意识与责任意识		10分			
	具备良好的团队合作与交流能力		8分			
	具备较强的纪律执行能力		8分			
	保持良好的作业现场卫生		8分			
专业能力考核项目	积极参加教学活动，按时完成任务工单		16分			
	操作规范，符合作业规程		16分			
	操作熟练，工作效率高		18分			
合计			100分			
总评	自评(20%)+互评(20%)+师评(60%)=________	综合等级：________	指导教师(签名)：________			

▶参考知识

5.3.1 预充电

动力电池作为纯电动汽车的唯一能量来源，需要外部充电来补充电能。当动力电池剩余电量低于一定值时，在仪表板上会出现低电量标识，提醒使用者对电动汽车进行充电。

充电是指将交流或直流电网（电源）调整为标准的电压/电流，为电动汽车动力电池提供电能，也可额外地为车载电气设备供电。充电时，电池的电压逐渐上升，如果直接连接充电电源，可能引发大电流冲击，对电池和充电设备造成损害。因此，充电电路中应含有预充电电路，在任一种充电方式充电前，都会先进行预充电。

1.预充电的作用

(1)预充电能确保电池在充电过程中能够平稳启动充电模式。在预充电电路中，动力电池的正负极都装有接触器，将电池与负载有效隔离。在接触器接通瞬间，动力电池的直流高压电直接加在负载上，上电瞬间会产生很大的电流冲击，容易造成功率器件损坏，还可能造成接触器接通时的电火花拉弧形成烧结。预充电电路可以通过控制充电电流的斜率，使电池在充电初期能够缓慢吸收电能，避免冲击现象发生。预充电电路实体如图5-3-1所示。

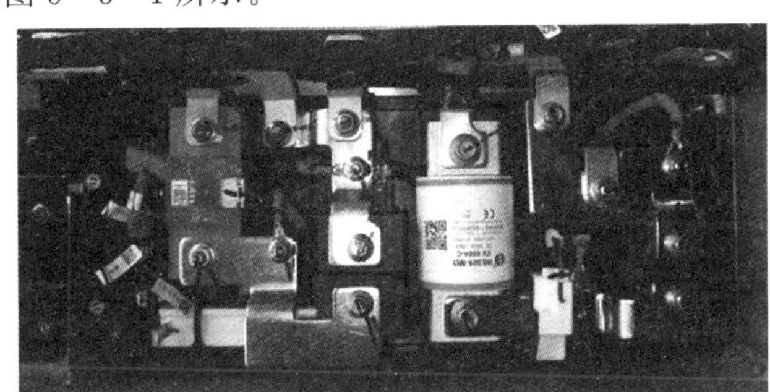

图5-3-1 预充电电路实物图

(2)预充电能保护电池的内部结构，延长电池寿命，提高整个充电系统的稳定性。预充电可使电池内部的化学反应更加均匀，减少电池内部的应力和压力，减少电池发热和可能因过度发热引起的爆裂。预充电能够让电池更缓慢、均匀地充电，在电池寿命的早期，这一过程尤其重要。通过减少起始充电时对电池内部的应力来延长电池的使用寿命。

(3)预充电可以减少充电时间。如果直接以高电流进行充电，容易让电池内部形成气泡，这会降低电池的充电效率。而预充电缓慢地充电，能使电池内部产生的气泡慢慢地被电解掉，从而提高充电效率并缩短充电时间。

2.预充电的工作过程

如图5-3-2所示，给新能源汽车充电时，主接触器先断开，阻抗较大的预充接触器和预充电阻构成的预充回路先接通，预充电阻值一般在 200 Ω 以上。假设回路电压为 300 V，在接通瞬间，流过预充电回路进入电容 C 的最大电流 $I=300/200=1.5$ A。一般情况下，预充继电器的容量在 2 A 以上，因此预充回路安全。预充电时间很短，大概需要不到 5 s。预充电过程中电压及电流会随着时间发生一系列的变化，如图 5－3－3 所示。

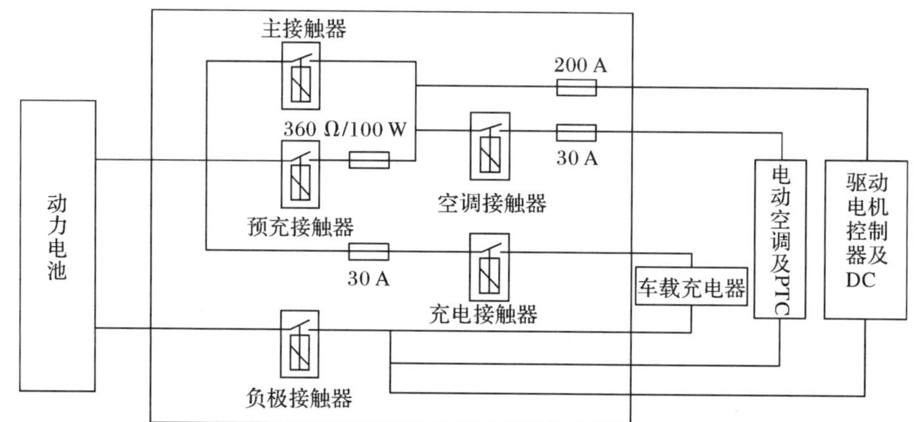

图 5－3－2　比亚迪新能源汽车预充电电路图

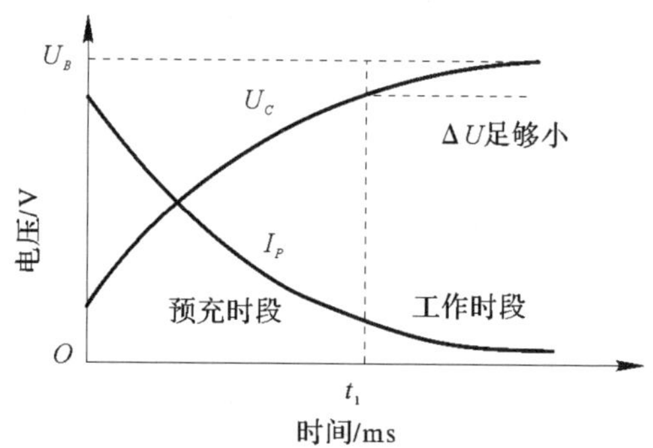

图 5－3－3　预充电过程电压及电流变化图

5.3.2　充电过程

预充电过程结束后主继电器闭合，预充继电器断开，此时开始给蓄电池充电。镍氢电池和锂电池的充电全过程一般大致分为三个阶段：快速充电、连续式充电和涓流充电。快速充电能将电池电量在短时间内充到 80%，接着逐渐减小充电电流，使用连续式充电方法确保电池进入充满临界状态，最后采用涓流充电方式确保电池真正饱和，对蓄电池进行合理快速充电，会延长电池寿命。整个充电过程包含充电连接确认、蓄电池充电和充电结束。

1. 充电连接确认

(1)电源连接。在充电开始之前，新能源汽车需连接到电源（通常是电动汽车充电桩或电站）。充电桩或电站提供电流和电压，使电能传输到车辆的电池组。

(2)电池管理系统控制。在充电过程中,电池管理系统监测和控制电池的各个参数,包括电压、温度、电流等。电池管理系统确保电池在安全范围内充电,以防止过充和过热。

(3)充电过程。电池内部的化学反应开始进行,电子从负极流向正极,同时锂离子从正极移到负极。这个过程涉及氧化还原反应,将电能储存为化学能。

(4)充电速率。充电速率取决于电池的设计和电源的功率。快速充电系统可以在短时间内充入更多的电能(30 min 可充到 80%),但需要注意控制温度,防止过热。

2.蓄电池充电

(1)快速充电。按照《电动汽车传导充电系统 第 1 部分:通用要求》(GB/T 18487.1—2015)规定,充电模式 4 为直流充电桩充电,将电动汽车连接到交流电网或直流电网时,使用了带控制导引功能的直流供电设备,这种模式也称为快速充电,又称快充或地面充电。这种模式通过非车载充电机采用大电流给电池直接充电,使电池在短时间内可充至 80%左右的电量,因此也可称为应急充电。快速充电模式的电流和电压一般在 150～400 A 和 200～750 V,充电功率大于 50 kW。快速充电方式多为直流供电方式,地面的充电机功率大,输出电流和电压变化范围宽。但是一些小型的 7 kW、15 kW、20 kW 的便携直流充电机虽然充电口用的是直流充电孔,其充电速度仍属于慢充行列。快速充电方式充电时间短,能够在较短时间给蓄电池补充大量电能。目前,直流充电桩可以提供 100 A 的充电电流,一般直流充电桩带有充电连接线,如图 5-3-4 所示。

图 5-3-4 直流充电桩

快充充电策略。快充充电方法是采用脉冲快速充电。脉冲快速充电是指充电过程中不断用反复放电充电的循环充电。首先进行一级充电,给电池组用 0.8～1 倍额定容量的大电流进行定流充电,使蓄电池在短时间内充至额定容量的 50%～60%。接着由电路控制先停止充电 25～40 ms,再放电或反充电,使电池组反向通过一个较大的脉冲电流，然后再停止充电。当电池电量到达标称容量的60%后，进行二级充电，充电电流变为0.5～0.6倍额定容量的大电流。随着电池电量逐渐增加，之后的充电都按照正脉冲充电—前停充—负脉冲瞬间放电—后停充—再正脉冲充电的循环，充电电流按照上一级的60%来继续进行充电，直至充满，如图5-3-5所示。

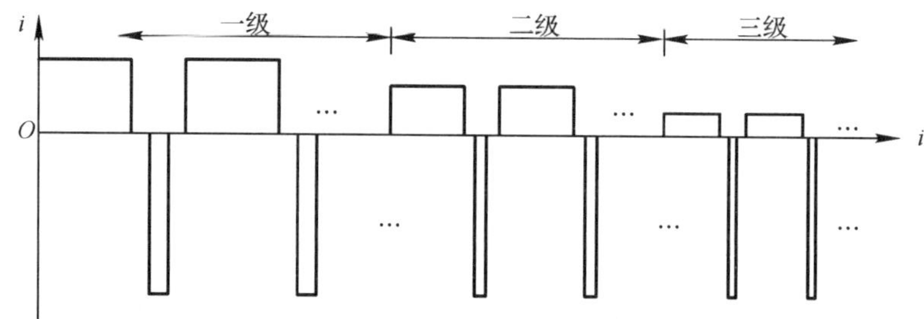

图5-3-5　脉冲式快速充电

以锂电池为例，选用容量为4 A·h的电池，工作电压范围为3～4.4 V。对电池进行了不同倍率下的充电测试，当充电倍率小于0.77 C时，充电截止电压为4.4 V，当充电倍率大于0.77 C时，首先充电到4.2 V，接着使用0.77 C充电到4.4 V。

为了降低极化，希望在不影响电池寿命的基础上，在4.2 V之前用较大电流也能充入较多容量。一般选择如图5-3-6所示的三阶段脉冲电流充电法。阶段电流逐渐减小，其中阶段间的转折点为截止电压4.2 V。当第三阶段充电至4.2 V时，转入0.77 C的CC-CV充电阶段，此时截止电压为4.4 V。

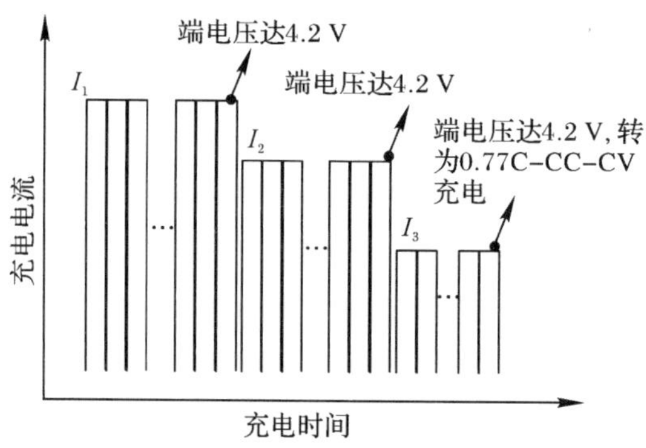

图5-3-6　三阶段脉冲电流充电示意图

考虑电池的循环使用寿命及充电安全，三个阶段中脉冲电流的幅值分别设定为1.2 C、1.1 C和1 C。充电电流占空比和频率占空比大小直接影响平均充电率。为了满足第一脉冲阶段平均充电率大于1 C的要求，占空比设置为0.9。应将充电脉冲电流周期设定为100 s。

充电电流幅值调整策略随着电池老化，电池动力学及倍率特性变差。脉冲电流的幅值应根据电池健康状态调整。充电过程中，极化电压反映了电池内部电化学反应的速度和电池两极电势的平衡情况，是衡量充电效率和充电接受能力的量化表现。通过控制极化电压，就可以有效控制充电过程中电池内部离子浓度和正负极反应速度。而随着电池的老化,电池动力学特性变差,若在电池老化后仍以相同大小的电流对电池进行充电,必将加大充电过程中的极化电压,将会引起电池容量的加速衰退。

脉冲快速充电的最大优点为充电时间大为缩短,且可增加适当电池容量,提高启动性能。可是脉冲充电电流较大,对极板的活性物质的冲刷力强,活性物质易脱落,因此对电池组寿命有一定影响。现阶段大多数快速充电都采取脉冲充电方法。快速充电系统如图 5-3-7 所示。

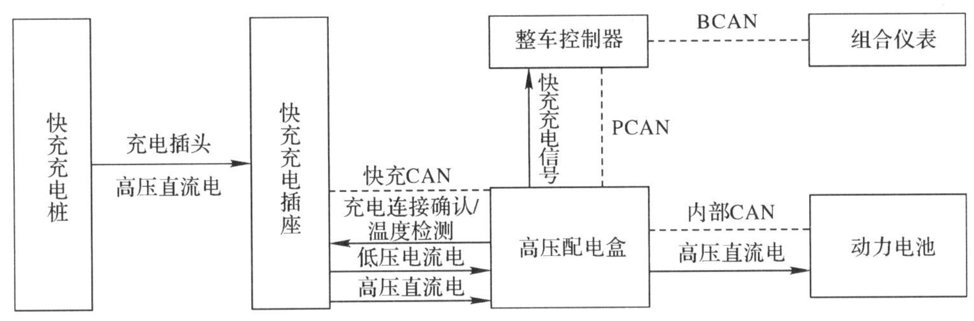

图 5-3-7 快速充电系统图

当动力电池电量低时,连接直流充电桩与直流充电插座,直流充电桩通过测量 CC1 点电压判断车辆插头与车辆插座是否已完全连接。

直流充电桩判断车辆插头与车辆插座已完全连接后,进行自检(包括绝缘检测等),并向高压配电盒提供低压辅助电源(通过 A^+ 及 A^-)。

高压配电盒得电后通过测量 CC2 点电压判断车辆插头与车辆插座是否已完全连接,判断车辆插头与车辆插座已完全连接后,高压配电盒与直流充电桩通过快充 CAN 建立通信。

在整个充电阶段,高压配电盒实时向直流充电桩发送电池充电要求,直流充电桩根据电池充电需求来调整充电电压和充电电流,以保证充电过程正常,在充电过程中,直流充电桩和高压配电盒相互发送各自的充电状态。除此之外,高压配电盒根据要求向直流充电桩发送电池具体状态信息及电压、温度等信息。

快速充电模式的优点是充电时间短;缺点是相对于传统油车补充能量的时间,“快充”实际并不快,而且会降低动力电池使用寿命。快速充电模式实质上为应急充电模式,其目的是短时间内给电动汽车充电。高功率、高电压的工作条件使得快速充电模式仅存在在大型充电站或公路旁作为应急使用。快速充电的充电速度非常高,因此,充电设备安装要求和成本非常高,并且快速充电的电流电压较高,短时间内对电池的冲击较大,容易令电池的活性物质脱落和电池发热,因此对电池保护散热方面有更高的要求,并不是每款车型都可快速充电。

由于受电池技术影响,目前电动汽车使用最多的是锂电池。锂元素是比钠还要活跃的金属元素之一,快充易使锂元素太过活跃,从而使电池中的电解液发生沉淀,产生气泡现象，也就是平常人们所看到的电池身上容易凸起的“小包”，摸上去感觉发热，严重的会导致电池爆炸等安全事故。因此，充电电流不宜过大。目前市面上各大厂商都在鼓吹其电动汽车快速充电时间在 10 min 左右，实际上以目前技术来看都不现实。以 BYD E6 纯电动汽车为例，这款电动汽车采用磷酸铁锂电池，其快速安全充电模式充电时间仍然需要 2 h。无论电池再完美，长期快速充电终究影响电池的使用寿命。

(2)慢速充电。根据充电装置的不同，慢速充电又可以分为两类，即交流充电桩充电(充电模式 3)和充电适配器充电(充电模式 2)。慢速充电模式的缺点是充电时间较长，但其对充电设备的要求并不高，充电器和安装成本较低，可充分利用电力低谷时段进行充电，降低充电成本，更为重要的是可对电池深度充电，提升电池充放电效率，延长电池寿命。

常规慢充的方式适用情况主要有几种：第一种为用户对电动汽车的行驶里程要求相对较低，车辆行驶里程能满足用户 1 天的使用需求，利用晚间停运时间可以完成充电；第二种为由于常规慢速充电电流和充电功率比较小，因此在居民区、停车场和公共充电站都可以进行充电；第三种为规模较大的集中充电站，能够同时为多辆电动乘用车提供停车场地并进行充电。

慢充充电策略。锂离子电池慢充时一般采用恒压充电的方式进行充电，超过一定电压值，电池物质会发生分解，影响电池的安全性。因此锂离子电池对充电终止电压的精度要求很高，一般误差不能超过额定值的 1%。

对于锂离子电池，慢速充电过程一般分为三个阶段：预充电阶段、恒流充电阶段和恒压充电阶段，如图 5-3-8 所示。

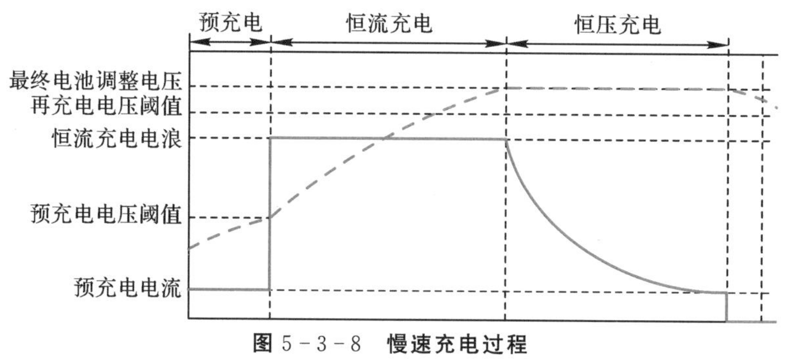

图 5-3-8 慢速充电过程

预充电阶段是电池电压较低时，电池不能承受大电流的充电，这时有必要以小电流对电池进行浮充，主要是对过放电的锂电池进行修复；当电池电压达到一定值时，电池可以承受大电流充电，这时以恒定的大电流充电，以使锂离子快速均匀地转移。

可以用以下两种方法判断是否停止恒流充电：第一，电池最高电压终止法。电池电压达到最高电压限制，到了电池承受电压的极限时，应终止恒流充电。第二，电池最高温度终止法。电池温度达到设定值时(设定值因单体不同、厂家不同而有差异)，立即停止充电。随后,进入恒压充电阶段,充电电流逐渐降低,单节电池的恒压充电电压应在规定值的±1%内变化。恒压充电的截止条件一般用最小充电电流来控制,充电电流很小(一般为 0.05 C,或恒流充电电流的 1/10)时,表明电池充满,应停止充电。

慢速充电流程如图 5-3-9 所示。第一步,当动力电池电量低时,用 16 A 单头充电插头连接交流电源与交流充电插座,高压配电盒通过检测 CC 点电阻判定充电电缆的额定容量及 16 A 单头充电插头是否连好。第二步,高压配电盒判断 16 A 单头充电插头完全连好后进行自检,自检无故障控制内部开关 S_2 闭合,16 A 单头充电插头检测到开关 S_2 闭合的信号后,闭合交流电路,车载充电机输入端得电工作。第三步,车载充电机交流输入端得电后通过 PCAN 与高压配电盒通信,并发出充电信号给整车控制器及 DC/DC,整车控制器得电唤醒,DC/DC 得电工作。在整个充电阶段,高压配电盒实时向充电机发送电池充电要求,充电机根据电池充电需求来调整充电电压和充电电流以保证充电过程正常,在充电过程中,充电机和高压配电盒相互发送各自的充电状态。除此之外,高压配电盒根据要求向充电机发送动力电池具体状态信息及电压、温度等信息。

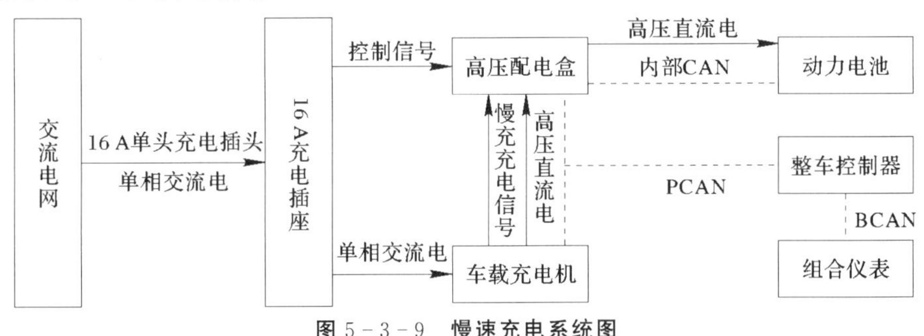

图 5-3-9 慢速充电系统图

慢速充电模式的优点如下:首先是尽管充电时间较长,但所用功率和电流的额定值不高,对充电模块的要求较低,价格较低,因此充电器和安装成本比较低。其次是可充分利用电力低谷时段进行充电,降低充电成本。最后是可提高充电效率和延长电池的使用寿命。

3. 充电结束

动力蓄电池能否在充电系统中充电成功的关键因素取决于动力蓄电池自身的状态是否满足充电条件。停止充电条件如下。

(1)故障导致中止充电或是不能启动充电(高压回路绝缘故障)。

(2)单体蓄电池电压达到了设定的充电截止电压,导致停止充电。

(3)SOC 达到 100%。需要注意的是,SOC 值并不一定是首要充电停止条件,有时 SOC 为 100%电池仍然充电,等到最高单体蓄电池电压值达到 BMS 的设定值时才停止充电。

(4)充电机温度过高或过低导致充电中止或无法启动充电。

(5)动力蓄电池温度过高或过低导致无法充电或中止充电,即受车辆充电控制策略影响,允许充电、限流充电、充电加热、禁止充电等会停止充电。

任务 5.4　充电系统的发展趋势

任务驱动

充电效率问题是新能源汽车全面普及的重要制约因素之一。快速对新能源汽车进行能量补充,保证驾驶连续性,是新能源汽车技术研发的重点之一。那么问题来了,新能源汽车充电系统的关键技术是什么?充电领域的发展方向有哪些?我国在充电关键技术领域取得了哪些较大进展?

本任务要求学生了解我国新能源汽车充电技术的发展方向,知道充电桩的关键技术,了解车载充电机的发展新动向,知识与技能要求见表 5-4-1。

表 5-4-1　知识与技能要求

任务内容	新能源汽车充电系统的发展趋势	学习程度		
		识记	理解	应用
学习任务	了解新能源汽车充电系统的发展方向		●	
	掌握快速充电的关键技术	●		
	掌握充电模块大功率化的关键技术点		●	
	了解液冷充电桩的优势		●	
	知道车载充电机的关键技术及发展趋势		●	
实训任务	表述新能源汽车充电系统的具体技术路线	●		
	阐述新能源汽车关键技术现状及发展动态			
自我勉励				

任务工单　新能源汽车充电系统发展趋势

一、任务描述

收集新能源汽车充电系统关键技术的相关资料,对资料内容进行学习和讨论,表述充电系统的关键技术路线,列出新能源汽车充电系统的关键技术及其具体内容,讨论并记录其现状及发展动态并将结果写成学习报告，提交给指导教师。

二、学生分组

全班学生以 5～7 人为一组，各组选出组长并进行任务分工，将小组成员及分工情况填入表 5－4－2 中。

表 5－4－2 小组成员及分工情况

班级：________ 组号：________ 指导教师：________

小组成员	姓　名	学　号	任务分工
组　长			
组　员			

三、准备工作

1. 资料获取

请各组组长组织组员收集相关资料，并回答以下问题。

引导问题 1：阐述新能源汽车充电桩的关键技术及其具体内容。

引导问题 2：阐述新能源汽车车载充电机的关键技术及其具体内容。

2. 制订计划

(1)根据任务内容制订工作计划，将其填入表 5－4－3 中。

表 5－4－3 工作计划

序 号	工作内容	负责人

(2)列出完成工作计划所需要的器材,将其填入表 5－4－4 中。

表 5－4－4 器材清单

序 号	名 称	型号与规格	单 位	数 量	备 注

3.进行决策

(1)小组成员针对各自的工作计划展开讨论,并选出最佳的工作计划。

(2)指导教师根据小组的工作计划给出评价。

(3)各小组成员根据指导教师的评价对工作计划进行调整。

(4)调整合格后的工作计划即为最终实施方案。

四、工作实施

根据最终实施方案展开活动。按实际操作过程,将操作内容、遇到的问题及解决办法等填入表 5－4－5 中。

表 5－4－5 工作实施过程记录表

序 号	操作内容	遇到的问题及解决办法

五、考核评价

指导教师根据各小组表现情况完成考核评价记录表(见表5-4-6)。

表5-4-6 考核评价记录表

项目名称	评价内容	分 值	评价分数		
			自 评	互 评	师 评
职业素养考核项目	无迟到、无早退、无旷课	8分			
	仪容仪表符合规范要求	8分			
	具备良好的安全意识与责任意识	10分			
	具备良好的团队合作与交流能力	8分			
	具备较强的纪律执行能力	8分			
	保持良好的作业现场卫生	8分			
专业能力考核项目	积极参加教学活动,按时完成任务工单	16分			
	操作规范,符合作业规程	16分			
	操作熟练,工作效率高	18分			
合 计		100分			
总 评	自评(20%)+互评(20%)+师评(60%)=________	综合等级:________	指导教师(签名):________		

参考知识

5.4.1 充电桩的发展趋势

随着新能源汽车的发展,车载平台电压等级不断提高,续驶里程不断延长。充电桩正处于从过去以交流慢充为主转变为未来以直流快充为主的发展路径上,充电模块大功率化、标准化、液冷化的快充桩将成为充电桩行业未来发展的主流趋势。

1. 充电模块大功率化

近年来,消费者对车辆快速补充电能的需求日益强烈,以“大功率直流充电”等为代表的新技术、新业态、新需求不断涌现。模块大功率化已成为发展趋势,提高充电桩的输出功率是缩短充电时间的关键,提高充电桩的输出功率即提高模块的总功率,可以从增加模块的数量或提高模块的功率密度来实现。因为充电桩的体积是有限的,所以随着快充技术的不断发展,单纯地增加模块数量已经不能满足功率提升的要求,模块功率密度的提升是必然趋势。在相同的模块尺寸下,功率密度越大,模块总的输出功率就越大。随着快充需求的不断增大,充电模块的功率等级也随之不断提高。

目前我国市场主流充电模块已经发展了三代，见表 5－4－7。第一代为 2016 年以前，充电功率为 7.5 kW；第二代从 2016 年到现在，充电功率为 15/20 kW，是目前应用最多的模块；第三代从 2020 年开始普及，充电功率为 30/40 kW，目前正逐渐成为市场主流。

表 5－4－7　我国市场充电模块发展情况

参　数	第一代	第二代	第三代
功率/kW	7.5	15/20	30/40
输出电压范围/V	300～750	200～750	150～1 000
输出恒功率电压范围/V	300～350 600～750	300～750	300～1 000
功率密度/($W \cdot in^{-3}$)	＞20	＞30	＞45/60
防护等级	IP20	IP20	IP20/IP65
全功率温度范围/℃	0～50	0～55	0～55
可提供厂家数	＞50	＞20	＜5

同样的功率下，提高充电电压相较于增大电流而言，可使充电区间更大、功率峰值更高，而且提高电压的技术难度要比增大电流的技术难度小、成本相对可控，将成为快速充电发展的首要方向。目前我国新能源汽车正在紧急制订大功率充电技术方面的标准。一些海外车企已经在高端车型上应用 800 V 高压平台，高压平台车型将成为未来 3～5 年的重要趋势。

2. 标准化模块设计

目前，全球范围内的电动汽车厂家和品牌较多，蓄电池的品牌众多，充电系统的技术方向各不相同，采用的标准也不统一。电动汽车动力电池行业未形成标准化、统一的规范和标准，不同厂家的模块尺寸和接口标准各不兼容，即便是同一厂家的不同模块产品，由于功率等级和规格不同，尺寸和体积也有差异，比如同样是 15 kW 的模块，华为的产品只有 1 种尺寸，即 206 mm×470 mm×83 mm，英飞源的产品则有 2 种不同的尺寸，即 215/226 mm×395 mm×84 mm。模块尺寸和接口的不兼容会造成充电桩的设计工作重复化，同时增加充电桩的升级换代成本，不利于充电桩的长期可持续利用，使得老旧充电桩无法直接升级换代，造成浪费。

国内部分厂商已经开始关注尺寸和接口规格的统一标准化设计，实现了 30 kW 向 40 kW 模块的平滑升级。随着充电模块技术的发展演进和市场应用规模的逐渐成熟，充电模块产品的设计方向也在持续向高可靠性、高功率密度方向提升。对于市场上已经明确的 30/40 kW 充电模块需求，已有厂家在设计之初就向同结构尺寸、同接口尺寸的目标进行设计。以优优绿能为例，其 30 kW 和最新的 40 kW 模块在同样的电压范围下实现了尺寸统一，均为 300 mm×437.5 mm×84 mm，使用 30 kW 模块的旧充电桩可以在不改变内部结构只更换新的大功率模块的条件下实现平滑升级。以 360 kW 双枪快充桩为例，原有设计包含 12 个 30 kW 模块，现在在同样接口上直接更换为 12 个 40 kW 的模块后，充电桩总功率达到 480 kW，大幅提升了 33%。

国家电网公司推出了国网三统一标准的充电模块，即统一模块外形尺寸、统一模块安装接口、统一模块通信协议，为充电桩系统集成商及充电运营企业提供了更好的选择。国网三统一型充电模块可推动行业进一步规范化、标准化，该标准已成为当下各企业的主流产品设计参考标准。

3. 液冷充电技术

目前，充电桩多采用直通风冷的方式进行散热，这种散热方式不但会产生巨大的噪声，而且防护等级低、可靠性差。如图 5-4-1 所示，充电桩内部模块间相互接触，空气夹杂着灰尘、烟雾及水汽吸附在模块内部器件表面，同时易燃易爆气体与导电器件接触，会增大模块故障风险。

图 5-4-1 充电模块内部积灰

液冷充电技术通过使用特殊的冷却液体，如水或乙二醇水溶液，流经电缆和充电枪内的管道，能有效地将热量从充电系统中带走。这种方法不仅提高了充电速度，而且大幅提升了充电过程的安全性。液冷充电技术使用的液冷充电枪能够在高功率充电时保持较低的温度，从而避免由于过热造成的损害和安全风险。液冷技术使用的充电线缆更加灵活和轻便。相关研究表明，采用液冷技术的充电线缆和充电枪比传统技术轻 40%～50%。

采用液冷充电技术的充电模块是全封闭设计，能有效隔绝灰尘、易燃易爆气体，充电桩采用此技术可以同时解决模块故障率高及噪声大的问题。相比传统的风冷散热充电模块，液冷散热的性能更优，但成本较高，未来将逐渐成为模块散热的主流趋势。目前行业内已推出全新的全液冷超充解决方案，主机系统、功率模块、充电终端全链路采用液冷散热技术。液冷模块的散热能力比强制风冷模块低 10～20 ℃，智能降噪控制可满足对噪声敏感的场景安装使用。液冷模块还拥有更高的防护等级，适合多粉尘等恶劣场景应用，寿命延长了 1～2 倍，减少了后期维护和检修次数，降低了运营成本。

特斯拉超充桩 V3 率先使用液冷技术，其他厂商也在跟进。其充电功率达到了 250 kW，同时线缆直径较 V2 版充电枪减少 44%，为 23.87 mm。其他整车厂（如比亚迪、广汽、小鹏、岚图、理想等）为配合其即将推出的 800 V 高压架构车型，大功率快充桩为必需品。目前，小鹏超充站支持 180 kW 双枪直流快充桩，单枪最高功率可达 120 kW；蔚来推出超充补能方案，其超充站 210 kW 主机 1 拖 4 配置功率可随时升级至 270 kW。同时，国内部分厂家如英飞源（见图 5-4-2）、盛弘股份、英可瑞等已有相关产品推出。

图 5-4-2　**英飞源液冷方案**

5.4.2　车载充电机的发展趋势

车载充电机对充电功率、充电效率、质量、体积、成本以及可靠性要求较高。为实现车载充电机的智能化、小型化、轻量化、高效率化，相关的研究与开发工作取得初步成效，研究方向主要集中在智能化充电、电池充放电安全管理、提高车载充电机效率和功率密度、实现车载充电机的小型化等方面。得益于电力电子技术的发展，碳化硅二极管、碳化硅 MOSFET 和碳化硅 IGBT 发展迅速，随着技术发展，车载充电机正在向着高度集成化、高功率化、双向充放电等方向发展。

1. 高度集成化

为了提升充电功率并降低车辆充电系统的成本、所需空间等，通过将电池充电机和电机驱动器有效集成成为车载充电技术重要路径之一。

对于装载电池电量不大的车辆，如 PHEV、小型化 EV 等，单向低功率车载充电机产品仍将大范围应用。制造厂商通过新系统集成化设计来优化产品及降低成本，推出高效且便宜的车载充电机，比如将充电机与 DC/DC 功能集成，集成后的四合一减少了电气连接、复用水冷基板及部分控制电路。集成化可以从两个方面来实现：一方面可以通过减少功率器件、接插件等原材料的使用来集成，这种方法能减小部件体积，使汽车轻量化，有利于新能源汽车提升续驶能力；另一方面，随着芯片技术的提升，芯片功能日趋强大，可用同一个控制芯片控制多个功能部件，从而减少整车零件数量，降低成本。

目前将车载充电机、直流转换器、高压配电盒、电机控制器、中央控制器集成的五合一已经批量应用，未来电器件集成化更高，电器原理的通融和共用特性可以实现电器件利用最大化。

2. 高功率化

随着电动汽车续驶里程的提升，电池容量不断提高，传统的 3.3 kW 和 6.6 kW 车载充电机功率已不能满足当下纯电动汽车的慢充需求，未来车载充电机功率扩容势在必行。目前国外特斯拉配置了超过 11 kW 的充电机。

近几年，已研制出支持高达 19 kW(美国)、14 kW(欧洲国家)的单相功率水平和高达 52 kW(美国)、43 kW(欧洲国家及中国)的三相功率水平的交流插接器，标准化充电功率与电动汽车交流充电功能之间还未完全匹配，在现有充电标准内增加交流充电水平存在相当大的潜力，见表 5-4-8。

表 5-4-8 美国、欧洲国家及中国交流充电额定电压/电流

类　型	地　区	最高电压/电流	最大功率
单相交流电	美国	120 V/16 A	1.9 kW
		240 V/80 A	19 kW
	欧洲国家	220 V/63 A	14 kW
	中国	220 V/32 A	7 kW
三相交流电	美国	480 V/63 A	52 kW
	欧洲国家	400 V/63 A	44 kW
	中国	380 V/63 A	41 kW

整车配备大功率充电机虽可减少充电时间，但由于受限于车辆配重、空间以及成本制约，同时大功率的交流充电也受电网基础设施的影响，如小区配电的容量，因此车载充电机高功率化还将面临巨大挑战。

3. 双向充放电

双向传输产品具有更高的功率密度、能量转化效率、电能利用率以及更低的生产成本等优势，是未来车载电源产品发展的主流趋势之一。碳化硅和 IGBT 的应用，可以有效提高充电机充电效率，有利于 V2G、V2L、V2V 能量的双向传递。

对于电动汽车支持的最大充电水平，无论是 DC 还是 AC，都受到电力电子设备和电池容许的散热限制，且电动汽车热管理系统须设计成使电池在指定温度下可以在驱动和充电期间正常操作。因此，集成充电器设计用于在高功率水平下充电的电动汽车时，还需要额外的冷却系统。

5.4.3 充电方式的发展趋势

无线充电通过安装于地面的发射线圈与电动汽车接收线圈之间的交变磁场实现电能的传导，经过逆变器和控制单元完成对电动汽车电磁组充电。无线充电最大的特点是无须配置充电线，充电接口、充电硬件标准容易统一。但目前无线充电实施成本较高，需要“新基建”的配套实施，随着技术和资金的投入，未来可以在技术层面或基础设施层面实现无线充电停车场、无线充电高速停车区等，为用户带来即停即充的体验。

除了传导充电、无线充电模式外，目前市面上最快速实现有效续驶的充电方式，即采用更换电池组的方式，在蓄电池电量耗尽时，用充满电的电池组更换已经耗尽的电池组，实现快速“充电”。国内现有电动汽车品牌，如北汽、比亚迪、蔚来等车企均提供快速更换电池服务，更换下来的蓄电池可以集中检测检修、充电，提升电池使用寿命，降低充电过程对电力系统的影响。现阶段电池更换服务也存在较多问题，不同汽车厂商配置的电池种类、型号、尺寸均不统一，不同车企需要建设本企业汽车品牌换电服务，成本高且所需换电站空间较大。另外，换电站布局不足也无法快速有效响应各位置车辆换电服务。

项目6　其他新能源汽车

项目导读

随着科技的发展，新能源汽车的形式越来越多样。太阳能汽车是一种靠太阳能来驱动的汽车，相比传统热机驱动汽车，具有节约能源、减少环境污染的特点。生物质燃料包括乙醇和生物柴油，以乙醇作为发动机燃料的汽车称为乙醇汽车，以生物柴油作为发动机燃料的汽车称为生物柴油汽车。

本项目主要介绍其他新能源汽车的基本概念及其应用的相关知识。

能力目标

【知识目标】

(1)能够清晰阐述太阳能汽车的工作原理、特点及其发展趋势。

(2)掌握新能源汽车的发展趋势。

(3)理解生物质燃料汽车的含义及应用。

【技能目标】

准确表述太阳能汽车的结构。

【素质目标】

(1)具有良好的工作作风和精益求精的工匠精神。

(2)养成团结协作、认真负责的职业素养。

任务6.1　太阳能汽车

▶任务驱动

在汽车新能源中应用太阳能技术可以有效减少车辆能源的消耗，有利于环境保护。随着全球经济和科学技术的飞速发展，太阳能汽车相关技术得到了长足的发展，你了解太阳能汽车的结构和工作原理吗？太阳能汽车的发展前景是什么？

本任务要求学生掌握太阳能汽车的结构与工作原理，了解太阳能汽车的发展趋势。知识与技能要求见表 6-1-1。

表 6-1-1　知识与技能要求

任务内容	太阳能汽车	学习程度		
		识记	理解	应用
学习任务	太阳能汽车的结构			●
	太阳能汽车的工作原理		●	
	太阳能汽车的特点	●		
实训任务	分析太阳能汽车的发展趋势		●	
自我勉励				

任务工单　分析太阳能汽车的结构与发展趋势

一、任务描述

收集太阳能汽车相关资料，对资料内容进行学习和讨论，理解太阳能汽车的结构、工作原理、特点，分析太阳能汽车的发展趋势，写出学习报告并提交给指导教师。

二、学生分组

全班学生以 5～7 人为一组，各组选出组长并进行任务分工，将小组成员及分工情况填入表 6-1-2 中。

表 6-1-2　小组成员及分工情况

班级：________　　组号：________　　指导教师：________

小组成员	姓　名	学　号	任务分工
组　长			
组　员			

三、准备工作

1. 资料获取

请各组组长组织组员收集相关资料,并回答以下问题。

引导问题 1:太阳能汽车的定义是什么? 太阳能汽车包含哪些结构?

引导问题 2:太阳能汽车的工作原理是什么?

引导问题 3:太阳能汽车的特点是什么?

引导问题 4:太阳能汽车的发展趋势是什么?

2. 制订计划

(1)根据任务内容制订工作计划,将其填入表 6-1-3 中。

表 6-1-3 工作计划

序 号	工作内容	负责人

(2)列出完成工作计划所需要的器材,将其填入表 6-1-4 中。

表 6-1-4 器材清单

序 号	名 称	型号与规格	单 位	数 量	备 注

3.进行决策

(1)小组成员针对各自的工作计划展开讨论,并选出最佳的工作计划。

(2)指导教师根据小组的工作计划给出评价。

(3)各小组成员根据指导教师的评价对工作计划进行调整。

(4)调整合格后的工作计划即为最终实施方案。

四、工作实施

根据最终实施方案展开活动。按实际操作过程,将操作内容、遇到的问题及解决办法等填入表6-1-5中。

表6-1-5 工作实施过程记录表

序　号	操作内容	遇到的问题及解决办法

五、考核评价

指导教师根据各小组表现情况完成考核评价记录表(见表6-1-6)。

表6-1-6 考核评价记录表

项目名称	评价内容	分　值	评价分数		
			自　评	互　评	师　评
职业素养考核项目	无迟到、无早退、无旷课	8分			
	仪容仪表符合规范要求	8分			
	具备良好的安全意识与责任意识	10分			
	具备良好的团队合作与交流能力	8分			
	具备较强的纪律执行能力	8分			
	保持良好的作业现场卫生	8分			

续表

项目名称	评价内容	分 值	评价分数		
			自 评	互 评	师 评
专业能力考核项目	积极参加教学活动，按时完成任务工单	16 分			
	操作规范，符合作业规程	16 分			
	操作熟练，工作效率高	18 分			
合 计		100 分			
总 评	自评(20%)+互评(20%)+师评(60%)=________	综合等级：________	指导教师(签名)：________		

▶参考知识

6.1.1 太阳能汽车的结构与工作原理

太阳能汽车是利用太阳能电池将太阳能转换为电能来驱动行驶的汽车。从某种意义上说，太阳能汽车也是纯电动汽车，两者的区别在于纯电动汽车的蓄电池靠工业电网充电，而太阳能汽车使用太阳能电池将太阳能转化为电能。

1. 太阳能汽车的基本结构

太阳能汽车一般由太阳能电池板、电力系统、电能控制系统、电动机、机械系统等组成。

(1)太阳能电池板。太阳能电池板是太阳能汽车的能源产生装置，有阵列形式和薄膜形式。阵列是由许多(通常有数百个，多则有几千个)光电池板组成的，阵列的类型受到太阳能汽车的车身尺寸和制造费用等的限制。太阳能汽车通常使用硅电池板，它具有价格适中、转换率高(最高转换率可达 20%)的特点。在太阳能汽车上，许多独立的硅片被组合形成太阳能电池方阵，硅电池阵列吸收太阳光，产生电压在 50～200 V 的电能，再通过电压转换驱动车轮转动。整个电池板的功率受到单个硅电池和电池数量的限制，有的电池板可以提供超过 1 000 W 的电力。电池板产生的电能功率也会受到其他方面的影响，如太阳光的强度、云层的覆盖度和温度等，有些超级太阳能汽车使用的是体积很小、转换效率非常高、造价高昂的太空级光电板。

一般情况下，汽车在行驶过程中，被转换的太阳能用于直接驱动车轮。但有时电池板提供的能量要大于电动机需求的电力，多余的电量就会被蓄电池储存起来，作为后备能源使用。当太阳能电池提供的电能不能满足汽车行驶所需要的电能时，蓄电池内被储存的备用能量将自动输出，来弥补太阳能电池的不足。当太阳能汽车停止时，太阳能电池板产生的所有能量都储存在蓄电池内。当太阳能汽车开始减速时，可以通过制动能量回收系统，将车轮带动电机旋转产生的电能通过电机控制器储存到蓄电池内。

(2)电力系统。电力系统是整个太阳能汽车的核心部件,电力系统控制器管理全部电力的供应和收集。蓄电池组相当于普通汽车的油箱,太阳能汽车使用蓄电池组来储存电能,以便在必要时使用。蓄电池组是由几个独立的模块连接起来的,以提供系统所需的电压,比较有代表性的系统电压一般为84～108 V。蓄电池的电能可以通过太阳能电池板充电,也可以通过其他的外部电源充电。目前在太阳能汽车上所用的蓄电池主要包括铅酸蓄电池、镍铬蓄电池、锂电池、锂聚合物电池等。

(3)电能控制系统。电能控制系统是整个太阳能汽车的控制中枢,主要用于整车电能的分配、电压电量控制等,包括峰值电能监控仪、电机控制器和数据采集系统。电能控制系统最基本的功能是控制和管理整个系统中的电能。峰值电能监控仪电力来源于太阳能光伏阵列,光伏阵列把能量传递给另外的蓄电池,用于储存或直接传递给电机控制器。太阳能光伏阵列在给蓄电池充电的过程中,电池组电能监控仪保护蓄电池组不会因过充电而损坏。峰值电能监控仪由轻质材料构成,并且一般效率能达到95%以上。电机控制器用于直接控制电动机的起动、加速、能量回收等操作。电动机控制器的命令需要驾驶员通过一系列的操作来实现。不同的电动机需要配备不同型号的电机控制器,直流电动机和交流电动机的控制器有很大的区别。控制器的工作效率一般超过90%。电能控制系统用来监测整车运行情况,各个传感器的监测信号都会反馈到电能控制系统中,通过这些信号可以判断太阳能汽车的运行情况。

(4)电动机。太阳能汽车中的电动机相当于普通汽车中的发动机。现在的车用驱动电动机中有很多类型,在电动汽车中都可以应用,类型的选择主要根据设计者的要求来定。太阳能汽车一般不采用齿轮机构进行调速,使用的电动机多数是双线圈无刷直流电动机。对于双线圈无刷直流电动机,可以通过电动机的两个线圈(低速线圈和高速线圈)来实现调速。起动时,低速线圈工作,为太阳能汽车提供低转速、大转矩;高速行驶时,高速线圈工作,为太阳能汽车提供高转速和最佳的运行效果。

(5)机械系统。机械系统主要包括车身系统、底盘系统和操纵系统等。太阳能汽车的机械系统与普通汽车基本相同,但又有自身的特点。在满足汽车的安全和外形尺寸要求的前提下,太阳能汽车外形设计方面则没有其他限制。一般来说,太阳能汽车的外形设计要使行驶过程中的风阻尽可能小,同时要使太阳能电池板的面积尽量大。太阳能汽车要求底盘的强度和安全度达到最大,而且质量尽可能轻。

2.太阳能汽车的基本工作原理

太阳能电池板在太阳光的照射下产生电能,电能通过峰值功率跟踪仪及蓄电池的充电控制器输送至驱动电动机或者输送到蓄电池进行储存。在太阳能汽车行驶过程中,如果日照充足,电能将直接输送给驱动电动机,多余的能量通过蓄电池控制器输送到蓄电池进行储存;如果日照条件不好,太阳能电池板产生的能量不能支持太阳能汽车的行驶需要,这时蓄电池的能量也会用于驱动电动机。当太阳能汽车停止行驶时，太阳能电池板所产生的能量会全部储存到蓄电池中。

太阳能汽车的能量流动图如图6-1-1所示，其中，MPPT是太阳能峰值功率跟踪仪。MPPT跟踪太阳能电池的最大输出功率点，使车辆在功率最大的状态下工作。从MPPT出来的电能供给电动机和蓄电池，使行驶里程延长。在太阳能汽车中，能量的分配是通过控制系统来实现的。

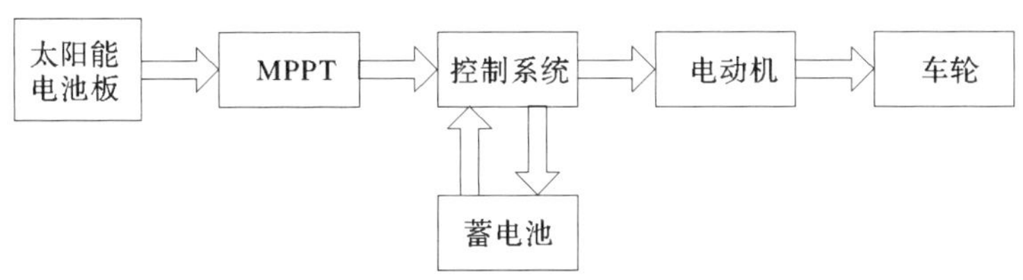

图6-1-1 太阳能汽车的能量流动图

6.1.2 太阳能汽车的特点

太阳能汽车的能源来自太阳，是真正的绿色能源汽车。根据太阳能汽车设计的要求，它的结构与普通汽车又有很大不同。太阳能汽车的特点如下。

1. 节约能源

太阳能汽车的主要能量来源于太阳，而太阳的能量是取之不尽、用之不竭的，因此太阳能汽车是一种非常节能的汽车。

2. 能量利用率高

太阳能汽车很少通过齿轮机构传递能量，因此可以减少能量损耗。同时，驱动电动机的能量利用率非常高(可以达到98%)，这一点是内燃机汽车不能比拟的(内燃机汽车的能量利用率最高为30%)。

3. 减少环境污染

太阳能汽车消耗的能量是电能，不产生废气。

4. 高度依赖太阳

阴雨天气会导致续驶里程变短。

5. 太阳能转化装置的成本高

太阳能光伏转化装置的成本较高，主要是材料、生产设备、生产过程和人力等因素的综合影响。

6.1.3 太阳能汽车的发展趋势

太阳能汽车是一种靠太阳能来驱动的汽车，是随着太阳能电池技术的发展而产生的。太阳能电池依据所用半导体材料的不同，通常分为硅电池、CdS电池、砷化镓电池等，其中最常用的是硅电池。在阳光照射下，太阳能电池板采集阳光，并产生电能。这种能量被蓄电池储存，或者直接提供给电动机。

实用型太阳能汽车主要有两种：一种是在与比赛用车相近的专用车身上装载5～7 m^2 的太阳能电池板和3～5 kW·h的蓄电池的汽车，另一种是在轻型且结构紧凑的专用车身上装载2～3 m^2 的太阳能电池板和5～9 kW·h的蓄电池的汽车。

另外，还有一种实用型太阳能汽车，是将小型乘用车改造后装载1.5～2 m^2 的太阳能电池板和14～18 kW·h的蓄电池的电动汽车。实用型太阳能汽车上的车载蓄电池，除应付天气变化外，还起到在太阳能电池电力不足时，配合太阳能电池一同工作的作用。

为了减小空气阻力，将比赛用太阳能汽车的车身侧断面制成流线型；为了使车身更为轻便，大量使用了轻合金、复合材料等来制造。

目前太阳能汽车还没有实用化，主要原因是成本过高，行驶里程不长。太阳能汽车距离大规模推广还有很长一段距离，影响它进一步发展的因素主要有：首先是太阳能目前只能作为辅助能源来为车辆提供动力，它为整车提供的能量只能占到总驱动能量的30%左右。太阳能电池的光电转化效率尚未取得突破性进展，现有的转化效率远远不能支持汽车长时间行驶。其次是太阳能汽车受阳光强弱、太阳高度角、气候等因素的影响较大，这对太阳能汽车在现实中的应用造成很大的局限性。虽然通过DC/DC控制器的最大功率点跟踪控制(MPPT)技术能够实现快速、准确跟踪最优工作点，最大程度地利用太阳能，但是就目前来看，应用现状仍然达不到期望要求。

目前，国内太阳能汽车的主要技术路线如下。

1.电动汽车加装太阳能电池板

在电动汽车的基础上，加装太阳能电池板，无论车在行驶中还是停止状态，只要有太阳，就可对蓄电池充电，减少蓄电池的放电深度，可大大延长蓄电池寿命，减少蓄电池的容量要求。

2.轻量化

尽量实现车体的轻量化，采用铝合金、镁合金和复合材料，减小整车质量和功率要求。

3.提高能量转化效率

提高太阳能电池板单位面积和单位质量的输出功率和最大功率利用；提高蓄电池单位质量的输出电量和功率，并进一步与车载太阳能电池实现匹配。

4.薄膜太阳能电池电动汽车

薄膜太阳能汽车是一个较好的技术发展方向。薄膜太阳能电池薄而轻，有柔性，可以直接粘贴在车体上，高效的化合物薄膜电池的转换效率比硅电池高出近一倍，而且对光照强度和方向敏感性较低。薄膜太阳能电池技术最早应用于航天工程，现在技术成本有所降低，可有效提高单位面积太阳能电池板的输出功率，且易于在车身上铺设。车辆采用薄膜太阳能电池后，可实现更长的续驶里程，更长的运行时间以及更高的运行速度。因此薄膜太阳能电池电动汽车是未来太阳能汽车领域的重点发展方向。

另外,基于大功率交通工具领域的太阳能技术应用必须依靠高转换率和高输出能量密度的太阳能电池板、高功率和低质量的蓄电池、质量轻和运行阻力小的车体结构等多种高科技的有机结合。该领域的研究成果将会推动太阳能汽车、高速列车和其他运载工具装备新材料、新结构、新设备和新工艺的协同发展。

任务 6.2 生物质燃料汽车

▶任务驱动

能源问题和环境问题是 21 世纪世界各国共同面临的两个重大问题。寻找新的“清洁代用燃料”是人类的必然选择。生物质能源是一种可作为车辆发动机燃料的新型清洁价廉的可再生能源,生物质燃料汽车有利于改变我国能源消费结构、维护国家能源安全和保护环境。

本任务要求学生掌握生物质燃料汽车的概念,熟悉生物质燃料汽车的分类及其应用,知识与技能要求见表 6-2-1。

表 6-2-1 知识与技能要求

<table>
<tr><td rowspan="2">任务内容</td><td rowspan="2">生物质燃料汽车</td><td colspan="3">学习程度</td></tr>
<tr><td>识记</td><td>理解</td><td>应用</td></tr>
<tr><td rowspan="2">学习任务</td><td>生物质燃料汽车的定义</td><td></td><td>●</td><td></td></tr>
<tr><td>生物质燃料汽车的类型</td><td>●</td><td></td><td></td></tr>
<tr><td rowspan="2">实训任务</td><td>各类生物质燃料汽车的特点</td><td rowspan="2">●</td><td rowspan="2"></td><td rowspan="2"></td></tr>
<tr><td>生物质燃料汽车的应用</td></tr>
<tr><td>自我勉励</td><td colspan="4"></td></tr>
</table>

任务工单 了解生物质燃料汽车

一、任务描述

收集生物质燃料汽车相关资料,对资料内容进行学习和讨论,分析生物质燃料汽车的含义及应用,将分析结果以 PPT 的形式汇报给指导教师。

二、学生分组

全班学生以5～7人为一组，各组选出组长并进行任务分工，将小组成员及分工情况填入表6-2-2中。

表6-2-2　小组成员及分工情况

班级：________　　组号：________　　指导教师：________

小组成员	姓　名	学　号	任务分工
组　长			
组　员			

三、准备工作

1. 资料获取

请各组组长组织组员收集相关资料，并回答以下问题。

引导问题1：什么是生物质燃料汽车？生物质燃料汽车的类型有哪些？

引导问题2：乙醇燃料汽车的应用方式有几种？乙醇汽油的优缺点是什么？

引导问题3：各类生物质燃料汽车的特点是什么？生物质燃料汽车的应用有哪些？

2. 制订计划

(1)根据任务内容制订工作计划，将其填入表6-2-3中。

表6-2-3 工作计划

序号	工作内容	负责人

(2)列出完成工作计划所需要的器材,将其填入表6-2-4中。

表6-2-4 器材清单

序号	名称	型号与规格	单位	数量	备注

3.进行决策

(1)小组成员针对各自的工作计划展开讨论,并选出最佳的工作计划。

(2)指导教师根据小组的工作计划给出评价。

(3)各小组成员根据指导教师的评价对工作计划进行调整。

(4)调整合格的工作计划即为最终实施方案。

四、工作实施

根据最终实施方案展开活动。按实际操作过程,将操作内容、遇到的问题及解决办法等填入表6-2-5中。

表6-2-5 工作实施过程记录表

序号	操作内容	遇到的问题及解决办法

五、考核评价

指导教师根据各小组表现情况完成考核评价记录表(见表 6-2-6)。

表 6-2-6　考核评价记录表

项目名称	评价内容	分　值	评价分数		
			自　评	互　评	师　评
职业素养考核项目	无迟到、无早退、无旷课	8 分			
	仪容仪表符合规范要求	8 分			
	具备良好的安全意识与责任意识	10 分			
	具备良好的团队合作与交流能力	8 分			
	具备较强的纪律执行能力	8 分			
	保持良好的作业现场卫生	8 分			
专业能力考核项目	积极参加教学活动,按时完成任务工单	16 分			
	操作规范,符合作业规程	16 分			
	操作熟练,工作效率高	18 分			
合　计		100 分			
总　评	自评(20%)+互评(20%)+师评(60%)=________	综合等级:________	指导教师(签名):________		

参考知识

6.2.1　生物质燃料汽车概述

生物质是光能循环转化的载体,生物质能是以生物质为载体的能量,即通过植物光合作用把太阳能以化学能形式在生物质中存储的一种能量形式,是唯一可再生的碳源,它可以被转化成固态、液态、气态燃料或其他形式的能源。生物质燃料是指从植物中提取的、适用于内燃发动机的燃料,主要包括生物乙醇、生物柴油、乙基叔丁基醚、甲醇、二甲醚等。目前,生物质燃料主要以乙醇燃料和生物柴油为主。

乙醇燃料是世界公认的环保燃料和取代化石燃料的主要资源之一。在 21 世纪初期,世界汽车企业曾经纷纷把新能源汽车的技术关注点投向乙醇汽车的研发和推广上。2003 年全球乙醇产量为 3 052 万 t,2010 年就已翻了一番,达到约 6 778 万 t,世界乙醇产销量的 2/3 用作燃料。由于乙醇的性质和汽油较为接近,所以在汽车上使用乙醇,可以提高燃料的辛烷值,增加氧含量,使汽车缸内燃烧更完全,从而降低尾气有害物的排放。

目前世界上使用汽油-乙醇混合燃料代替汽油，无论是从生产上还是从应用上，技术都日趋成熟。世界上有40多个国家已不同程度应用乙醇汽车，有的已达到较大的推广规模。

乙醇汽车是使用乙醇或乙醇汽油作为主要动力燃料的机动车，乙醇汽车的燃料应用方式有四种：第一种是掺烧方式，即乙醇和汽油掺和应用。由于不需要对内燃机及汽车主要部件进行较大技术改动，所以掺烧方式是乙醇汽车推广应用的主要方式。第二种是纯烧方式，即只将乙醇(E85以上)作为车用主要燃料。第三种是变性燃料，指乙醇脱水后再添加变性剂而生成变性燃料乙醇，变性燃料乙醇汽车也处于试验应用阶段。第四种是灵活燃料，指既可用汽油，又可用乙醇、甲醇等与汽油按比例混合的燃料，还可用氢气，并随时可以切换。目前除掺烧方式外，其他三种仍然处于试验阶段。

生物柴油是由各种油脂通过酯化反应制得的，大豆和油菜籽等油料作物、油棕和黄连木等油料林木果实、工程微藻等油料水生植物、动物油脂以及废餐饮油等都可作为制取生物柴油的原料。生物柴油既可以单独作为发动机的燃料，又可以作为燃料添加剂使用。发动机燃用含有生物柴油的燃料时，可以大幅度降低污染物的排放。

6.2.2 乙醇在汽车上的应用

乙醇俗称酒精，它以玉米、小麦、薯类、糖或植物等为原料，经发酵、蒸馏而制成。乙醇进一步脱水再经过不同形式的变性处理后成为燃料乙醇。

燃料乙醇是可加入汽油中的品质改善剂，一般不会直接用来充当汽车燃料，而是按一定的比例与汽油混合在一起使用，这有利于增加燃料的辛烷值。按照我国的国家标准，乙醇汽油是用90%的普通汽油与10%的燃料乙醇调和而成的。它可以有效改善油品的性能和质量，不会影响汽车的行驶性能，还能降低一氧化碳、碳氢化合物等有害气体的排放量。燃料乙醇作为一种新型清洁燃料，是目前世界上可再生能源的发展重点。国内从2003年起陆续在黑龙江、吉林、辽宁、河南、安徽、河北、山东、江苏、湖北等省的27个城市全面停用普通无铅汽油，改用添加10%燃料乙醇的E10燃料。当其在汽油中掺兑量少于10%时，对车用汽车发动机无须进行大的改动，即可直接使用乙醇汽油。

近年来，出现了名为E85的替代燃料术语，这是按85%的燃料乙醇和15%的汽油混合的新型生物燃料。E85拥有与传统汽油相同的性能和价格，但是有害物质排放量却远远低于普通汽油，因此在发达国家得以迅速推行。

1. 乙醇汽油的优点

(1)增加了汽油中的氧含量，使燃烧更充分，彻底有效地降低了尾气中有害物质的排放。车用乙醇汽油含氧量达35%，使燃料燃烧更加充分。国家汽车研究中心所做的发动机台架试验和行车试验的结果表明，使用车用乙醇汽油，在不进行发动机改造的前提下，动力性能基本不变，尾气排放的CO和碳氢化合物平均减少30%以上，有效地降低和减少了有害尾气的排放。

(2)有效提高汽油的标号，使发动机运行平稳。可采用高压缩比提高发动机的热效率和动力性，加上其蒸发潜热大，可提高发动机的进气量，从而提高发动机的动力性。

(3)减少积炭。车用乙醇汽油中加入的乙醇是一种性能优良的有机溶剂，具有良好的清洁作用，能有效地消除汽车油箱及油路系统中燃油杂质的沉淀和凝结(特别是胶质胶化现象)，具有良好的油路疏通作用；能有效消除火花塞、气门、活塞顶部及排气管、消声器部位积炭的形成，可以延长主要部件的使用寿命。

(4)使用方便。乙醇常温下为液体，操作容易，储运使用方便，与传统发动机技术有继承性，特别是使用乙醇汽油混合燃料时，发动机结构基本无变化。

2. 乙醇汽油的缺点

(1)热值低。同样体积的乙醇，其能量只有汽油的2/3，当它与汽油进行混合时，实际上降低了燃料的含热量。因此，同样加满一箱油，混合乙醇的汽油只能行驶更少的里程。

(2)蒸发潜热大。乙醇的蒸发潜热是汽油的2倍多，蒸发潜热大会使乙醇类燃料低温起动和低温运行性能恶化，如果发动机不加装进气预热系统，燃烧乙醇燃料时汽车难以起动，但在汽油中混合低比例的乙醇，由燃烧室壁供给液体乙醇以蒸发热，蒸发潜热大这一特点可成为提高发动机热效率和冷却发动机的有利因素。

(3)易产生气阻。乙醇的沸点只有78 ℃，在发动机正常工作温度下，很容易产生气阻，使燃料供给量降低甚至中断供油。

(4)乙醇在燃烧过程中，会产生乙酸，乙酸对汽车金属特别是铜制零件有腐蚀作用。有试验表明，当汽油中乙醇含量在10%以下时，对金属基本没有腐蚀，但当乙醇含量超过15%时，则必须添加有效的腐蚀抑制剂。

(5)与其他材料相容性差。乙醇是一种优良的溶剂，易使汽车密封橡胶及其他合成非金属材料产生一定程度的轻微腐蚀、溶胀、软化或龟裂。

(6)乙醇汽油对环境要求非常高，非常怕水，保质期短，因此乙醇汽油比普通汽油在调配、储存、运输、销售各环节要严格得多。过了保质期的乙醇汽油容易出现分层现象，在油罐、油箱中容易变浑浊，致使发动机打不着火。

6.2.3 生物柴油在汽车上的应用

生物柴油是指以油料作物如大豆、油菜籽、棉、棕榈等，野生油料植物和工程微藻等水生植物油脂，以及动物油脂、餐饮垃圾油等为原料油，通过酯交换工艺制成的可代替石化柴油的再生性柴油燃料。生物柴油是生物质能的一种，它是生物质利用热裂解等技术得到的一种长链脂肪酸的单烷基酯。

由于使用生物柴油无须对原有柴油机进行较大调整，而且燃油本身良好的自润滑性能使其磨损降低，因此相比于醚类和醇类代用燃料有一定的优势，世界各国对生物柴油汽车的研究都得出了它能显著降低发动机污染物排放的结论。

生物柴油的特性和优点如下。

1.具有优良的环保特性

生物柴油和石化柴油相比含硫量低，使用后可使二氧化硫和硫化物排放大大减少。权威数据显示，二氧化硫和硫化物的排放量可降低约30%。生物柴油不含对环境造成污染的芳香族化合物，燃烧尾气对人体的损害低于石化柴油，同时具有良好的生物降解特性。和石化柴油车相比，生物柴油车尾气中有毒有机物排放量仅为10%，颗粒物排放量为20%，二氧化碳和一氧化碳的排放量仅为10%。

2.具有良好的低温起动性能

和石化柴油相比，生物柴油具有良好的发动机低温起动性能，冷滤点达到−20 ℃。

3.润滑性能比石化柴油好

生物柴油的润滑性能比石化柴油好，可以降低发动机供油系统和缸套的摩擦损失，增加发动机的使用寿命，从而间接降低发动机的成本。

4.具有良好的安全性能

生物柴油的闪点高于石化柴油，它不属于危险燃料，在运输、储存、使用等方面的优势明显。

5.具有优良的燃烧性能

生物柴油的十六烷值比柴油高，燃料在使用时具有更好的燃烧抗爆性能，因此可以采用更高压缩比的发动机以提高其热效率。虽然生物柴油的热值比柴油低，但由于生物柴油中所含的氧元素能促进燃料的燃烧，因此可以提高发动机的热效率，这对功率的损失会有一定的弥补作用。

6.具有可再生性

生物柴油是一种可再生能源，不会像石油、煤炭那样枯竭。

7.具有经济性

使用生物柴油的系统投资少，原用柴油车的发动机、加油设备、储存设备和保养设备无须改动。

8.可调和性

生物柴油可按一定的比例与石化柴油配合使用，可降低油耗，提高动力，减少尾气污染。

任务 6.3 新能源汽车未来发展趋势

任务驱动

学院近期举办新能源汽车学术交流活动，学生会推荐你去参加该活动，负责介绍新能源汽车的未来发展趋势，接受任务后，你需要做哪些准备工作？

本任务要求学生了解新能源汽车的“新四化”发展趋势、新能源汽车基础设施建设、我国新能源汽车发展需突破哪些关键技术以及氢燃料汽车的发展趋势，知识与技能要求见表 6-3-1。

表 6-3-1 知识与技能要求

<table>
<tr><td rowspan="2">任务内容</td><td rowspan="2">新能源汽车未来发展趋势</td><td colspan="3">学习程度</td></tr>
<tr><td>识记</td><td>理解</td><td>应用</td></tr>
<tr><td rowspan="2">学习任务</td><td>新能源汽车“新四化”具体含义</td><td>●</td><td></td><td></td></tr>
<tr><td>了解氢燃料电池汽车发展趋势</td><td>●</td><td></td><td></td></tr>
<tr><td rowspan="2">实训任务</td><td>我国新能源汽车发展需突破哪些关键技术？</td><td rowspan="2"></td><td rowspan="2">●</td><td rowspan="2"></td></tr>
<tr><td>产业基础设施建设的内容、车身轻量化含义</td></tr>
<tr><td>自我勉励</td><td colspan="4"></td></tr>
</table>

任务工单 分析新能源汽车未来发展趋势

一、任务描述

收集新能源汽车技术相关资料，并进行组内讨论，成员之间相互答疑解惑，罗列新能源汽车“新四化”发展趋势，阐述我国新能源汽车发展需突破哪些关键技术，讨论氢燃料电池汽车发展趋势，并将结果制作成研究报告，提交给指导教师。

二、学生分组

全班学生以 5～7 人为一组，各组选出组长并进行任务分工，将小组成员及分工情况填入表 6-3-2 中。

表 6-3-2 小组成员及分工情况

班级:________ 组号:________ 指导教师:________

小组成员	姓　名	学　号	任务分工
组　长			
组　员			

三、准备工作

1. 资料获取

请各组组长组织组员收集相关资料,并回答以下问题。

引导问题 1:新能源汽车“新四化”发展趋势是什么?

引导问题 2:我国新能源汽车发展需突破哪些关键技术?

引导问题 3:产业基础设施建设的内容是什么?车身轻量化的含义是什么?

引导问题 4:氢燃料电池汽车发展趋势是什么?

2. 制订计划

(1)根据任务内容制订工作计划,将其填入表 6-3-3 中。

表 6-3-3 工作计划

序号	工作内容	负责人

(2)列出完成工作计划所需要的器材,将其填入表 6-3-4 中。

表 6-3-4 器材清单

序号	名称	型号与规格	单位	数量	备注

3.进行决策

(1)小组成员针对各自的工作计划展开讨论,并选出最佳的工作计划。

(2)指导教师根据小组的工作计划给出评价。

(3)各小组成员根据指导教师的评价对工作计划进行调整。

(4)调整合格的工作计划即为最终实施方案。

四、工作实施

根据最终实施方案展开活动。按实际操作过程,将操作内容、遇到的问题及解决办法等填入表 6-3-5 中。

表 6-3-5 工作实施过程记录表

序号	操作内容	遇到的问题及解决办法

五、考核评价

指导教师根据各小组表现情况完成考核评价记录表(见表6-3-6)。

表6-3-6 考核评价记录表

<table>
<tr><td rowspan="2">项目名称</td><td rowspan="2" colspan="2">评价内容</td><td rowspan="2">分 值</td><td colspan="3">评价分数</td></tr>
<tr><td>自 评</td><td>互 评</td><td>师 评</td></tr>
<tr><td rowspan="6">职业素养考核项目</td><td colspan="2">无迟到、无早退、无旷课</td><td>8分</td><td></td><td></td><td></td></tr>
<tr><td colspan="2">仪容仪表符合规范要求</td><td>8分</td><td></td><td></td><td></td></tr>
<tr><td colspan="2">具备良好的安全意识与责任意识</td><td>10分</td><td></td><td></td><td></td></tr>
<tr><td colspan="2">具备良好的团队合作与交流能力</td><td>8分</td><td></td><td></td><td></td></tr>
<tr><td colspan="2">具备较强的纪律执行能力</td><td>8分</td><td></td><td></td><td></td></tr>
<tr><td colspan="2">保持良好的作业现场卫生</td><td>8分</td><td></td><td></td><td></td></tr>
<tr><td rowspan="3">专业能力考核项目</td><td colspan="2">积极参加教学活动,按时完成任务工单</td><td>16分</td><td></td><td></td><td></td></tr>
<tr><td colspan="2">操作规范,符合作业规程</td><td>16分</td><td></td><td></td><td></td></tr>
<tr><td colspan="2">操作熟练,工作效率高</td><td>18分</td><td></td><td></td><td></td></tr>
<tr><td colspan="3">合 计</td><td>100分</td><td></td><td></td><td></td></tr>
<tr><td>总 评</td><td>自评(20%)+互评(20%)+师评(60%)=________</td><td>综合等级:________</td><td colspan="4">指导教师(签名):________</td></tr>
</table>

▶参考知识

随着人们环保意识的不断增强和地球能源危机的日益加剧,新能源汽车逐渐成为人们关注的焦点。从最初的单一电动汽车到现在的各类新能源汽车,汽车行业的不断创新和技术突破,使得新能源汽车领域的未来发展呈现出许多新的趋势。

6.3.1 "新四化"发展趋势

新能源汽车"新四化"指的是智能化、电动化、网联化、共享化。

智能化是未来新能源汽车的发展趋势。随着人工智能技术的不断进步,整车制造、模块化平台的建设都有了很高的技术发展,在基础设施方面,我国5G通信、北斗导航已经位于世界前列,为智能化汽车的发展提供了坚实的基础保障,大数据平台的搭建以及越来越多的优秀算法应用在新能源汽车的故障诊断上,无疑使汽车更加智能化,因此新能源汽车将不再是一个简单的交通工具,将会与智能家居、空间和交通系统等设施进行连接。这种连接是一个复杂的系统,涉及数据的交互和传输,从而实现了更加智能化的出行方式。此外,人工智能在无人驾驶汽车、智能化、网联化升级等方面有着广泛应用,可以提供更好的汽车服务和体验。随着电力电子技术的发展,新能源汽车将不断智能化,实现自动驾驶、智能充电等功能。未来的新能源汽车将会与其他智能设备相互连接,形成一个智能交通网络。

电动化是新能源汽车的主要发展趋势之一,新能源动力系统领域以电动化为基础,以互联化为纽带,实现大数据的收集,逐渐达到智能化出行。国内外很多汽车公司投入了大量的研发资金和人力,致力于开发电动汽车。除了前期的纯电动汽车和混合动力车之外,还有了插电式混合动力电动汽车和燃料电池汽车,这些车型的出现,延续了电动汽车的发展趋势,并且提高了电动汽车的使用效率。智能化的快速发展也推动了电动化技术革新。车用电子产品数量的提高和精密仪器的广泛使用大力推动了智能化的发展。同时,由于智能化的高速发展,传统汽车的电子电气系统又不能满足未来智能出行的需求。因此,智能化和电动化相互促进发展,相得益彰。随着人工智能技术的不断发展,未来会有越来越多的先进技术与传统汽车产业相融合,促进企业绿色发展,使出行更加便利、环保。

网联化指的是车联网布局,即利用车载无线通信设备和云端平台实现车辆与车辆、环境与车辆之间的动态信息交流,提高交通运行效率。整车智能网联化是实现智能化技术的最佳移动平台,必将推动电动汽车产业和技术的发展。目前中国对于车联网的布局为推进以数据为纽带的“人-车-路-云”高效协同。基于汽车感知、交通管控、城市管理等信息,构建“人-车-路-云”多层数据融合与计算处理平台,开展特定场景、区域及道路的示范应用。

共享化是未来汽车发展的另一大趋势,但目前新能源汽车共享市场并不大,共享模式很难形成规模效应,而且市场还在不断细分。随着中国“移动互联网+”共享经济的兴起,“互联网+”汽车已经从概念走向实践,汽车租赁作为“互联网+”汽车出行最后一公里领域,具有十分广阔的市场前景。因此,汽车共享将成为未来新的汽车消费增长点。但是随着新能源汽车的“新四化”的快速发展,越来越多的法律问题暴露出来,尤其是涉及无人驾驶的安全问题,无人驾驶汽车技术由于其“自动”地切断了驾驶员和事故之间的关系,导致中国目前还没有明确的法律条文对其进行规定,同时“滴滴打车”“共享汽车”“网约车”相关平台的管理制度也有待完善,这些平台往往掌握大量的用户数据,但是却缺少相应的监管措施,时常导致用户数据外泄等情况。要想让中国新能源汽车发展得更加健康,相关的法律法规问题必须得到重视和解决。

6.3.2 技术不断创新与升级

新能源汽车未来发展趋势之一是技术创新。随着技术的不断升级和创新,电池、充电、驱动系统等技术的提升,为新能源汽车的续驶里程、充电速度和驾驶体验提供了更好的保障。同时,随着蓄电池技术的不断改进和成本的不断降低,更加环保和经济的电池技术将呈现出来,新能源汽车的性能和续驶里程将不断提高,同时新能源汽车的价格也将更加亲民。未来,新能源汽车需要不断进行技术创新,提高电池能量密度、充电速度和续驶里程等方面的性能,同时也需要加强车辆安全和智能化技术的研发。技术创新是新能源汽车发展的关键,未来新能源汽车行业将继续加强技术创新,以满足消费者对新能源汽车的需求。

6.3.3 产业基础设施建设

新能源汽车充电基础设施包括充电桩、充电站和换电站等,这是推广应用电动汽车的基本保障。中国2022年充电基础设施呈上升趋势,截至2022年7月,已经达到157.5万台。但是,大多数充电站建设均在中国中部、北部和沿海等地区,中国西北、西南地区和乡村地区的充电桩基础设施极不完善,当地新能源基础设施建设发展缓慢,这种情况降低了西北、西南地区和乡村用户购买新能源汽车的欲望,阻碍了新能源汽车的发展。目前,乡村地区的新能源基础设施建设面临许多困难,设施不完善,农村地区新能源汽车基础设施遭到破坏,新能源汽车充电桩建设陷入困境,缺乏资金和技术支持是阻碍乡村新能源汽车发展的关键问题。针对上述情况,2022年5月16日,工业和信息化部联合商务部、农业农村部、国家能源局发布了《关于开展2022新能源汽车下乡活动的通知》,要求改善新能源汽车使用环境,推动农村充换电基础设施建设。通过完善乡村产业基础设施建设引导农村居民绿色出行,促进乡村全面振兴,实现"双碳"目标。

6.3.4 突破关键技术封锁

新能源汽车行业持久健康发展的关键就是突破国外的技术封锁,其中车用芯片已经成为阻碍新能源汽车发展的关键难题。工业和信息化部近期指出,中国汽车芯片供应短缺问题正在逐步缓解,下一步也会加强供需对接,在过去的工作基础上,搭建汽车在线供需对接平台,畅通芯片产供信息渠道,完善产业链上下游合作机制。未来,汽车芯片行业的发展趋势仍然是向着高能效、低能耗方向进行。汽车芯片技术存在较强的技术壁垒,意味着汽车芯片制造并不是单一的企业可以完成的,政策帮助也成为不可或缺的一环。随着政府为芯片制造研发提供越来越多的优惠政策,使得相关企业也加大了汽车芯片的开发力度。未来汽车芯片行业的蓬勃发展将会不断完善中国的新能源汽车芯片产业链,推动中国新能源汽车产业进入高质量快速发展的新阶段。

新能源汽车当前发展面临着诸多挑战。一是新能源汽车区域发展不平衡,目前的主要市场集中在东部和中部,西部和北部的市场潜力尚未得到充分挖掘。二是新能源商用车发展缓慢。截至2022年,新能源商用车全年渗透率为10.2%,与新能源乘用车27.6%的渗透率相比仍有差距。三是新能源汽车高速发展的同时，充电基础设施和加氢网络等基础设施建设仍相对滞后。四是电池安全技术有待新突破。近几年，随着新能源汽车的大力推广，新能源汽车火灾事故接连不断，这严重打击了新能源汽车用户的消费信心。

6.3.5 车身轻量化、车型多样化与个性化

车身轻量化是新能源汽车未来发展的重要趋势。未来新能源汽车采用更加轻量化的车身材料、动力系统和架构设计，这些创新将大幅减小汽车的整体质量，降低汽车的能耗，并提高电池续驶里程，从而实现更好的环保效益。电动汽车车身将全新开发设计，并大量使用铝合金挤压件、冲压件和铸件，乘用车可使用碳纤维增强复合材料；内饰大量使用长纤维增强热塑性复合材料；底盘逐步应用铝合金悬架及副车架、镁合金轮毂等。在纯电动和插电式混合动力电动汽车轻量化的过程中，动力电池的轻量化举足轻重。电池的热管理技术、故障诊断与安全防护技术、电池均衡与剩余电量估计技术的研究将持续深入，为未来高比能量电池的安全应用打下基础；电池包机械结构设计与车身结构设计相结合，最大限度地提升电池包的安全性与电池包的比能量，从而保证在安全的前提下，显著提升整车的轻量化水平。

多样化和个性化是未来新能源汽车另一个重要的发展趋势。在新能源汽车领域，因为其延续了传统的汽车模式，所以车型的多样化和用户需求的个性化已经成为不可避免的趋势。例如，SUV型的新能源汽车更适用于大众市场，而高端车主则希望新能源汽车具备更优质的品质和服务，因此未来新能源汽车的产品线将更加多样，以满足不同用户的需求。

6.3.6 氢燃料电池汽车发展趋势

目前全球主要汽车公司基本完成了氢燃料电池汽车的性能研发阶段，解决了示范中发现的核心技术问题，整车性能已能达到传统汽车水平。研究重点将集中到提高燃料电池比功率、延长电池寿命、提升燃料电池系统低温启动性能、降低燃料电池系统成本、规模建设加氢基础设施和推广商业化示范等方面。

氢燃料电池汽车技术发展趋势表现为以下几点。

1.燃料电池模块化和系列化

为了便于提高可靠性和寿命并降低成本，燃料电池发展出现模块化趋势。单个燃料电池模块的功率被界定在一定的范围之内，通过模块的组装，可实现不同车辆对燃料电池功率等级的要求。

2.氢燃料电池汽车动力系统混合化

在目前的氢燃料电池汽车动力系统中，已经不采用最初的动力方案，而是采用氢

燃料电池系统动力电池系统混合驱动方式。这种混合动力驱动方案最早由我国科技人员采用,有效地提高了燃料电池的寿命,降低了车辆成本,现已被国外同行广泛采纳。

3. 车载能源载体氢气化,来源多样化

经过对各种能源载体的比较考核,基本摒弃了基于车载各种化石燃料重整制氢的技术途径,更多采用了车辆直接储存氢气的方案。

4. 氢燃料电池汽车产业联盟化

在汽车制造业,燃料电池技术通常是企业自己研发的,但目前燃料电池汽车产业发展正在突破这种常规发展模式。汽车整车生产企业与燃料电池生产企业加强了技术整合,汽车整车生产企业与燃料电池生产企业的合作共赢成为燃料电池汽车发展的一种重要模式。

参考文献

[1] 邹明森,黄华.新能源汽车概论[M].北京:高等教育出版社,2021.
[2] 蔺宏良,任春晖.新能源汽车概论[M].北京:高等教育出版社,2023.
[3] 袁红军,华奇.新能源汽车概论:配套活页实训工单:微课版[M].北京:人民邮电出版社,2022.
[4] 张斌,蔡春华.新能源汽车概论[M].北京:机械工业出版社,2019.
[5] 罗英,周梅芳.新能源汽车概论[M].北京:机械工业出版社,2018.
[6] 孙旭,陈社会.新能源汽车概论[M].2版.北京:机械工业出版社,2023.
[7] 崔胜民.新能源汽车概论[M].北京:人民邮电出版社,2019.
[8] 吴兴敏,张忠哲,陈兆俊.新能源汽车概论[M].北京:北京理工大学出版社,2019.
[9] 刘翠清,李懂.新能源汽车概论[M].北京:机械工业出版社,2023.
[10] 瑞佩尔.新能源汽车结构与原理[M].北京:化学工业出版社,2019.
[11] 王博,吴书龙.新能源汽车充电技术[M].北京:机械工业出版社,2022.
[12] 李仕生,张杨.新能源汽车充电系统构造与检修[M].北京:机械工业出版社,2023.
[13] 邹明森.动力电池管理及维护技术[M].北京:高等教育出版社,2021.